国医大师孙光荣临证辑要

主　审　孙光荣
主　编　何清湖　黎鹏程

中国中医药出版社
·北　京·

图书在版编目（CIP）数据

国医大师孙光荣临证辑要/何清湖，黎鹏程主编．—北京：中国中医药出版社，2019.1（2019.11重印）

ISBN 978－7－5132－5323－9

Ⅰ.①国… Ⅱ.①何… ②黎… Ⅲ.①中医临床－经验－中国－现代
Ⅳ.①R249.7

中国版本图书馆 CIP 数据核字（2018）第 263461 号

中国中医药出版社出版

北京经济技术开发区科创十三街 31 号院二区 8 号楼

邮政编码 100176

传真 010－64405750

保定市中画美凯印刷有限公司印刷

各地新华书店经销

开本 710×1000 1/16 印张 19 字数 325 千字

2019 年 1 月第 1 版 2019 年 11 月第 2 次印刷

书号 ISBN 978－7－5132－5323－9

定价 79.00 元

网址 www.cptcm.com

社 长 热 线 010－64405720

购 书 热 线 010－89535836

维 权 打 假 010－64405753

微信服务号 zgzyycbs

微商城网址 https://kdt.im/LIdUGr

官 方 微 博 http://e.weibo.com/cptcm

天猫旗舰店网址 https://zgzyycbs.tmall.com

如有印装质量问题请与本社出版部联系（010－64405510）

《国医大师孙光荣临证辑要》

编委会

主　　审　孙光荣

主　　编　何清湖　黎鹏程

副 主 编　刘富林　孙贵香

编　　委　（按姓氏笔画排序）

马鸿钧　王　丹　尹周安　邓媛妮

厉佳俊　卢丽丽　叶培汉　向　阳

刘　琦　孙相如　杨玉芳　肖　丹

肖碧跃　张　婷　张冀东　陈俊奇

胡秀清　柯美华　洪银芳　晏水英

曹　淼　龚兆红　喻炳奎　魏一苇

学术秘书　胡秀清

孙光荣教授生活照

孙光荣教授门诊工作照

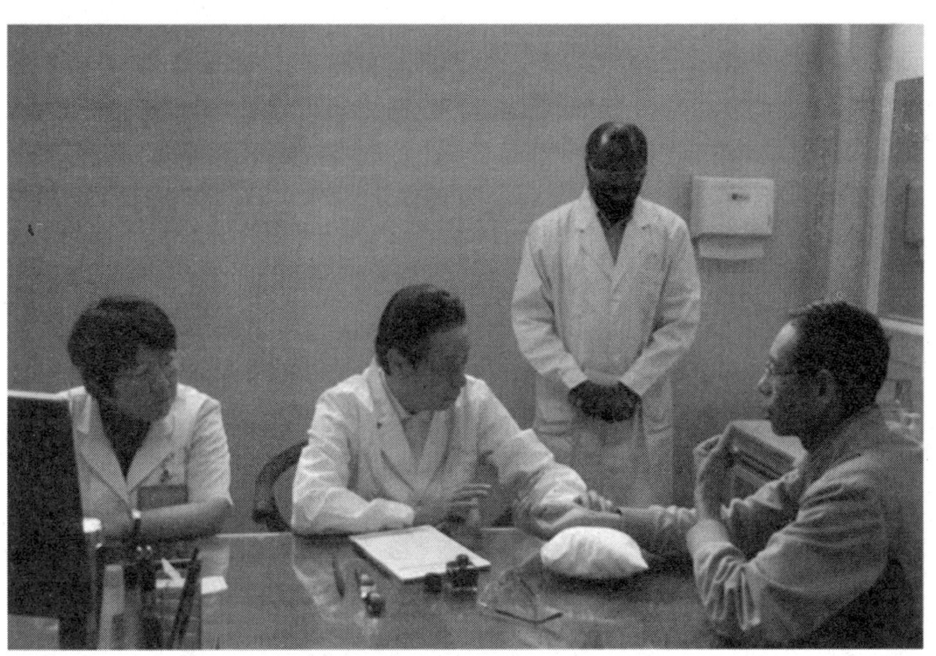

孙光荣教授（左二）在门诊看病

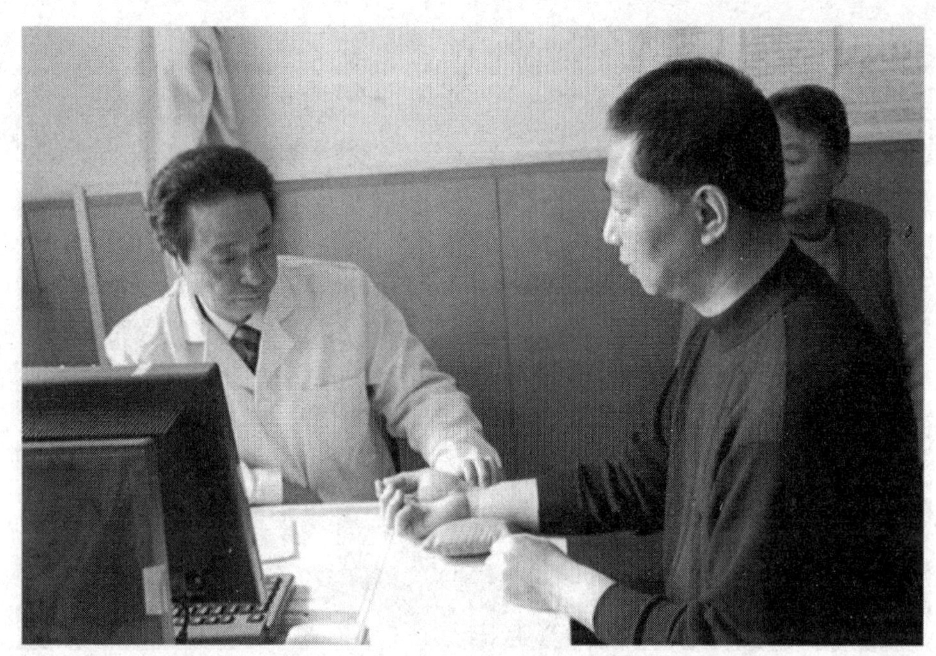

孙光荣教授（左一）为患者诊脉

積淺薄之土

成引玉之磚

湖南工作室選編拙著醫論醫話紀念

丁酉仲秋 孫光榮

題於北京

内容提要

孙光荣教授，第二届国医大师，第五届中央保健专家组成员，我国著名中医临床家、中医药文献学家、中医药文化学者和中医教育家。本书选编了孙光荣教授及其弟子所撰写的临床学术论文共52篇，收集孙光荣教授内科、妇科、肿瘤科等疑难杂症临证验案63例。按其内容和性质分为5类，涉及临证思维、临证经验、临证用方、临证用药、临证医案等方面，充分体现了孙光荣教授的学术思想与临证经验，具有很高的学术价值和临床实用价值。

本书可供临床医师和中医教学、科研工作者，以及中医药院校学生、中医药爱好者参考使用。

前　言

中医药学是中华文化的杰出代表，历史悠久，博大精深，需要“继承好，发展好，利用好”。传承研究国医大师、名老中医的学术思想和临床经验，是推动中医学术发展、加快人才培养、提高临床服务能力的迫切需求，也是推动中医学术进步和理论创新的需要。国医大师、名老中医的学术思想和临证经验是中医药学术特点、理论特质的集中体现，与浩如烟海的中医古籍文献相比，它更加鲜活，更具可视性。中医学术发展史业已证明，中医学术思想和临证经验主要是通过一代又一代的中医人在读书、临证实践中不断继承、不断创新而发展的。因此，要高度重视对国医大师、名老中医的学术思想和临证经验的传承工作。

国医大师孙光荣教授，湖南浏阳人（祖籍安徽庐江），1940 年 11 月出生。孙光荣教授是我国著名中医临床家、中医药文献学家、中医药文化学者和中医教育家，中医药现代远程教育创始人之一，享受国务院政府特殊津贴的有突出贡献专家。现任湖南中医药大学中医学院名誉院长，第五届中央保健专家组成员，国家中医药管理局改革与发展专家委员会委员，国家中医药管理局中医药文化建设与科学普及专家委员会委员，国家中医药管理局中医药继续教育委员会委员，国家中医药管理局全国优秀中医临床人才研修项目培训班班主任，中华中医药学会学术委员会副主任委员、常务理事，科技部科技奖励评审专家，“国医大师孙光荣工作室”指导老师，全国老中医药专家孙光荣工作室建设专家等；兼任湖南中医药大学顾问，受聘为湖南中医药大学第一附属医院终身教授、澳门科技大学荣誉教授、长春中医药大学客座教授等；原任中国人民政治协商会议湖南省第七届、第八届委员会常务委员，湖南省中医药研究院文献信息研究所所长，湖南省中医药科技信息中心主任，北京中医药大学远程教育学院常务副院长等。

孙光荣教授出身于中医世家，家境贫寒。他走过了庭训、就读、辍学、执教、自学、务农、行医、从师、临床、科研、教学、行政管理、参政议政、中医 IT，一条曲折艰难、坎坷不平、不屈不挠、砥砺前行的道路。因此，孙光荣教授承受了一般人没有承受过的苦难，也积累了一般人难以积累的学识与经验。在这条艰辛的道路上，孙光荣教授始终忠诚于中医药事业，对中医药事业赤胆忠心，为中医药事业的健康、持续发展殚精竭虑，以大无畏的精神克服了重重困难，在中医药文献、临床、教育、科研、文化等多方面做出了诸多贡献，为同道和后学提供了许多值得借鉴的思想、品德、学识和经验。

孙光荣教授医德高尚，医术精湛，学验俱丰，视野开阔，胸襟博大，而且自律严谨。他以治病救人为己任，德才并重，屡起沉疴，深得广大患者敬重。他首倡中和思想，创立了“中和思想－中和辨证－中和组方”的中和医派，首次揭示了中医辨证论治的思维模式“中医辨治六步程式”；提出“遵循经方之主旨”“遵循经方之法度”“遵循经方之结构”的经方应用三原则，用药灵活，自出机杼，处方用药讲究“清、平、轻、灵”，立方遣药不固守成方，不墨守成规，追求“心中有大法，笔下无死方”，喜用“对药”，善用“角药”，组方用药，轻巧灵活，至精至当；擅长治疗脑病、肿瘤、脾胃病及带下病等中医内科、妇科疑难杂症。

文以载道，孙光荣教授的相关学术著作和论文，集中体现了他的学术思想和临证经验，是后学者传承大医学术、提高临证水平的宝贵财富。然而，由于时间跨度长，部分著作及论文已很难觅寻。正因为如此，尽快推出《国医大师孙光荣临证辑要》就成为学术界普遍的期待。为了更好地反映孙光荣教授的学术思想与临证经验，弘扬其溯古融今的治学精神，进而推动中医药事业的发展，以国医大师孙光荣教授湖南工作室的同仁为主，通过各种渠道，搜集了孙光荣教授在各个时期撰写的临床学术论文共52篇，以及孙光荣教授内科、妇科、肿瘤科等疑难杂症临证验案63例，集成《国医大师孙光荣临证辑要》。由于孙光荣教授著作宏丰，学术精深，而整理者才疏学浅，加上时间仓促，虽经多次校对，错误之处在所难免，敬请读者提出宝贵意见。

本书编撰过程中得到了孙光荣教授的悉心指导和帮助，在此表示衷心的感谢！同时，也向所有参与此次编撰工作的同仁致以诚挚的谢意。

《荀子·儒效》曰：“不闻不若闻之，闻之不若见之，见之不若知之，知之不若行之。”工作室全体同仁对国医大师孙光荣教授的学术经验由闻之而后见之，通过选编而知之，期待在中医药临床、科研、教育中行之，故集中力量、日夜兼程集成此书以贡献之，尚祈前辈、专家和各位同仁不吝赐正，以便今后修订完善。

何清湖　黎鹏程

2018 年 2 月

国医大师孙光荣教授简介

孙光荣，字知真，号天剑，男，庚辰年（1940年）农历十一月初八出生于中医世家。籍贯湖南省长沙市，祖居安徽省庐江县云路街，建居湖南省浏阳县柏嘉乡双洲村起凤坡，现居北京市。汉族。无党派人士。幼承庭训，师从全国著名中医药学家李聪甫教授。中医学徒出身，本科学历。研究员、教授、主任医师，著名中医药文献学家、临床家，中医药文献研究学术带头人之一，中医药现代远程教育创始人之一，享受国务院政府特殊津贴的有突出贡献专家。原任湖南省中医药研究所理论研究室副主任、文献研究室主任，湖南省中医药研究院硕士研究生班医古文、中医文献学教师（连任16届），科教处副处长，湖南省中医药研究院文献信息研究所所长，湖南省中医药科技信息中心主任，《中医药时代》杂志执行主编，《湖南中医药导报》杂志主编，北京21世纪中医药网络教育中心（世界中医药学会联合会<北京>远程教育科技发展中心）主任、名誉主任，北京中医药大学远程教育学院副院长，中国网络教育集团·国讯医药集团总裁，《中国中医药现代远程教育》杂志主编、名誉主编，受聘为北京同仁堂中医医院诊疗专家并评为国家非物质文化遗产“同仁堂”中医大师。先后当选为中国人民政治协商会议湖南省第七届、第八届委员会常务委员，中华中医药学会继续教育分会主任委员、中医药文化研究分会常务副主任委员、中医药编辑出版分会副主任委员/顾问、亚健康分会副主任委员，老干部健康指导委员会委员，中华中医药学会第五届理事会常务理事；受聘为国家中医药管理局中医药继续教育委员会委员，国家中医药管理局中医药文化建设与科学普及专家委员会委员，科技部科技奖励评审专家，国家食品药品监督管理局药品、医疗器械审评专家，《中国中医药年鉴（学术卷）》编辑委员会委员等。

目　录

临证思维

临证经验

临证用方

临证用药

临证医案

临证思维

临证思想初探

孙光荣教授幼承庭训，师承名师，浸淫中医六十余载，勤求古训，深谙经典，以传统文化核心概念——“中和”思想为基，融中医辨证论治于一体，尚中贵和，用药以轻灵取胜，善以经方化裁新方，医术精湛，妙手杏林。医病之余，勤于思索中医发展前程，以中医源泉不竭为己任；且谨遵“上医治国”之古训，携中医辨证论治之理，辑释习近平总书记重要讲话，彪炳其治国理政之思想，探求“医人、医国”之理。

一、洞中肯綮，燮和天下

作为当代国医大师，孙光荣教授推陈出新、继往开来，思考中医可持续发展之路，创中医现代远程教育之先河。他与时俱进，辑释习总书记系列重要讲话，熔铸中医观，弘扬“上医治国”之精神。为医治病，尚中贵和，临床辨治提出“中和思想、中和辨证、中和组方”，创立中和医派。遣方用药，撷古采今，以对药、角药为基，创造经方化裁应用模式，运筹帷幄，形成孙光荣系列经验方。同时为正本清源，孙光荣教授解读《中藏经》，揩拭中医尘封明珠，共享医道志士；未病养生，倡导“合则安”，以“上静、中和、下畅”为要；大医精诚，提出培养新名医要达到明志、明德、明理、明术、明法、明业之“六明”要求，被中医药学界誉为一代“明医”。

“人者，上禀天，下委地，阳以辅之，阴以佐之。天地顺则人气泰，天地逆则人气否。”此句源自《中藏经》，为《黄帝内经》“人与天地相应”思想的延续。《中藏经》上承《黄帝内经》《难经》之旨，创脏腑辨证体系之架构，发展三焦辨证，下启后世易水、“重阳”思想，兼论诸家，卓识独见，是一部有较高学术价值的医学文献。孙光荣教授响应国家中医药管理局的古籍整理工作号召，为正本清源、续脉延命，促进中医药学的继承创新，辨章学术，考镜源流，解读《中藏经》。针对《中藏经》晦涩古奥的文字、真伪杂糅的内容，提出以“直译”“据文析理”“提炼要旨”三法解读、透析其原文。孙光荣教授认为“医籍传世与否，自首重学术价值”，特此考究《中藏经》内蕴学术思想，著述《中藏经校注》《中藏经语译》，指出《中藏经》以

“天人相应”为指导，病机为“阴阳否格，上下不宁”，以“寒、热、虚、实、生、死、逆、顺”为辨证八纲，倡导“调平阴阳，水火相继”，此类论证丰富了中医药理论体系，为中医临证提供指导，为延续中医命脉、传承古籍做出突出贡献。

纵观世界形势，为永葆中医源远流长，孙光荣教授融互联网时代潮流，以前瞻性的眼光、超前的创新意识提出利用数字化学习构建中医继续教育，创中医药现代远程教育之先河。他提出，“21 世纪发展中医药事业……关键在于创新”，“未来中医药网络教育一定是具有主动性、趣味性、便捷性、经济性、可持续发展这五性缺一不可的培养人才的途径”。即使中医药在职人员得以通过继续教育获得学历，保证他们的临床学术如有源头活水，时有创新，但网络教育形式突破了传统面对面的授课方式，发挥互联网优势，突破时间与空间的限制，更大程度地传播了中医药知识，此举推陈出新，继往开来。孙光荣教授亦通过讲座、科普及写作，亲自担任“全国优秀中医临床人才研修项目”班主任，普及中医药知识，充盈扩大中医队伍，储备人才，推动中医药事业发展。

近年来，深谙中华传统文化的习近平总书记在讲话中屡屡引用中医术语论治国理政，中医药人备受鼓舞。孙光荣教授以古稀之年，在论医治病之余，潜心研读习近平总书记系列重要讲话，领会其精髓，辑释熔铸其中医观部分，提出“继承创新是提升中医药服务能力的根本方略”，从打开中华文明宝库、开发中医药旅游资源、促进中医药海外发展等方面具体阐述。他引经据典，思考深邃，理解透彻，诠释了习总书记讲话中提及的中医药内涵，阐述了“中医大道”“上医治国”的深意，遵循“修身、治国、齐家、平天下”的古训，既帮助中医药从业者从国家大局深刻理解中医价值，同时助力推动中医药作为国家战略，凝聚了全社会对中医药的共识。

二、胸中甲兵，调和阴阳

遇疑难杂症，孙光荣教授主张先望其形神，察其阴阳气血，升降出入，调之使其平。临证治病，病情多变，疑难杂症不在少数，他强调“心中有大法、笔下无死方”，主张以治则为要，调阴阳、和气血、平升降、衡出入、达中和，法则之下，用药尤精，讲求“用药如用兵”。孙光荣教授处方用药，以“清、平、轻、灵”取胜，药精量小，君、臣、佐、使井然有序，以灵动为要，讲究阴阳相配、动静结合、升降互动，喜用“对药”“角药”，似调兵遣将，以“知人善任”为准，贵乎精巧，以求用药的平稳与“中和”，讲究

“中病即止”，以防“滥伐无过”。其中，“对药”为两药相伍，“角药”为“三联药组”相配，与老子所谓“道生一，一生二，二生三，三生万物”相合相应。孙光荣教授以“中和”为道，讲究“和生万物”，以“中和”思想为指导：两药为对，互通互用，相辅相成，阴阳表里相配，动静升降结合，共同进退，发挥重要辅助作用；三药相配为角，具有“三足鼎立、互为犄角”之势，“三生万物”，三药互相配合、互相牵制，动态调和，共奏“扶正、祛邪、辅助”作用，为验方之根基。孙光荣教授上通晓《灵》《素》，下涉猎百家，善以经方化裁新方，因人、因时、因地制宜，“师古不泥”，研制出 10 个化裁经验方，临床多有奇效。

阴阳乃万物之本，阴阳失和则百病乃生。《中藏经·阴阳大要调神论第二》谓：“阴阳平，则天地和而人气宁；阴阳逆，则天地否而人气厥。”孙光荣教授感于此，临证治病以调和阴阳为根本大法，即所谓“治病必求于本”，而调其阴阳盛衰，以和气血为重点，一贯主张“气血中和而消百病”，使升降畅通，瘀滞消散，共达“阴平阳秘，精神乃治”的平和状态。

三、执两用中，和而不同

古之人，以中和为大法，荀子言“万物各得其和以生”，“和”的最高境界就是“万物并育而不相害，道并行而不相悖”。孙光荣教授以“中和”为中医的核心灵魂，创中和医派，认为百病乃气血失和之症，论医治病“持中守一”，将传统文化精髓与中医理论相结合，主张“调气血、平升降、衡出入、达中和”，认为中和是人体阴阳平衡稳态的基本态势，是中医临床遣方用药所追求的最高境界。孙光荣教授求医之旅，先研李东垣补脾之法，后承袭朱丹溪滋阴之说，融会贯通，遂形成尚中贵和的理念。临证治疗以和法为要，寻求阴阳平衡，防止疾病转化，“以中和理天下”“以中和养其身”，掌握万物发展变化的分寸，消除疾病的主要矛盾，将“中和”作为一种无所不包的整体，渗透于中医辨证论治中，“执两用中”，达到“致中和，天地位焉，万物育焉”的状态。

《素问·经脉别论》有言：“诊病之道，观人勇怯、骨肉、皮肤，能知其情，以为诊法也。”明形体对疾病的判断具有重大意义。“得神者昌，失神者亡。”神乃脏腑精气血之外现，察神可以了解人气血津液之盛衰、脏腑之强弱。孙光荣教授在临证之中以形与神的辨识为重，以此为纲，明大义，立大法，遣方用药，有“腹内藏经史，胸中隐甲兵”之能。中医诊病，讲究“四诊合参”，在诊疗过程中，他以《中藏经》“寒热虚实死生逆顺”的脏腑辨证为纲，总结出盛衰、主从、标本、逆顺、生死等19种其他辨证要素，以这些辨证要素为兵、为甲，明晰疾病之浅深，将患者情况了然于胸，做到遣方如神。

四、大中至正，心平气和

养生之道，中医推崇“天人合一”，形神俱备。《素问·上古天真论》曰：“法于阴阳，和于术数，食饮有节，起居有常，不妄作劳。”意思是要顺应规律，阴阳中和，保健方式适宜，以此养生。孙光荣教授养生思想与之相应，认为“养生并不要求立竿见影，而是要求日久见功；中医养生讲求合则安，身心舒畅，天地人和”。其养生观强调“上静、中和、下畅”，认为“静心是养生的核心”，以中和为本，自创了养生十法。孙光荣教授把中医养生分为6个层级，即德、道、学、法、术、器，谓：“养生之德引领养生之道，养生之道主导养生之学，养生之学统领养生之法，养生之法指导养生之术，养生之术选择养生之器。”在他看来，中医养生以养德为先，以合为安，保养精气神才是养生正道。人应法于天地，顺应自然，食养、药补仅是养生之术。

孙光荣教授养生除了注重“静心”“中和”，还将家传养生之法进行实践创新，自创“养生十法”，效果卓著。如提肛兜囊可壮腰健肾、刷牙叩齿可健齿瘦身、转睛明目可美目提神、书凤健颈可预防颈椎病等。这“养生十法”乃孙光荣教授从家传心法之中领略体会所得，自成风格。同时，他还自创了一套“九九自振养生操”，运动全身脏腑经络，益气活血，有延年益寿之功。孙光荣教授认为，中医养生的目的就是追求“康、乐、美、寿”，即健康、快乐、美丽、长寿。这一养生理念与当代社会压力巨大、人心浮躁的社会环境相应，老少皆宜，利于养身长全，保持身心体健。

综上所述，孙光荣教授为医治病，尚中贵和，有妙手回春之功；医教一体，开拓创新，有启示后辈之能；上医治国，辑释讲话，有医人、医国之思；大医精诚，明医明德，有仁心、仁术之怀；未病养生，静心中和，有养生长全之效。笔者希望通过对孙光荣教授临证思想之总结，为中和思想之发扬尽绵薄之力，吸引更多同道志士，共同推动中和医派的不断发展壮大，发扬中和为本、治病救人的理念，勤求中医之精髓，促进中医学在新的时代背景下欣欣向荣，为中医药事业的发展做出更大贡献。

谭林林，陈威，王俊峰. 国医大师孙光荣临证思想总结［J］. 中国中医药现代远程教育，2017，15（4）：70－72.

“中和”学术思想概述

孙光荣教授在临床上融合丹溪、东垣两家之长，旁参百家，强调“调气血、平升降、衡出入”，首倡“中和”学术思想，将“中和”贯穿于其临证观、未病观与养生观。

一、临证观

孙光荣教授认为，临证辨证论治有六大程式：①四诊审证，凸显中医采集病证信息的特殊性。②审证求因，凸显中医追究病因的准确性。③求因明机，凸显中医辨识病机的合理性。④明机立法，凸显中医确立法则的精准性。⑤立法组方，凸显中医组方主旨的针对性。⑥组方用药，凸显中医处方药物的吻合性。

“中和思想 - 中和辨证 - 中和组方”是孙光荣教授临床辨治的学术系统。孙光荣教授指出，这一体系的关键是认同“中和思想”为临证之指导思想，把握“中和辨证”的元素与要领，运用“中和组方”的思路与方法。

（一）中和思想

“中和思想”是中国传统文化中颇具特征性的哲学思想，它贯穿于对宇宙和人事的认识中。《礼记·中庸》把“中”与“和”结合起来，提出了“中和”这一概念，并沿用至今。“中”是围绕着“不偏不倚”“无过不及”的事物的最佳结构，“和”则侧重于由这种“中”的最佳结构而来的事物要素间与事物和事物之间所形成的一种协调和谐关系和状态。简言之，“中”即把握事物的“度”，“和”即使事物达到协调统一的状态。

中医学在两千多年的发展历程中，始终重视“中和思想”，并运用其指导医学理论和医疗实践。在中医学中，“中和思想”是融入了儒家“贵中尚和”理念的中医临证指导思想，在诸多方面均有体现，如天人一体观、生理观、病理观、诊断观、治疗观、养生观等。

孙光荣教授首倡中医的“中和”学术思想，认为“中和是机体阴阳平衡稳定的基本态势，中和是中医临床遣方用药诊疗所追求的最高佳境”。如果说

“阴阳平衡”是机体稳态哲学层面的概念，那么“中和”就是人体健康的精气神稳态的具体描述。“中和”更能在人体气血层面和心理层面阐释机体的生理、病理。基于此，孙光荣教授提出其临床学术观点是扶正祛邪益中和、存正抑邪助中和、护正防邪固中和，临床基本原则是慈悲为本、仁爱为先、一视同仁、中和乃根，临床思辨特点是调气血、平升降、衡出入、达中和。

孙光荣教授强调，临床要做到“四善于”：善于调气血，善于平升降，善于衡出入，善于致中和。升降出入是气机的基本形式，“升降出入，无器不有”，“出入废则神机化灭，升降息则气立孤危，故非出入则无以生长壮老已，非升降则无以生长化收藏”（《素问·六微旨大论》）。孙光荣教授认为，临床无论以何种方法辨证论治，都离不开阴阳这一总纲。临证用药，不论是寒热温凉、酸苦甘辛咸，还是升降沉浮、补泻收散，不论是脏腑归经，还是七情配伍，都离不开阴阳之宗旨。具体到人体，阴阳就是“气血”。“人之所有者，血与气耳”（《素问·调经论》），机体离不开气血平衡的稳态——“中和”。孙光荣教授指出，如果说中华文化的灵魂是“和”，中医医德的核心价值就是“仁”，中医医术的最高水平就是“调”，中医疗效的终极指标就是“平”。“调”，就是要调阴阳、调气血、调升降出入、调消长机转。调到什么程度？要调到平衡、调到“中和”。即“调气血、平升降、衡出入”的目的是“致中和”。孙光荣教授辨证遣方选药总是以“谨察阴阳所在而调之，以平为期”，审诊疗之中和，致机体之中和。

要而言之，中和思想的主旨是辨识其偏盛、偏衰，矫正至其中；察知其太过不及，燮理达其和。中和思想的主要内涵：①以“谨察阴阳所在而调之，以平为期”为基准，认知和坚持中医维护健康、治疗疾病的主旨。②以阴阳为总纲、以气血为基础、以神形为主线，把握对立统一的“失中、失和”的基本元素，进行中医辨证。③以“调平燮和”为目的，以扶正祛邪、补偏救弊为总则，根据临证实际化裁经方，针对“失中、失和”组方用药。

（二）中和辨证

在审证方面，孙光荣教授基于“中和思想”，探索和总结了以“神形”为主线的20个辨证元素：一般元素10个，包括时令、男女、长幼、干湿、劳逸、鳏寡、生育、新旧、裕涩、旺晦；重要元素10个，包括神形、盛衰、阴阳、表里、寒热、虚实、主从、标本、逆顺、生死。形神居于两种元素之中，为主线。任何一组都是正反一对，也就是概念相对，辨析之，即可辨明“失中、失和”之所在，此即为“中和辨证”。

以“寒热”要素为例：①一般情况：寒热是辨别疾病性质的两个重要元素。寒有表寒与里寒之分，表寒者多为外感寒邪，里寒者多为阳气虚衰而致阴寒内盛。热有表热与里热之别，表热者多为外感火热之邪，里热者多为阴液不足而致阳气偏亢。②认知方式：可以通过望、闻、问、切四诊合参获得表里的信息，但首重问诊。③思辨重点：问清患者发热、恶寒的时间、程度、部位，厘清先寒后热、先热后寒，是否有寒热往来，是否伴发寒战，务必辨清寒热真假。④临床意义：恶寒喜暖，肢体蜷缩，冷痛喜温，口淡不渴，痰、涕、涎液清稀，小便清长，大便溏薄，面色白，舌淡苔白，脉紧或迟者，多为感受寒邪或阳虚阴盛，发为寒证；发热，恶热喜冷，口渴欲饮，面赤，烦躁不宁，痰、涕黄稠，小便短黄，大便干结，舌红少津，苔黄燥，脉数等，多为感受热邪，或脏腑阳气亢盛，或阴虚阳亢，发为热证。⑤联系形神：寒热之辨证要素与形神有重要关系，寒证多收引，多蜷缩，神意淡漠；热证多亢进，神意躁急，甚则狂躁。

（三）中和组方

“中和组方”，就是在“中和思想”指导下，根据“中和辨证”的结果，采用的不偏不倚、调平燮和的组方用药方法。孙光荣教授认为，中医治疗之方药应该是“平和”的方药组合，其有“三忌”：一忌在未固护正气的前提下施以大热、大寒、大补、大泻之剂；二忌过度滋腻，过度攻伐；三忌崇贵尚奇，动辄以昂贵难求、不可寻求之奇方怪药而求奇验。“中和组方”的基本原则：①遵经方之旨，不泥经方用药。②谨守病机，以平为期。③中病即止，不滥伐无过。④从顺其宜，患者乐于接受。

“中和组方”的用药要阴阳结合、动静结合、升降相应、收散兼容、寒热共用等，以期在保证用药安全的前提下，达到药到病除的目的。孙光荣教授的组方思路：①遵经方之旨，不泥经方之药。②依功能组成“三联药组”，严格按君、臣、佐、使结构组方。③“三联药组”注重相须、相使、相畏、相杀，四气五味，升降浮沉。④药少量精，注意产地、炮制方法。⑤重益气活血，讲究专病专药。⑥必要时，用“子母方”、内外合治。

孙光荣教授经过临床探索和实践，体悟出“中和”的组方方法，是按照君、臣、佐、使的架构进行的，即以治法来定君、臣、佐、使，再依每种治法组成一个“三联药组”。根据确定的治则治法，每方可由一组、二组、三组、四组等组成。必要时，还可根据病症需要，在常用药组中进行加减。

孙光荣教授临床组方选药的一大特色即“三联药组”的配伍和应用。三联药组又称“角药”，它是以中医基本理论为基础，以辨证论治为前提，以中药气味、性能、七情为配伍原则，三种中药联合使用、系统配伍。“角药”介于单味中药与方剂之间，是一种更为复杂的配伍形式，在方剂中起主要作用，或独立成方。

孙光荣教授认为，“三联药组”的基本思想是秉承中华传统文化追求阴阳平衡的理念和天地人三才的思想。他所配伍的“三联药组”灵活多变，是在总结前人用药经验的基础上进行升华和创新而形成的。

“三联药组”注重药物功效的相须、相使、相畏、相杀，药物的四气五味、升降浮沉。三药相互协作、制约，形成一个特定的功能单元。临证处方时，可参照古方的组方思路，按君、臣、佐、使的架构来组方，并根据具体的病情化裁应用。如法半夏、广陈皮具有化痰、祛湿功能，配以佩兰叶则清化湿热，可用于湿热中阻；配以麦冬则化痰清热，用于咳嗽痰黏难以咳出者。

孙光荣教授根据其功能特点，将“三联药组”分为三种类型：①祛邪组合，用于攻邪。如“金银花、蒲公英、连翘壳”等。②扶正组合，如“生晒参、生北芪、紫丹参”等。③辅助组合，主要用于引药直达病所，或用针对性强的专病专药。如“云茯神、炒枣仁、灯心草”“蔓荆子、西藁本、粉葛根”等。

二、未病观

“治未病”的概念和思想最早出现于《黄帝内经》。孙光荣教授认为，“治未病”思想是植根于中华民族优秀传统文化的、在数千年中医药发展进程中积累凝练的中医药文化。简而言之，“治未病”即采取相应的措施，防止疾病发生发展。中医学“治未病”思想基于“天人合一”，是中医防治思想的一贯体现，是中医预防保健的重要理论基础和准则，是中医学理论体系的核心理念之一。

孙光荣教授提出，“治未病”的思想特征是强调以人为本，防重于治；强调形与神俱，和谐平衡；强调“天人合一”，效法自然。其内涵包括未病先防、既病防变、病中防逆转、瘥后防复发。

孙光荣教授认为，中医药在长期的实践中体现出“个性化的辨证论治、求衡性的防治原则、人性化的治疗方法、多样化的干预手段、天然化的用药取向”五大特色，因此，中医学“治未病”主要表现为“三突出”的优势。试以亚健康的干预为例简述之。

（一）针对性突出

针对人体亚健康与疾病状态，中医可将其分为未病、已病两大类，亚健康又可分为未病、欲病、将病 3 个层次，已病又可分为欲传变、将传变、欲复发、将复发 4 个层次。针对不同的服务群体和不同的养生防病需求，中医养生保健可以分为老年养生保健、妇女养生保健、青春活力养生保健、脑力劳动养生保健、体力劳动养生保健、智力养生保健、性功能养生保健等；针对个人亚健康状态，中医干预可以分为亚健康状态预防干预、亚健康状态阻断干预、亚健康状态修复干预等，并结合时令、地域、情志等给予针对性强、以调治为主、个性化的指导与干预。

（二）多样性突出

中医对亚健康的干预手段十分丰富，总体上可分为药物干预法和非药物干预法。根据服务对象的体质、亚健康征兆、亚健康检测结果与评估报告，给予药物干预或非药物干预。药物干预法主要是补偏救弊、调之使平的酒剂、汤剂、膏剂、丸剂、洗剂、栓剂、贴剂、枕剂等，非药物干预法主要是针灸、推拿、按摩、导引、药膳、音乐诱导、书画引导、心理咨询、七情生克法等。

（三）天然性突出

中医对亚健康的干预方案与手段既讲究药取天然，更追求效法自然。在药物干预中一般不使用化学药品，极力避免产生“本来未病，用药成病”和“原病未除，新病又出”的药物副作用。另外，在非药物干预中一般不使用运动量超大的器械或强度超大的手法，而是根据年龄、性别、体质、时令制订合理的干预方案，在安全中求实效。

三、养生观

未病先防，重在养生。孙光荣教授把中医诊疗与养生都分为 6 个层级，即德、道、学、法、术、器。养生之德（仁爱、平和）引领养生之道（人法于天地，三因制宜），养生之道主导养生之学（养生的专门学问，包括源流、原理、法则、方式等），养生之学统领养生之法（养生的总则、要领、要义、要诀），养生之法指导养生之术（药养、食养、术养等），养生之术选择养生之器（养生器械、器具、保健品等）。在他看来，养生首先要养德，要持有仁爱、平和之心，而后行养生之道，人法于天地，顺应自然，效法自然。养生并不要求立竿见影，而是要求日久见功，中医养生讲求合则安，身心舒畅、天地人和。

（一）养生总则——合则安

孙光荣教授认为，养生总则可以一语概之：“合则安。”养生不能千人一法，而应因人制宜，只要适合自身的心理、生理需求，即为“合”。合则安，既安之，则能持之久远，自可益寿延年。中医养生不能要求立竿见影，要日久见功，而且只要感到“十不”即可。“十不”即头不晕，咽不痛，心不慌，胸不闷，腹不胀，力不乏，尿不黄，便不结，月经不乱，性能力不减弱。

（二）养生要领——上静、中和、下畅

“上静”，指保持头脑清醒、心态平和。心态平和，要有良好的世界观，保持良好心态，日常要注意疏肝理气、平心静气，遇事要平静、平和，要会知足常乐，才能做到上善若水，顺势而安。孙光荣教授每遇艰难困苦，都以岳麓书院楹联“是非审之于己，毁誉听之于人，得失安之于数”自勉，逐渐养成豁达乐观的性格。他深有体会地说，“如果心胸狭隘，满脑满心都是羡慕、嫉妒、恨，锱铢必较，什么养生也没用”，所以“养生先养慈悲心”。

“中和”有两层含义：一是指中焦脾胃要安和。脾胃为后天之本，百病多因脾胃衰而生也。因此，在养生中始终要注意保护好脾胃，饮食应规律，不暴饮暴食，饥饱适宜，节制酒类，禁忌生冷、油腻之品。二是指要中处人事，要“中和”，人在天地之间，与周围人和事要平和、和谐共处，切不可有违环境和道德规范，肆意妄为，伤人害己，有害健康。

“下畅”，因肾藏精，是先天之本；肾主水、纳气，司二阴。在养生中，尤其要注意大小便的通畅，女性还要注意经、带的情况，气血流畅，自然也包括大小便的通畅。气血畅通中和，自然健康长寿。

薛武更．国医大师孙光荣中和学术思想概述［J］．中国中医药现代远程教育，2017，15（5）：69－72.

论中医临床医学“六难”

孙光荣教授指出，当前中医临床医学面临“六难”的困境。

一、诊断指标难以自身客观化、精细化、标准化

中医认识疾病和治疗疾病的基本原则是辨证论治，证候是辨证论治的核心内容，也是中医立法处方的依据。目前，“微观辨证”以微观指标认识与辨别疾病的证候，为中医辨证治疗提供一定的客观依据，如肺通气功能损害纳入了肺气虚证的诊断标准。此外，纤维镜、影像学等微观检测手段对中医辨证的客观化有一定的帮助，但“微观辨证”由于本身的局限性、机械性和专一性等缺点也影响了中医辨证的准确性。如 CRP（C－反应蛋白）是急性胰腺炎患者常见的实验室异常指标，但同时也是冠心病患者常见的实验室异常指标。据报道，不稳定型心绞痛患者中医证型形成的物质基础可能与 CRP 有关，这说明在“微观辨证”研究中仍存在中医证候规范化、客观化、精细化缺乏统一标准，且研究指标大多缺乏特异性。孙光荣教授认为，中医四诊所收集的都是人体上的模糊、笼统信息，不是一般定量标准所能确定的，因此这些所谓微观指标很难成为“客观指标”。中医学是整体医学模式，是整体观念指导下的辨证论治，其诊疗思维采取包容式思维，侧重于辨证病因及分析邪气、正气的盛衰变化，通过扶正祛邪、补偏救弊使机体恢复健康。孙光荣教授认为，中医临床医学诊断指标难以自身客观化、精细化、标准化。

二、临床路径、治疗方案难以规范化、标准化

以循证医学证据和指南为指导的临床路径，可以起到规范医疗行为，避免随意性，降低成本，进而提高临床治疗的准确性、提高医疗质量的作用。传统中医药和临床路径相结合便产生了中医临床路径，这是中医药管理部门为了规范中医院诊疗行为的一种标准化诊疗方法。虽然通过几年的推广，中医临床路径在规范中医药临床实践、提高医疗质量、缩短患者住院时间、控制医疗费用、突出中医药特色诊疗等方面确有重要作用，从而促进了中医临床优势的发挥。但孙光荣教授认为，中医药学具有系统的理论与技术方法，

具有个性化的辨证论治，中医临床在一定程度上具有多样性和主观性，使中医辨证的不确定性特征更加突出，标准相对很难统一，这也是导致中医临床疗效很多时候难以重复、评价困难的原因之一。此外，患者不完全按临床路径得病，如有些患者经入院治疗后，中医的某些病种或病证有时会发生变化，中医治疗主要是辨证论治，强调因人而异，主张进行个性化的治疗，且有中医药学术争鸣的特点，中医临床路径又如何能将其统一呢？一个病究竟应分为哪几种证型？另外，临床上还会出现“标准化”之外的证型，故临床路径难以规范化、标准化。

中医的生命力在于临床疗效，临床疗效又与治疗方案密切相关。中医药要走向世界，首先就要进行中医药规范化治疗方案的研究。然而中医四诊信息中如脉象的客观信息，有时同一个患者经不同医生切脉可能会得出不同的脉诊报告，然后据此拟定不同的治疗方案。而中医学的治疗特点则强调辨证论治及随症加减。由于辨证过程采集的都是人体上的模糊、笼统信息，中医证候的相关信息大多无法用确切的数据定量描述，缺乏客观的、统一的规范和标准，故孙光荣教授认为，中医治疗方案难以规范化、标准化。

三、治疗方剂难以格式化，剂量难以标准化

方剂是在辨证审因、确定治法后，选择两味及以上的中药按配伍原则组合而成，共同发挥治疗作用，用以治疗疾病的主要工具之一。方剂讲究“君、臣、佐、使”的配伍原则：君药依据药物的功效针对主病或主症起主要治疗作用；辅助君药加强治疗作用或治疗主要兼病、兼症的药物作为臣药；佐药是佐助君、臣药，或监制君、臣药的毒性，缓和药性，或反佐君、臣药；引经药或调和药则为使药。如《王氏医存·古方用药之妙》云：“立方之妙，多是以药制药，以药引药，非曰君、臣、佐、使各效其能不相理也。”在确定方剂的君、臣、佐、使药物后，应考虑中药方剂的配伍方法，如散法和收法、温法和清法、攻法和补法等。另外，还应考虑气味厚薄、五气，以及配伍环境、配伍技巧、炮制方法和剂型选择，如此才能配伍出符合病情的方剂。故孙光荣教授认为治疗方剂难以格式化。

中药是方剂的基础，方以药成。药有个性之专长，方有合群之妙用，而中药剂量更多的是前人经验的总结及自身的临床体会。药物的用量不但是方剂的重要组成部分，同时也影响临床疗效。临床有时辨证立法准确，但中药剂量运用不当，结果收效甚微或治疗失败。中医不传之秘在于量，只有恰当运用中药剂量，才能确保方剂疗效和用药安全。方剂由药物构成，药物剂量

是方剂配伍的灵魂，方中各种药物剂量的变化会使方剂的功能、主治发生变化。研究表明，某味中药在处方中如果相对剂量高，越有可能成为该方的主要药物，而某味中药是否为该方的佐药或使药与相对剂量无关。一些名老中医如李可、何复东等，临床疗效显著，然而临证用药具有剂量偏大、喜用重剂、超出常规的特点，故剂量难以标准化。

四、临床用药难以优选

中医临床治病用药，只有针对不同的病因病机，使用相应的药物，达到“中和”的用药法度，才可通过祛除病邪，或扶助正气，或协调脏腑经络功能，纠正阴阳的盛衰，使机体重建或恢复其阴平阳秘的和谐正常状态，才能使病情得到“中和”而痊愈。临证处方，为适应特殊疾病的治疗需要，应针对主症，兼顾次症，尽量选用一药多效的药物。如制何首乌具有补肾养血、安神通便之功效，心血管疾病伴失眠、大便干燥者尤宜选用。根据临床的治疗需要，随时加入针对性较强的“对药”于处方中，可提高临床疗效。孙光荣教授倡导中和，临证擅长使用“对药”“角药”。“对药”如墨旱莲、女贞子同用，可以增强补肝肾、滋阴精、乌须发的功效；酸枣仁、炙远志同用以滋养阴血、交通心肾，增强宁心安神作用。“角药”如人参、黄芪、丹参同用，彰显了孙光荣教授“重气血、调气血、畅气血”之基本临床思想。临床还需重视专药专病类药物，如漏芦通乳、射干开咽、菖蒲宣窍等。此外，临床运用中药，须注重药物炮制、同一药物的药效部位、对同名药物的辨析使用，故中医临床用药难以优选。

五、临床疗效的评定难以客观化、标准化

中医学历经千年而不衰的原因是中医具有良好的临床疗效。孙光荣教授认为，在长期的临床实践中，中医形成了认知健康与疾病的整体观、调治健康与疾病的中和观、预防疾病与维护健康的未病观、关注个体的健康与疾病的制宜观等诊疗核心理念，传统的中医临床疗效评定方法是以经验为主，常常以患者的临床症状及舌象、脉象等一系列指标作为依据，往往根据个人经验来判定疾病的痊愈与否，通常以某一疾病症状的改善、消失作为判定临床好转、痊愈的标准。目前，中医药临床许多个案报道及临床病例的疗效总结，其疗效评价的方法不但主观性强，而且缺乏统一标准，研究结果往往没有可比性。由于中医存在着疗效评价标准不统一、以替代评价指标取代结局评价指标及用“证”评价疗效的科学性不明确等问题，或盲目借鉴西医疗效评价

方法用同一评价标准对中医药进行疗效评价，难以反映中医自身的特点和优势，故中医临床疗效评定难以客观化、标准化。

六、中医药学难以国际化

中医药学是以天地一体、天地人和、和而不同的思想为基础，经过数千年，以亿万计的人为载体的临床诊疗经验积累的医学科学，有着深厚的中国古代文化基础。中医学具有整体观的优势及辨证论治的诊疗特点。目前许多学者大力提倡中医“标准化”，认为中医“标准化”是中医现代化的必然之路，中医“标准化”可以解决中医与国际接轨的问题。孙光荣教授认为，中医的标准化应该是在临床实践中逐渐形成，约定俗成，公认推行。由于目前中医诊断指标难以自身客观化、精细化、标准化，临床路径、治疗方案难以规范化、标准化，治疗方剂难以格式化、剂量难以标准化，临床疗效的评定难以客观化、标准化，所以就目前来说，中医药学难以国际化。至于中医与国际接轨的问题，孙光荣教授认为，中医独具特色优势，不应是中医模仿西医、做套西医化的标准，送出去与国际接轨，而应该是国际主动想方设法找来与我们接轨。

黎鹏程，何清湖．国医大师孙光荣教授论中医临床医学“六难”[J]．湖南中医药大学学报，2017，37（11）：1173－1175.

论中医药学五大特色

中国传统医药学从远古绵延至今，是世界上历史最悠久而仍在持续为十多亿人造福并有别于西方医学的医学体系。作为我国原创的医学科学，中医药学具有自己独立的一套理论系统和疾病诊疗方式。要传承和发展中医药，首先要把握和坚持中医药学特色。

国医大师孙光荣教授通过近六十年的亲耕实践，总结并提炼出中医药学的五大特色，即个性化的辨证论治、调治求衡的防治原则、人性化的治疗方法、多样化的干预手段及天然化的用药取向。这种关于中医药学特色和本质的睿知卓见，诚能醒聩指迷，令人获益匪浅。

一、个性化的辨证论治

辨证论治是中医药学的核心特色与优势，是中医进行临床诊断和治疗疾病的主要思维模式。张仲景在《伤寒论》第 16 条中云："观其脉证，知犯何逆，随证治之。"孙教授认为，仲景此 12 字极为精辟地概括了中医的辨证论治观。"观其脉证"主要指中医的诊断过程，区别于主要采用仪器进行检测的西医学，传统中医通过望、闻、问、切四诊方式来全面、整体地了解病情；"知犯何逆"则是一个更深入的辨证求本的过程，它要求在对患者的临床表现进行综合分析和整体判断的基础上，准确把握患者所犯的主"证"；"随证治之"即最后的论治过程，中医根据"证"型确定治则、治法，并进行相应的遣方用药。

中医药学辨证论治观的精髓就是对中医"证"的把握和判断。在判断"证"的过程中，除了一定的标准和规范，还须因人、因时、因地制宜，具有极强的个性化特点。与西方医学一般采取从病的共性入手进行研究不同，中医药学深受《周易》中变化和动态哲学思想的浸润，认为尽管疾病本身是有一定共性的，但是鉴于患者性别、年龄、体质、生活方式等的不同，以及时令、季节、气候、地域等的迥异，在辨证论治的过程中尤其要强调个体的特异性和疾病的动态变化。这一理念突出地体现在中医对同病异治和异病同治的个性化诊疗思维上。即便是同一种疾病，如果发生在不同的个体上，可能会表现为不同的证；而只要病机相同，即便是不同的病，也可能会有相同的证。孙光荣教授在临床辨证论治过程中常考察20个元素，以形神为首，其次是识别盛衰、阴阳、表里、寒热、虚实、主从、标本、逆顺、生死共10个重要元素，这包括时令、男女、长幼、干湿、劳逸、鳏寡、生育、新旧、裕涩、旺晦等10个一般元素。正是这种个性化辨证论治特色，使得中医药学具有了区别于西方医学的东方诊疗思路与独特的疗效优势。

二、调治求衡的防治原则

《素问·至真要大论》曰："谨察阴阳所在而调之，以平为期。""以平为期"正是中医药学的另一大特色——调治求衡的原则。中医对于疾病防治的求衡思维，汲取于中国阴阳理论的导源《周易》。《周易》指出，阴阳是构成宇宙万事万物最基本的元素，而中医理论就是以阴阳学说为核心的理论体系。相较于西医对"症"下药，中医则认为疾病产生的根源就是人体内部的阴阳失衡，因此在临床上应采取"虚则补之，实则泻之，寒则温之，热则凉之"的调治思路，最终目的是为了达到人体阴阳平衡的健康状态，或称之为"中和"的状态。

孙光荣教授是我国"中和医派"的创始人。他强调"中和观"应成为中医药学健康观、疾病观、诊断观、治疗观和养生观的指导思想。所谓"中和"，儒家经典《中庸》将其阐述为"中也者，天下之大本也；和也者，天下之达道也"。"中和"就是事物和谐与平衡的最佳状态。中医正是一门"中和"之医学，譬如：在健康观上，中医注重"天人和""形神和""藏象和"；在疾病观上，中医指出身体"不和""失和"会导致疾患；在治疗观上，中医推崇"调其不和"；在养生观上，中医提倡"食饮有节、五味调和""起居有常、不妄作劳"的和合思想等。调治求衡、求和的中医药学防治特色，是中国传统文化中阴阳、中和及整体等观念在医学领域的充分体现。

三、人性化的治疗方法

强调以人为本是中医药学的另一个突出特色。西医传统采取"靶向治疗"的方式，即在获得了相应的检测结果之后，根据"击靶"的思维方式实施药物或手术治疗以对抗疾病，其治疗方法素来被认为具有规范化、精准化的优势；而中医则更倾向于用"以人为中心"的治疗方式来全面、整体地考察和治疗人体，认为治疗并不是一个对抗过程而是一个调节过程，通过调节阴阳、扶正祛邪可以调动患者机体本身对疾病的积极反应，提高自我修复能力。正是因为中医学对以人为本和人性化的推崇，中医“大医精诚”“济世活人”等医德思想与人文关怀理念便成了中医从业者的最高旨向。

此外，中医自古以来非常强调“治未病”的观念，所谓：“上工治未病之病，中工治欲病之病，下工治已病之病。”其“治未病”的思想，体现的就是中医对于人、对于健康的尊重。中医“治未病”的概念与西医学人性化的走向不谋而合。西医学正在逐渐改变旧有观念，提倡不要再将疾病单纯地视为“靶子”，也不要再将治疗过程仅仅视为与对手对抗，而是越来越重视患者个体本身的心理因素和与社会大环境的相互作用，越来越重视预防和保健，正走向生物－心理－社会三者相结合的新医学模式。显然，中国传统医药学之所以能历经几千年的历史洗礼而不被淘汰，与其以人为本、重视人性化的特色不无关系。

四、多样化的干预手段

多样化的干预手段和丰富的治法也是中医药学的特色之一。中医的传统治法大体可分为内治法和外治法。《素问·至真要大论》中提出：“内者内治，外者外治。”所谓内治法，主要指中医在辨证施治过程中以开方处药作为主要的干预手段，患者通过内服中药来治疗疾病。针对此一治法，中医开发出了汤剂、丸剂、散剂、膏剂等不同的剂型以实施多样干预。而所谓外治法，则是相对于内治法而言的，泛指所有将药物、器械等直接作用于体外的治法。一般而言，药物外治法以药敷、药浴为多，剂型也十分多样，包括膏剂、贴剂、雾剂、洗剂、滴剂等。外治法还包括中医的外科手术，如古时著名的金针拨障术及针对骨伤的各种夹板固定法等都可归入其中。此外，建立在中医经络学说基础上的针刺、艾灸、拔罐、推拿等疗法则被认为是极具中医特色的“内病外治”干预手段。

在中医药如此多样的干预手段中，特别值得一提的是中医在养生领域的不断探索。养生文化源于中医对于阴阳调理的重视，对于“致中和”理想的追求，是中医学独有的一种医学文化与理论。中医养生的干预手段十分丰富：在饮食方面，药膳、药酒、食疗等干预手段被广泛运用；在运动方面，气功、武术、太极拳等也备受推崇；在情志调节方面，一些譬如心理养生、怡情养生、中医情志治疗的干预手段也在不断涌现。中医干预手段的多样化正是基于中医从整体、全面、宏观的角度来看待人体健康，是建立在中医对个性化、人性化的重视上，它使得中医在世界医学领域拥有其独特的优势和特色。

五、天然化的用药取向

中医药学的另一个特色就是用药讲究天然。中医用药以自然的植物药居多,《说文解字》中曾释“药”为“治病草也”。因此中药又被称为中草药、草本药。我国幅员辽阔、得天独厚的地理条件,使种类丰富的植物、动物药与矿物药等天然药材资源被中医广泛运用。

相较于主要研究和运用化学合成药的西方医学,中医自古以来更倾向于使用加工炮制后的自然药物。中医强调天人合一的哲学观念,注重人与自然的和谐统一,认为源于天然的中药材含有特殊的自然属性。如从四性辨之,有寒、热、温、凉之分;从五味来看,有辛、甘、酸、苦、咸之异;以质地轻重而言,有升、降、浮、沉之别;以归经考察,不同的药物分别擅入不同的经络。然则,借助天然药物本身所具有的自然造化之力调节阴阳、祛除病邪,其副作用理所当然地也较许多化学合成药要小。此外,中医讲究整体观念,认为人体的各个器官和组织之间在功能上是相互协调、相互作用的,因此在治疗过程中一般不会也不可能如西方医学那样采用直接针对人体某类细菌或病原体的有明显靶向性的药物,而是依据君、臣、佐、使的组方理念来整体调和诸药,注重发挥天然药物自然特性之间的相互作用,从整体上、根本上扶正祛邪,改善体质。

中医药学特色是中医生存与发展的根基所在,而个性化的辨证论治、调治求衡的防治原则、人性化的治疗方法、多样化的干预手段及天然化的用药取向,是孙教授对中医药学特色的高度概括和凝练。孙教授认为,中医药学作为由中华民族原创并历经数千年传承和发展而形成的主流医学,即便在21世纪的今天,仍然极具优势和魅力,中医药人理当充满自信地把握和坚持其特色。

魏一苇,何清湖,孙光荣,等. 国医大师孙光荣论中医药学五大特色[J]. 湖南中医药大学学报,2017,37(9):928-930.

论中医药学的六大优势

中医药学能在几千年的历史长河中得以保存，而且能不断吸收各个时代的优秀成果丰富和发展自己，为中华人民的健康保驾护航，即使是在如今西方医学占主导地位的医疗体系中，它还能得到国内外人们的青睐，凸显其强大的生命力与远大的发展前景，其优势是显而易见的。国医大师孙光荣教授将这种优势归结于6个方面：临床疗效确切；用药相对安全；服务方式灵活；费用比较低廉；创新潜力巨大；发展空间广阔。

一、临床疗效确切

中医药的“个性化辨证论治”特色是其临床疗效确切的关键与决定因素。当前，一个小小感冒的治愈都经常需要耗费少则一个星期、多则一个月的时间，甚至出现长时间不愈的状况，而面对各种发病率高、治疗难度高、病死率高的“三高疾病”则无能为力，一旦患上这一类型的疾病就将终身伴随，缓解和抑制症状成为其主要医疗目标。相反，中医能根据不同的证候、个人、时令、地理位置等采用不同方药及给药途径，取得高效、长效、速效的临床疗效。“个性化的辨证论治”针对的是得病的人，而非患者所得的病，因为同样的病，证不一样，治疗则需要不同的药物。如同样是感冒，有风寒表证与风热表证之分：恶寒重、发热轻、头身疼痛、鼻塞声重、时流清涕、舌苔薄白而润、脉浮或紧等属于风寒表证，可用荆防败毒散加减；身热较著、微恶风、头胀痛、咳嗽痰黏呈黄色、流黄涕、舌苔薄白微黄、脉浮数等属于风热表证，可用银翘散加减。同一病证的不同个体，其治疗需要不同的药物。同样是风寒感冒，因个体体质的不同，临床症状也有很大的区别。体质弱者表现为恶寒发热，汗出脉缓；体质强壮的表现为恶寒发热，无汗而喘，脉浮紧；内有寒饮者除恶寒发热外，尚见咳嗽，痰多清稀，干呕；内有郁热者的症状表现为寒热俱重，烦躁口苦，咽干痛；素体阳虚者则表现为恶寒很重，发热轻，神疲欲寐，脉沉。临床症状不同要求用不同的治疗方式，体质弱者可用桂枝汤，体质强者可用麻黄汤，内有寒饮者可用小青龙汤，内有郁热者可用大青龙汤，阳虚者可用麻黄附子细辛汤。同一病证的同一个体在不同的时令，其治疗也需要不同的药物。如同一风寒感冒的患者在夏天与冬天适用的药物完全不同，因为夏季多夹暑湿，且皮肤腠理疏松，可用新加香薷散而非麻黄汤加减。即使是同一病证的同一个体在相同的时令内，因所处地域不一样，其治疗药物同样不同。如冬季患风寒感冒的同一患者在寒冷干燥的北方宜用辛温解表的重剂，外加滋阴润燥的药物；在寒冷潮湿的南方则应该用辛温解表的轻剂，外加祛湿的药物。中医药与西医学所面对的治疗对象的一致性，使得它在疑难病症的治疗中具有更多的经验与方法，能获得更确切的临床疗效。中医药并不是仅针对慢性疾病的调养方式，它同时具有速效的临床效果，这一点可以从著名老中医李可治疗急危重症的临床疗效中得到充分的认证。

二、用药相对安全

中医药求衡化的防治原则、天然化的药物取向与科学化的药物配伍表明其对人体有相对较小的毒副作用，凸显其用药相对安全的优势。中医药的求衡化防治原则指的是“中医在‘治未病’的思想指导下，首重人体阴阳的动态平衡和生理机制的稳定，以‘调之（阴阳）使平’为防治总则，以防为主、防治结合、养治结合，扶正祛邪”。“以防为主”是疾病未发生或者处于萌芽状态时的防治方式，它以最小的代价获取最大的价值，采用的药物基本上属于轻剂量的平和药物，其毒副作用基本可以忽略不计。“防治结合”是疾病发生之后，在正气未受损伤之前，在祛邪的同时阻断疾病的发展进程与先安未受邪之地的治疗方式，其采用的药物是在顺应人体自和机制的前提下发挥自己祛邪的功效，故不会对人体的正气形成损伤。“养治结合、扶正祛邪”是针对正气受损、邪气仍存状态下的治疗方式，其采用的药物可分为养正气与祛邪气两部分，通过调养正气，充分调动人体的自和机制，达到祛邪的目的，而非采取霸道的祛邪方式，将对人体的损伤控制在较小的范围。总体来说，中医药的求衡化防治原则是运用药物来调整人体阴阳之间的平衡。中药是古人根据“人法于天地”的基本原理，按照不同的季节（天）和产地（地）精选、精制的各种动、植、矿物等，属于天然化药物。天然化药物相对于化学合成药物来说毒性较小，其根源在于天然化药物能被人体吸收分解，而化学合成药物则能被人体的免疫系统所识别，继而发生两者之间的对抗，造成细菌的不断分离与进化，故化学合成药物每隔一段时间就需要更新，而中药在长达几千年的时间内都未出现身体的耐药性。从某种程度来说，身体的耐药性也是一种毒性的表现。中药的配伍理论与方法是中医药学家从数以亿万计的患者活体临床实践中，根据中药自身的四气五味、升降沉浮与脏腑归经特点逐步总结和积累起来的成果。中药的相畏、相杀是专门针对有毒药物的配伍方式，即利用某一种药物来消除与缓解另一种药物的毒性，大大提高了毒性药物的用药安全性。如半夏与生姜是相畏配伍，生姜能减除半夏的毒性；乌头与大枣是相杀配伍，大枣能消除乌头的毒性。中药的相反配伍指的是两者合用能明显产生毒副作用，避免药物之间的相反配伍是以消极的方式提高药物的用药安全性。如乌头与半夏、甘草与海藻等配伍就是临床应极力避免的。中药之间的寒热配伍、动静配伍、润燥配伍等均是利用两种性味相反药物之间的相互牵制，缓解药物的偏性使其性味趋于平和，从而降低甚至消除对人体的损害，如大黄与附子的寒热配伍、桂枝与白芍的动静配伍、半夏与麦冬的润燥配伍。中药之间的科学配伍不仅是提高疗效的重要手段，同时也是降低药物对人体损害的有效方式。

三、服务方式灵活

中医药“人性化的治疗方法”与“多样化的给药途径”为其治疗提供了灵活的服务方式，使之“上可至庙堂，下可至山乡”。本着“以人为本”的理念，中医药简约、方便、快捷、灵验的服务要求促使中医研究和应用了丰富的以无创伤为主的防治方法，包括：药物疗法与针灸、推拿按摩、拔罐、食疗、水疗、泥疗、医学气功等非药物疗法；多样化的给药途径，包括煎剂、片剂、丸剂、散剂、丹剂、酒剂、滴剂、喷雾剂等口服方式；膏剂、饼剂等穴位熨贴方式；洗剂、冲剂、栓剂等孔窍给药方式。如针对饮食停滞，中医可以采取保和丸加减内服，也可以采用白萝卜拌陈皮的食疗方法，可以通过对天枢、中脘、足三里等穴位的针刺与按摩，还可以通过练习八段锦来理气消食等。

四、费用比较低廉

从诊断层面而言，相对于西医学高端设备的高昂诊断费用，中医四诊的费用可以忽略不计，同时面对多系统、多器官、多组织的综合病变，西医学需要辗转各个科室进行诊断，而中医的诊断只需从整体的角度把握四诊合参即可。从治疗层面而言，西医学的手术费用、靶向药物费用、高端设备的治疗费用等是十分昂贵的，超出一般民众的支出范围；而中医药灵活的服务方式可以为民众选择最适合自己的治疗方式，且相对于西医学的治疗费用而言，中医药各种治疗方式的费用均比较低廉。

五、创新潜力巨大

中医药学科的特质与发展规律决定着它能利用当代的优秀成果丰富和发展自己；同时中医药学是一门具有悠久历史的古老医学，由于时代的局限性，它留下了有待挖掘、提炼的丰富宝藏，故说中医药学拥有巨大的创新潜力。中医药学是一门围绕“理、法、方、药”形成的学术体系，其巨大的创新潜力也应该从这4个方面去挖掘，即：创新中医药学之“理”，创造中医新辨证体系；创新中医药之“法”，规范中医治则治法；创新中医药之“方”，构建中医新组方模式；创新中医药学之“药”，建立中药新培采研制标准。创新中医药学之“理”的关键在于临床，而临床的关键在于诊断，诊断所要解决的问题为“观其脉证，知犯何逆”，这一问题的解决需要明确的辨证方法与标准。前人在临床实践中因疾病谱的变化与临床认知的提升，不断总结出“八纲辨证”“经络辨证”“三焦辨证”“脏腑辨证”“卫气营血辨证”等辨证纲领，每一个新的辨证纲领的出现都意味着前一个纲领对新的病因、病机及证候不能给出合理的解释。当今随着疾病谱的变化，越来越多的疾病超出原有辨证纲领的范围，迫切需要新的辨证体系为其病因、病机与证候做出相应合理的解释，这种迫切的需求是辨证体系创新的不竭动力。规范中医药的治则治法也是一种现实的需求，因为随着中医临床中“西医诊断”“中医配方”现象的普遍化，中医建立在审症求因、辨证论治基础上的“依证定则、依则立法、依法组方、依方用药”的临证规矩将会退化或丢失。中医临床中出现的两种处方偏向，强调唯经方之是从的“崇古泥古”般的套用经方与强调唯经验之是从的“大杂烩”似的大处方，两者都偏离了中医临床处方的轨道。前者抹杀了经方年代与现代人们因生活节奏、习惯、环境的差异而产生的疾病的区别，一味地生搬硬套；而后者则是不懂中医辨证论治的产物。两者共同的结果是摧毁中医药在人们心目中的地位，使其丧失学科自信。因此，如何构建中医新的组方模式也是中医药应该重点创新的。目前市场上的药材因气候、土壤、水源、种子、施肥、除虫方式等不一样，质量参差不齐；因仓储、运输、交易方式的差异，其交易质量也很让人担忧；针对膏、丹、丸、散、酒等传统中药制剂，没有统一的炮制和疗效评估标准，质量也存在着良莠不齐；对于新药的研制除了突出中医药基本理论之外，对其组方、用药、工艺、设备、疗效观察、使用说明等都需要建立新的研制和评估标准。为了确保中药的质量，药材的产出、交易、传统炮制和新药研制这4个方面都需要不断创新，从而建立新的规范与标准。中医药学“理、法、方、药”的缺陷与不足和国家对中医药行业的政策支持使得中医药具有巨大的创新潜力。

六、发展空间广阔

由以急性传染病和感染性疾病为主向与不良生活方式密切相关的慢性病为主的疾病谱的转变，由单纯的生物医学模式向生物－社会－心理医学模式的革新可以看出，人类对健康的定义不是仅局限在生理方面，而是一个包括生理、心理、社会适应能力、道德等的大健康概念，凸显了人类生命的质量与周围自然和社会环境的正相关关系，也使得以“天人合一”整体论为核心的中医药学逐步得到世人的接受与认可。伴随着中医药走出国门，走向世界，国际上对中医药学的教育、临床、科研提出了更多、更高的要求，这一方面能促进中医药在海外的广泛传播，另一方面则促进其自身的发展与完善，使中医药学能成为真正为全世界人们服务的主流医学。孙光荣教授称其为“中医药走向全球势所必然，中医药走向全球可以所为，中医药走向全球大有作为”。针对国内而言，面对着诸多西医学无法解决的疑、难、重、新、疾病，人们纷纷将希望寄托于中医药学；面对着西医学单一的治疗方式与庞大的费用支出，越来越多的人愿意尝试具有灵活服务方式的中医药学的治疗；国家要妥善地解决好“三农”问题与人口老年化问题就必须大力发展中医药学……总之，中医药学的发展空间与其自身的发展与完善是分不开的，中医药学的教育、临床、科研、中药等方面越完善，其发展空间越广阔。

陈元，何清湖，孙光荣，等．国医大师孙光荣论中医药学的六大优势[J]．湖南中医药大学学报，2018，38（3）：1－3.

中医辨治六步程式

中医究竟是怎样看病的？中医怎样辨证论治、怎样明确诊断、怎样制订治疗方案、怎样开具处方？随着“中医药振兴发展迎来天时、地利、人和的大好时机”，随着《中医药法》的颁布实施，中医药五大优势资源的保护、继承、开发、利用，中医药事业已步入大发展的快车道。以下问题就成为业界和社会共同关注的热点：阐明中医诊疗全过程，成为推动中医药事业发展的必然需求；随着现代科学技术进步，揭示中医诊疗思维模式的内涵，也成为巩固和提高中医临床服务水平、能力，促进中医药医疗、保健、教育、科研、文化、产业发展及国际合作交流工作的必然需求。

中医的生命力在于有确切临床疗效，而获得确切临床疗效的前提是中医师具有中医临床思维，也就是具有中医对生命和疾病的认知方式，用以认识问题、分析问题、解决问题。这种思维模式是中医固有、独特、实用的，也是可复制、可传承、可推广的，这就是自古迄今中医临床应用、业界内外耳熟能详的辨证论治，或称为辨证施治。然而，辨证论治的内涵究竟是什么？辨证论治究竟是如何进行的？这值得认真深入总结、研究、揭示。长期以来，对辨证论治有众多释义，但归根结底，其内涵是“中医辨治六步程式”：四诊审证→审证求因→求因明机→明机立法→立法组方→组方用药。

一、中医临床思维方法源远流长

中医药学发展至今已越两千年，“这一祖先留给我们的宝贵财富”来源于中华传统文化的培植浇灌，来源于历代医家的临床实践经验，来源于先贤后学的传承创新，因而呈现出博大精深的理论和汗牛充栋的文献。纵观中医学理论知识体系的产生、发展及演化进程，无论朝代更迭还是文化碰撞，中医学都在不断汲取各个历史时期的观念、文化、理论、技术等。其辨证论治体系在不断自我充实、自我更新、自我壮大，其出发点是为维系人类健康服务，其目的是认识人体生理、病理及探索疾病的防治规律。因此，追本溯源，中医药学理论知识体系的绝大多数内容几乎都是以临床为出发点展开、延伸的。换而言之，**中医药学理论知识构建的根基来自临床，临床需求是推动其内涵、**

外延持续发展的不竭动力。

自《五十二病方》辑录100多个病证伊始，到标志着中医理论形成的《黄帝内经》载240多个病证名，再到初步确立中医诊疗模式的《伤寒杂病论》六经辨证，乃至《中藏经》脏腑辨证，以及后世《诸病源候论》《千金要方》所载诊治的理论与方法，金元时期寒凉、攻下、补土、滋阴学派的争鸣，明代温补诸派，清代温病诸家，近代中西医学汇通医家等，都是以临床为出发点阐明独家对生命与疾病的认识观、治疗疾病的方法论及具体的处方用药心得，都是围绕中医辨治的核心来构建理、法、方、药，围绕辨证与论治两个相互关联的环节。于是，明·张景岳创立以阴阳二纲，表里、寒热、虚实六变为纲领的辨证体系，为八纲辨证奠定了基础。继之产生气血津液辨证、卫气营血辨证、经络辨证等辨证论治方法，直至20世纪50年代初，才正式使用辨证论治予以总结、编入教材，中医临床一直沿用至今。

二、中医临床思维特点——司外揣内

中国古代受“身体发肤，受之父母，不敢毁伤，孝之始也”的儒家传统思想影响，人体解剖学的发展因而受到限制。在此背景下，历代中医只能望、闻、问、切，只能将天、地、人结合起来对病证及其病因病机、治则治法进行思考、探索。毋庸讳言，人体解剖实际上是离开了生命活体的气机而进行的，没有离开生命活体的气机所产生病证的病理与解剖所观察的结果不是完全一致的。这样，反而促使中医学逐渐形成了独具特色和优势的天人合一、形神合一的“整体观”，扶正祛邪、燮理调平的“中和观”，养生健身、未病先防的“未病观”，因时、因人、因地制订治疗方案的“制宜观”等中医观。《灵枢·本脏》曰：“视其外应，以知其内脏，则知所病矣。”认为脏腑与体表是内外相应的，通过望、闻、问、切获知体表的表现，就可以揣知体内的变化。例如，观察到嘴唇发绀、舌质暗绛，就必然可以测知心肺气滞血瘀；结合是否胸闷、心悸，或是否咳嗽、气喘，再结合脉象是细涩还是弦紧，就可以进一步定位病在心还是病在肺。所以，《丹溪心法》曰：“欲知其内者，当以观乎外；诊于外者，斯以知其内。盖有诸内者，必形诸外。”由于“有诸内者，必形诸外”，因而通过“司外”就可以“揣内”，了解疾病发生的部位、性质，进而辨析内在的病理本质变化，就可解释显现于外的症状。这就是中医临床思维的特点，即“司外揣内”。

所以，**中医临床观察和辨析的维度主要是功能的、动态的、宏观的、整体的，而不是结构的、静止的、微观的、局部的；不是“病”这一生命现象，**

而是“人”这一生命主体。由此产生中医基于治“人”的思维方式、特色理论、临床经验乃至话语体系，决定了中医思维模式的独特性。因此，中医看病，主要是凭理论、凭观察、凭思辨，有的人说是“哲学中医”“思辨中医”“象数中医”，实际上应该说是“智慧中医”。

当然，这既需要坚持中医理论的正确指导和自身临床实践的丰富积累，更需要对前人的宝贵经验进行传承。正因如此，培养中医临床人才强调“读经典、多临床、拜名师”。正因如此，唯有强化中医思维模式，才能保有中医药学的特色优势；唯有强化中医思维模式，才能保有中华文化的基因与命脉。正因如此，中西医结合是一条医学发展的正确道路，但从中西医理论认识的结合到中西医理论结合的认识论，从中西医治疗方法的结合到中西医结合的方法论，还有很长的路要走。

三、中医临床思维模式——中医辨治六步程式

“医者易也。”“易”是指《易经》的“易”，意即中医师是秉持辨析正邪、燮理阴阳之理济世救人的医生。究竟中医是如何看病的？《伤寒论》第16条指明：“观其脉证，知犯何逆，随证治之。”这就是**中医临床必须遵循的“三确认”：“观其脉证”，是四诊合参确认“主症”；“知犯何逆”，是辨析病因病机确认“主变”；“随证治之”，是针对主症、主变确认“主方”**。而其关键又在于前8个字，“观其脉证”是辨证的切入，“知犯何逆”是审证求因的思辨。如何切入、如何思辨？如上所述，前人通过临床不断探索总结了诸多辨证纲领，为什么没有统一的辨证纲领？这是因为疾病谱在不断变化，临床认知在不断提升。前一个纲领已经不够用，不能合理解释新病因、新病机、新证候，由此产生新的辨证纲领。

现在，人类已经进入21世纪，新病种不断出现，疾病谱不断演变，各种疾病的致残率、死亡率也在不断变化，中医辨证必须与时俱进，应当举中医药学界的全体之力，重点创新中医健康服务之“理”。其包括病因学说、病机学说等，而其重点是创建中医新辨证体系，可以通过实验室研究、典型医案大数据分析、临床验证的系列方法，试行提取辨证元素，给出各元素的权重，按病种分类研究、继承、创新，建立精细化、标准化的新辨证体系。

但是，无论采用何种辨证体系，中医临床始终遵循辨证论治思维模式，其内涵是严谨的“中医辨治六步程式”。

第一步：“四诊审证”——打开病锁之钥

四诊，即中医以望、闻、问、切4种方法来了解疾病讯息，为探求病因、

病机、病位、病势提供基础的过程，需要中医在临证时充分调动视觉、听觉、嗅觉及触觉来感知患者的客观情况，同时通过询问患者或知情人来全面搜集相关资料，为最终做出正确判断提供依据。四诊是中医必须具备的基本功，就是靠四诊“观其脉证”。当然，X 光、磁共振、B 超、窥镜等现代科技手段，可以作为四诊的延伸，也是必不可少的。比如肿瘤等占位性病变，四诊是无法精确定位、定性的。然而，尽管现代医院有着诸多科技诊断仪器，但中医想要宏观、客观、系统地对疾病做出诊断，就不能单纯依靠现代科技检查，否则会陷入一叶障目而舍本逐末之虞。

中医前贤在四诊上付出了大量心血和智慧。自扁鹊滥觞，张仲景综合运用四诊于病、脉、证的分析，王叔和系统总结 24 种脉象，孙思邈重视望色、脉诊与按诊。宋金元时期，施发用图像形式表述脉象变化而著《察病指南》，崔嘉彦以四言体歌诀形式阐述脉理而著《崔氏脉诀》，滑寿著《诊家枢要》指出脉象变化和气血盛衰之间的关系并阐发小儿指纹三关望诊法，敖氏著有《点点金》和《敖氏伤寒金镜录》为舌诊专著，李东垣还提出了“神精明（即望神），察五色（即望面色），听音声（即闻诊），问所苦（即问诊），方始按尺寸、别浮沉（即切诊）”的四诊具体做法。明代李时珍以歌诀描述了 27 种脉象而著《濒湖脉诀》，张景岳《景岳全书》、李延昰《脉诀汇辨》、周学霆《三指禅》、周学海《脉义简摩》等均对脉诊理论进行了详细阐发和论述，其中张景岳所创制的“十问歌”成为经典的问诊模式。清代叶天士以舌象变化结合卫气营血辨证判断病情发展，吴鞠通以舌诊作为三焦辨证用药依据等，同时期还产生了一批如《伤寒舌鉴》《舌胎统志》《舌鉴辨正》《察舌辨证新法》等总结舌诊的著作；林之翰《四诊抉微》是四诊合参具体应用的重要著作，汪宏《望诊遵经》、周学海《形色外诊简摩》系统总结了望诊的内容。其后，民国时期直接以诊断学命名的著作开始出现，如张赞臣《中国诊断学纲要》、裘吉生《诊断学》和包识生《诊断学讲义》等，使四诊成为诊断学的重要组成部分。

审证是在四诊基础上对疾病所搜集的各类资料进行审察总结。审证不完全等同于辨证，而是辨证的基础，就是确认“主证”。一直以来，对于证的认识有不同看法：一部分学者认为证就是证候，是症候群，是患者在某病程阶段出现的各个症状和体征；一部分学者则认为证就是证据，是有关患者发病及包括临床表现在内的各种证据。现代著名中医学家方药中先生在《辨证论治研究七讲》中认为，证作为证据而言，是对产生疾病的各方面因素和条件的高度概括。笔者认为，审证是审察总结四诊所搜集获得的关于疾病的各类证据。由此可见，第一步“四诊审证”是打开病锁的钥匙。

【案例】黄某，女，55岁，干部。2009年3月5日（农历己丑年二月初九日，惊蛰）就诊。

望诊：面色萎黄，形瘦重装，肃然端坐，精神萎靡，郁郁寡欢，默默俯视，少气懒言，烦躁不安，发枯涩，唇苍白，舌质淡红，舌苔黄厚而腻。

闻诊：气短声弱，偶有低声自语，呼气及言谈时口中有异味。

问诊：约1年前渐起不能入睡，失眠，惊梦，懒言，淡漠，自责，伤感，烦躁；小便微黄，大便数日一行；49岁绝经，无脏躁（更年期综合征）病史，患者及家族无精神病史；体检除收缩压偏高（140/80mmHg）外，其余理化检查一切正常，心、脑电图亦无明显异常改变。某三甲医院诊断为抑郁症，以奥沙西泮片、女性荷尔蒙补充疗法等治疗无效，转至某三甲中医院，收治脑病科，以重剂安神定志类等方药治疗亦罔效。追询本病发病之初是否因进食糯米之类食品而致饱胀厌食？经患者及其亲属回忆，确认上年（2008年）正月元宵节进食汤圆以后数日即发病，亦未引起重视，渐次少与家人交谈，亦厌倦开会发言，日渐病深。

切诊：脉弦细且滑，掌心温热，手背发凉。

审证：气血两虚，脾胃不和，心神失养。

第二步："审证求因"——寻求病门之枢

基于“司外”获得的患者信息审察终结，第二步开始“揣内”，探求病因。

中医学对于病因的认识早在古代就有了明确的分类，如张仲景在《金匮要略·脏腑经络先后病脉证并治》中提到：“千般疢难，不越三条。一者，经络受邪入脏腑，为内所因也；二者，四肢九窍，血脉相传，壅塞不通，为外皮肤所中也；三者，房室、金刃、虫兽所伤。以此详之，病由都尽。”后世陈无择在此基础上著《三因极一病证方论》：“六淫，天之常气，冒之则先自经络流入，内合于脏腑，为外所因；七情，人之常性，动之则先自脏腑郁发，外形于肢体，为内所因；其如饮食饥饱，叫呼伤气，金疮踒折，疰忤附着，畏压溺等，有悖常理，为不内外因。”开始明确了以六淫邪气为外因，情志所伤为内因，而饮食劳倦、跌仆金刃及虫兽所伤等则为不内外因的三因学说。至今，中医学仍宗此说以区别病因。中医看病不是追究是否为细菌、病毒所致，理化检查虽然能够明确许多致病因素，但其提供的结果在中医看来往往是病理产物而非真正的病因。中医必须追究的重要病因是风、寒、暑、湿、燥、火，喜、怒、忧、思、悲、恐、惊的太过与不及，但目前全世界也没有任何国家、任何人发明相应的检验仪器设备和检验方法，因此也只能通过“司外揣内”来思辨。

审证求因是辨证的第一环节，需要的是经典理论和临床经验引导的思辨，从而找准“治病必求于本”的门径，故而审证求因是叩推病门的枢轴。

【案例】黄某（前案）

审证求因：其证为“气血两虚，脾胃不和，心神失养”，为什么能如此否定抑郁症的诊断而辨证？一是观其面色萎黄，形瘦重装，精神萎靡，少气懒言，气短声弱，毛发枯涩，口唇苍白，掌心温热，手背发凉，舌质淡红，望而知之，是气血两虚之象。二是脉来弦细且滑。节气正值惊蛰，春当生发，惊蛰主万物复苏，弦脉是应时正常之脉象，细脉则是气血不足之故，但细而滑，却不是细而涩，则可排除血瘀（冠心病之类），痰饮、食滞、妊娠皆可致脉滑，结合舌苔黄厚而腻、呼气及言谈时口中有异味、大便数日一行，则可断为胃气不和、气滞中焦。三是经过追询，得知确实由进食汤圆起病，而且病情是由难以入睡到厌食、失眠，再到淡漠沉默，渐次加重。《素问·逆调论》曰：“胃不和则卧不安。”四是患者49岁绝经，无脏躁（更年期综合征）病史，患者及家族无精神病史，体检除收缩压偏高（140/80mmHg）外，其余理化检查一切正常，心、脑电图亦无明显异常改变，则可基本排除精神病及更年期综合征。由此，从当前一切信息综合判断，可以排除抑郁症。病因明确，是“不内外因”——食滞。

第三步：“求因明机”——探究疗病之径

第三步是在确认病因的基础上明确病机。病机是疾病发生、发展、变化及转归的机理，主要包括两方面的内容：一是疾病发生之机理，二是疾病发展、变化与转归之机理。中医学认为，人体患病及其病情发展变化的根源就是人体正气与邪气的抗争。邪正之间斗争的胜负决定了疾病发生、发展及转归，因此，中医学病机理论的核心就在于审查机体正邪相争的状况、态势。笔者体会其关键是要重视“调气血、平升降、衡出入、达中和”，要强调机体内外形神、阴阳气血、脏腑经络、津液代谢的和谐畅达，必须注重审时度势地明辨病机。

历代医家对于病机十分重视并多有阐发。《素问·至真要大论》病机十九条执简驭繁地将临床常见病证从心、肝、脾、肺、肾五脏和风、寒、暑、湿、燥、火“六气”结合概括，对病机作了系统的阐述。同时《内经》十分强调正气在发病中的核心作用。如《素问·评热论》曰：“邪之所凑，其气必虚。”《素问·刺法论》曰：“正气存内，邪不可干。”汉·张仲景《伤寒杂病论》在《素问》及《灵枢》的基础上，结合临床实践阐述了外感病的虚实、寒热、表里、阴阳的病机变化。《中藏经》以脏腑为中心，以虚、实为纲，归纳脏腑病机。隋·巢元方的《诸病源候论》对1729种病候的病因、病机及其临床证候作了阐述。唐·孙思邈《千金要方》依据完整的脏腑虚实寒热病机变化进行辨证。金元·刘河间在《素问玄机原病式》中提出“六气皆从火化”和“五志过极，皆为热甚”等病机观点；张元素丰富、发展了从脏腑寒热虚实探求病机的学说，并把药物的使用直接与脏腑病机联系起来，使理法方药呈现了系统一致性；李东垣《脾胃论》治病侧重脾胃阳气升降病机，还在《内外伤辨惑论》中论述“内伤脾胃，百病由生”和“火与元气不两立”的病机；张从正《儒门事亲》论述了“邪气”致病的病机；朱丹溪在《格致余论》中阐释了“阳有余而阴不足”和“湿热相火”等病机。明代李时珍、赵献可、张景岳、李梴等对命门的论述等，都不断丰富了病机的内容。清·叶天士阐发养胃阴的机理。

在临床过程中依据病因（内因、外因、不内外因）、病位（脏腑、经络）、病性（表、里、虚、实、寒、热）、病势（生、死、逆、顺）、病理产物（痰饮、瘀血、结石等）、体质、病程等明确病机，才能进一步把握疾病动态、机体现状，最终归结为不同的证候，用以立法处方，治疗中才能有的放矢，故而“求因明机”有如探究疗病之径。

【案例】黄某（前案）

求因明机：为什么进食汤圆能导致如此复杂而沉重的病情，甚至误诊为抑郁症？这就要求在立法组方用药之前，必须明确病机。

《素问·逆调论》曰：“胃者，六腑之海，其气亦下行，阳明逆不得从其道，故不得卧也。”“胃不和则卧不安”，脾胃又为升降之枢纽，为心肾相交、水火交济之处，胃失和降，阳不得入于阴，而卧不安寐。由于患者原本就气血两虚，脾胃少纳难化，进食糯米之类黏腻食物，纳而不化，中焦受阻无疑，故厌食、便难；由是必然导致气机不畅，心神不守，渐至长期寐难，造成心神失养，加之治疗始终未能针对病因病机，而是着眼于抑郁，盲从于抑郁症的既定治疗方案，于是懒言、烦躁、淡漠等诸症毕至矣。所以，其病机是气血两虚→食滞胃脘→脾胃不和→气滞中焦→心神失养。“求因明机”必须明晰“标本”，相对而言：食滞胃脘为本，抑郁寡欢为标；脾胃不和为本，厌食不寐为标；气血两虚为本，气滞中焦为标；心神失养为本，少气懒言为标。

“审证求因”“求因明机”都必须运用辨证纲领，至于使用何种辨证纲领，则视病证类型和自身临床经验决定。本案按照《中藏经》脏腑辨证八纲

（虚实、寒热、生死、逆顺）辨析，则是本虚标实、表寒里热、脉证相符为顺、方证对应可生。可以说，截止到“求因明机”这一步，才算真正完成了整个辨证的过程，即“知犯何逆”，抓住了“主变”，为立法组方用药指明了方向。

第四步：“明机立法”——确立治疗之圭

在明确辨证以后，治则治法的确立就能顺理成章。治则治法是根据病机拟定的治疗方案，也是指导处方用药的圭臬，是连接病机与方药的纽带，是论治纲领。《内经》对中医临床治法提出了许多重要原则，如“治病必求于本”“谨察阴阳所在而调之，以平为期”“疏其血气，令其条达，以致和平”“阳病治阴，阴病治阳”“实则泻之，虚则补之”“逆者正治，从者反治，寒因寒用，热因热用，塞因塞用，通因通用”等。《素问·至真要大论》还针对气机变化提出“散者收之，抑者散之，急者缓之，坚者软之，脆者坚之，衰者补之，强者泻之”等。后世医家中，王冰在注释《素问·至真要大论》时提出“壮水之主，以制阳光，益火之源，以消阴翳”，这是治疗阴阳虚证的千古名论。金元四大家对治法也多有建树：如张子和善攻，长于汗、吐、下、消、清诸法；朱丹溪确立滋阴降火法，并主张痰郁致病，注重理气化痰；李东垣立补中益气诸法。明·张景岳《景岳全书》按补、和、攻、散、寒、热、固、因八法分类方剂，命名为《古方八阵》，开创以法统方之先河。此后，清·程钟龄在《医学心悟》中正式提出汗、吐、下、和、温、清、消、补八法。

在病机明确的基础上才能确定治法，而病机是辨证的核心，辨证是对疾病本质的高度概括，综合反映了当时、当地某人的疾病在一定阶段的病因、病机、病位、病性、病势等各个方面。治法就是基于完整的辨证而采取的针对性施治方法，而依法组方是中医临床所必须遵循的原则，可见“明机立法”是确立治疗之圭臬。

【案例】 黄某（前案）

明机立法：既然其病机是“气血两虚→食滞胃脘→脾胃不和→气滞中焦→心神失养”，是逐步递进的5个病机，相应的治法是益气活血、消食导滞、调和脾胃、通调中焦、养心安神。按照“治病必求于本”“急则治标”“缓则治本”的原则，治法应当在益气活血的前提下，首先消食导滞、通调中焦治其标，继之调和脾胃、养心安神治其本。这就决定临床分两步走，从而明确了治疗的“主攻战略”：第一步重在脾胃，第二步重在心神。

第五步："立法组方"——部署疗疾之阵

第五步是根据确立的治法决定"方"（俗称"汤头"）。历代医家在长期的临床实践中，经过无数临床验证，打磨出针对各种病证的"方"。根据治则治法将多味中药按照相须、相使、相畏、相杀的药性，按照君、臣、佐、使的结构配伍，以期最大限度地发挥方药的效能，减低或抵消部分药物的毒副作用。通过不同的制作方式，中医"方"可制成汤、膏、丹、丸、散、酒、栓、软膏等不同剂型，统称"方剂"。张仲景《伤寒杂病论》所载方被誉为"万法之宗，群方之祖"，是为经方，后世医家之方称为时方，当代中医的有效方称为经验方，由名医传承的经验方称为师传方。立法组方这一步，实际上就是根据确立的治则治法在相应的经方、时方、经验方中选择适合的方。首选经方，次选时方，再次选经验方。随着明机立法这一步的完成，所用方也就呼之欲出了。不论是对证的经方还是熟谙的经验方，只要符合治法即可行，但一定要进行加减化裁，切忌千人一方。患者病情千差万别，不经化裁而生硬照搬照抄，则"执医书以医病误人深矣"，就必然失去中医个性化辨证论治的诊疗特色，也就失去了中医临床优势。因此，要力求做到"心中有大法，笔下无死方"。

临证治疗要"师古不泥古"。经方应用，首重"三遵"：遵循经方之主旨、遵循经方之法度、遵循经方之结构。可以说，"立法组方"是部署疗疾之阵。

【案例】 黄某（前案）

立法组方：根据"两步走"的"主攻战略"，第一步"消食导滞、通调中焦"治标：有李杲《内外伤辨惑论》的枳实导滞丸，组成为大黄、神曲（炒）、枳实（麦炒）、黄芩（酒炒）、黄连（酒炒）、白术（土炒）、茯苓、泽泻；《御药院方》的导滞丸，组成为黑牵牛（微炒，取头末）、槟榔、青皮（去白）、木香、胡椒、三棱、丁香皮。上方可供选择。本案根据"明机立法"，选定《内外伤辨惑论》的枳实导滞丸。第二步，"调和脾胃、养心安神"，有《金匮要略》的黄芪建中汤（黄芪、大枣、白芍、桂枝、生姜、甘草，饴糖）、酸枣仁汤（酸枣仁、茯苓、知母、川芎、甘草）可供选择，根据"明机立法"，本案选定黄芪建中汤加酸枣仁汤。

第六步："组方用药"——派遣攻守之兵

"用药如用兵"，在立法组方之后，需要对所选定的方剂进行加减化裁。这一过程如同临阵点将、派兵、选择武器，要针对选定的方剂结合证候合理用药，讲究"方证对应"。所谓："今人不见古时景，古人未知今时情。"现代人的生活，在气候环境、饮食习惯、生活方式、诊疗条件、中药品质及病种等方面与古人都有很大变异，临床未见有人完全按古方患病者。不同的患者也有着不同的体质，主症之外牵扯多种复杂次症，患病之后接受的治疗方式有中医、西医、中西结合医、少数民族医等，兼症、变症层出不穷，所以决不能生搬硬套固有方药，必须临证化裁。笔者根据临床体会，提倡“中和组方”，即遵经方之旨，不泥经方用药，依据中药功能形成“三联药组”以发挥联合作用、辅助作用、制约作用，按照君、臣、佐、使的结构组方，用药追求“清平轻灵”，力争燮理阴阳、扶正祛邪、标本兼治、达致中和，尽量避免无的放矢和“狂轰滥炸”“滥伐无过”。总之，**“组方用药”是保证整个诊疗得以成功的最后一环，一定要按照“布阵”使每一味药“胜任”，堪称派遣攻守之兵**。

【案例】黄某（前案）

组方用药：第一步“消食导滞、通调中焦”以治标，组方：生大黄15g，炒六曲15g，炒枳实6g，炒黄芩10g，炒黄连10g，炒白术10g，云茯苓12g，炒泽泻10g，佩兰叶6g，大腹皮10g，谷芽、麦芽各15g。汤圆1枚，炒煳为引。生大黄，后下；炒六曲，包煎；枳实，麦麸炒；黄芩、黄连，酒炒；白术，土炒。3剂，1日1剂，水煎，温服。

疗效：服上方1剂1次后，大便1次，量多秽浊，患者感胃部、腹部轻松许多；服3剂后，食欲增进，黄腻舌苔已净，基本能按时入睡，但乏力，仍懒言，稍口渴。

第二步“调和脾胃、养心安神”以治本，组方：西洋参10g，生黄芪12g，紫丹参7g，云茯神12g，炒枣仁12g，肥知母10g，炙远志6g，九节菖蒲6g，大枣10g，杭白芍10g，乌贼骨10g，西砂仁4g，生甘草5g，西洋参（蒸兑）。7剂，1日1剂，水煎，温服。

疗效：服上方1剂后，诸症明显缓解；7剂后，寐宁、神清、无自言自语，能赴会发言，感完全恢复，一切正常。

“无规矩不能成方圆”，上述“中医辨治六步程式”是初步总结，但实际上历代中医都在临床实践中运用，是历久而不衰的中医临床思维模式。无论接诊时间是1分钟还是1小时，只要是中医就必然在瞬间自觉地完成这六步程式，绝对不是看看化验单，根据西医诊断，以消炎、排毒、免疫、补充能量等概念配个中药方。由此可见，“中医辨治六步程式”既是中医独有的，又是中医必须坚持的。

2016年8月19日，习近平总书记在全国卫生与健康大会上的讲话中明确指示："要着力推动中医药振兴发展，坚持中西医并重，推动中医药和西医药相互补充、协调发展，努力实现中医药健康养生文化的创造性转化、创新性发展。"如何才能实现创造性转化、创新性发展？原国家卫生和计划生育委员会副主任、国家中医药管理局局长王国强同志要求中医人做到"三个坚持"，即坚持目标导向、坚持不懈努力、坚持基础和临床结合；做到"三个善于"，即善于从中医药这一伟大宝库中寻找创新源泉、善于从传统技术方法上汲取创新灵感、善于从现代科学技术中吸收创新手段。这样，才能实现"创造性转化、创新性发展"。在倡导规范化、标准化的今天，揭示和掌握"中医辨治六步程式"，能促进中医临床思路和方法的现代研究，能有望通过文献、临床、实验、计算机、大数据等研究，联合攻关，产生中医临床新模式、新规范、新标准，提高中医临床能力和水平，推动中医药事业更好、更快发展。

孙光荣．中医临床思维模式：中医辨治六步程式［N］．中国中医药报，2017－05－10（004）．

论中西医学文化的比较

中西医学虽然分属于不同的医疗系统，但两者都以人体的生命、健康与疾病问题为研究对象，以提高医疗卫生服务水平为研究目标。由于根植于不同的哲学文化背景，两者之间差异显著。孙光荣教授通过系统对比，得出两者之间在学科属性、医学模式、诊疗思维、发展特点、治疗特点 5 个方面存在较大的差异。

一、学科属性

孙光荣教授认为，中医学具有自然科学与社会科学的双重属性，西医学则属于单纯的自然科学。自然科学与社会科学的区别主要有 4 个层面。一般而言，自然科学的研究对象以物为主，偏于客观主义一级，其认识主体是认识对象的旁观者，研究目的是探寻自然的普遍规律，研究方法大多采用实证与理性逻辑的客观主义方法。社会科学的研究对象以人与物、人与人之间的关系为主，偏于主观主义一极，其认识主体是直接参与者，认识内容明显带有主观色彩，研究目的更多的是个别事实，研究方法则偏向于依靠直观与体悟等主观主义方法。中医学的研究对象是处于自然社会当中的个体，但这种认识过于宽泛，且不确定，严重阻碍了人们对中医学认识的深化。中国社会科学院哲学研究所刘长林教授认为，中医学是研究生命现象的科学，笔者认同这一观点。因为现象是中医学认识人体生命运动、探索疾病的病因病机与防治方法及疗效判定的切入点，离开了生命运动表现在外的生理与病理的征迹、症状与体征等现象，中医学的基础理论与诊疗体系将失去支撑。中医学是通过研究生命活动的外在现象来把握人体生命与疾病状态的一门科学，故说现象是中医学的具体研究对象。西医学的研究对象为人体的组织结构及其功能。现象、组织结构及其功能都是客观对象，故中、西医学从研究对象而言是属于自然学科。中医学强调医者自身的学识与理解顿悟能力，孙光荣教授倡导四诊审证、审证求因、求因明机、明机立法、立法组方、组方思路的“六步法”诊疗程序中的每一步都渗透着医者的主观色彩。西医学的医生与研究者一般而言是整个认识过程的旁观者，其认识不带个人的专断特征，而是依据实验和设备检测的真实结果。因此，从认识主体的参与与否而言，中医学兼具社会科学与自然科学属性，西医学属于自然科学。

中、西医学两者的研究目的都是揭示生命与疾病的本质规律，由此可知，从研究目的层面而言，中、西医学都属于自然科学。从研究方法而言，中医学因采用的是司外揣内与取象比类的方法，属于社会科学；西医学采用的是直观形态观察法、控制实验法与还原法等，故属于自然科学。总之，鉴于对研究对象、认识主体的参与与否、研究目的与研究方法4个层面的分析，可以认为中医学既属于自然科学又属于社会科学，而西医学则属于自然科学。

二、医学模式

孙光荣教授认为，中医学为整体医学模式，西医学为生物医学模式或生物-社会-心理医学模式。整体医学模式指人们用整体性的观点和方法研究、认识和处理疾病与健康问题。整体观是中医学的学科特质，其“辨证论治”与“治未病”的思维方式都是整体性思维方式的延伸。中医学的整体性思维具体表现在人与外部自然和社会环境的和谐，人体生理和心理的和谐，人体生理上脏腑、气血、经络的和谐，这也是评判一个人健康的标准，即“阴平阳秘”。三者若出现“不和”，就意味着疾病的产生。扭转失和的状态，恢复人体阴阳、脏腑、气血调和，并与自然、社会环境和谐相处的健康状态，是治疗疾病的关键，也是治疗的目的。故中医学是整体医学模式。

生物医学模式认为，每一种疾病都可以在器官、组织、细胞或生物大分子上找到形态结构或生化代谢的特定变化，且可以确定生物、物理、化学的特定原因，并能找到对应性的治疗手段。这一模式在传染性疾病、寄生虫病与营养缺乏病的治疗中有重要意义，但其缺陷也很明显，即偏离了人的“完整性”，仅仅把人当作一个由各个系统、器官、组织等形态组成的机器，这也是西医学受人诟病的一大原因。近年来随着疾病谱的改变与健康定义的完善，人们发现与心理性、社会性因素有关的疾病显著增多，而这一切又超出了生物医学模式的能力范围，因此对生物-社会-心理医学模式的呼声越来越高。目前西医学总体上还处于生物医学模式阶段，但随着与心理、社会相关的疾病越来越多，巨大的社会需求与医学自身的发展要求将推动着医学模式由生物医学模式向生物-社会-心理模式、整体医学模式转变。

三、诊疗思维

孙光荣教授认为，中、西医学拥有完全相反的诊疗思维：中医学是包容性思维，主张非定点清除致病因子；西医学则是对抗性思维，主张定点清除致病因子。医学的诊疗思维根源于其地域环境中人们的生存方式与哲学本体论思想。陆地地理环境、相对的文化隔绝机制、适宜的气候条件使中国古代很早就开始了以农牧业为主的生产和生存方式。农牧业的收成除了受土壤、劳动影响，还与自然界的气候直接相关，故古人为了农牧业的丰收必须顺应自然。同时，人们也认识到一些疾病与自然界的气候存在着一定的相关性。为了生存，古人的生产、生活必须与天相应，久而久之就形成了一种包容顺从的心态。中医学也是人们为了生存的产物，故其拥有包容性思维。中国古代气一元论的哲学本体论思想认为，元气是一种混沌未开之气，是世界的物质本原。中医学吸收了这一理论，认为气是生命的本原，是构成生命的基本物质。气的运动称为“气机”，其升降出入正常就是生理状态，否则就是病理状态，治疗时通过调节气机以恢复生理状态，而非清除致病因子。古希腊因地理环境与气候条件使得人们不能通过顺应自然而生存，其较为发达的航海、商业则需要发挥自己的能力与自然做斗争，对抗性思维由此萌芽。古希腊人们在与自然和社会的争斗中，逐渐形成了以原子论为主导地位的自然观。原子论认为，原子是一种不能再分的细小颗粒，它通过不同的排列组合形成世间万物。这种自然观对西医学的影响主要体现在西医学把人体看作是原子或元素组合成的一种物质，是可以分解的。人体的组合发生机制决定了其解剖、分解和还原思维成为西医学主要的研究思路，故西医学的诊疗思维为对抗式思维与定点清除致病因子。

四、发展特点

孙光荣教授认为，中、西医学的发展特点呈现出中医学起点高、发展慢，西医学起步晚、发展快两种截然相反的状态。因为中医学是涉及多学科的复杂医学，对历代中医人才的内在要求都比较高。中医人才不仅要求能懂理、法、方、药，更要在这个基础上背诵大量的中医经典著作与方剂，要求有“上知天文、下知地理、中通人事”的渊博知识，还要求有丰富的想象力与较高的德行，故说中医学的起点高。能真正系统掌握中医理论与临床诊疗技术进而窥探生命的医家少之又少，且能窥探到生命之理的医家又不能将自己所掌握的信息完完全全保留下来，这一直是传承与发展难以突破的难题。中医学理论在两千多年的发展过程中，其基本理论、医学模式、思维方法、临床诊断方式、获取新知途径等基本上处于封闭状态，因为中医药体系从理论到临床无需转化，在一定阶段均呈现出完满自足的状态。只有在疾病谱发生大的变化而原有理论无法对其进行合理解释时，才能出现理论上的突破创新。这种创新是建立在原有理论体系之上，是对这一体系某一方面的补充，一旦补充完毕，它又会继续呈现出完满自足的状态，因而中医学发展慢。西医学直到19世纪哈维创立血液循环学说才开启西医学之门，之后通过不断吸收一切可以利用的现代科学技术成果发展自己。如通过吸收新技术成果发展出B超、CT、监护起搏、纤维内镜、核磁共振、导管支架、生化检查等先进技术和设备。在医学理论实践研究中不断吸收新的方法，如系统论、控制论和信息论等。在学科发展中，西医学则通过与其他基础学科的交叉不断形成新的学科，如生物医学工程、生物统计学等。300多年来，随着观察实验技术的提高，西方医学发展迅速，其研究不断朝微观方向深入，现在已经发展到了分子乃至量子水平。西医学的发展从19世纪开始，故说其起步晚；短短300年间就占据了世界医学系统的主导地位，故说其发展快。

五、治疗特点

孙光荣教授认为，“观其脉证，知犯何逆，随证治之”与“中和”是中医学的治疗特点，强调数据支持、临床路径、介入、干预是西医学的治疗特点。“观其脉证，知犯何逆，随证治之”简而言之就是“辨证论治”。“观其脉证”即以望、闻、问、切四诊为手段采集临床资料，通过四诊合参获得“主症”；“知犯何逆”，即通过“审证求因”与“求因明机”的思辨获得病机的“主变”；“随证治之”即针对“主症”“主变”抓“主方”。在辨证过程中，先明病位与病性，其次追寻病因病机，审查身体不和的根源。在遣方用药的过程中顾护正气，在顺应和激发人体“阴阳自和”能力的前提下，注意用药“中和”。中医学的诊疗特点强调“个性化的辨证论治”和顺应“阴阳自和”而达“中和”。数据的支持是西医学确诊的前提，没有数据就无法确定疾病的性质。西医学不同于中医学的“个性化辨证论治”，而是强调“临床路径”的建立，即针对某一疾病建立一套标准化治疗模式与治疗程序。这样一方面有利于多科室医护工作人员之间的协调，另一方面可避免医生治疗方案的随意性，提高医疗的准确性与预后的可评估性。西医学的对抗性思维与还原论主张决定着“介入疗法”与“干预疗法”是其解决问题有效且安全的手段。如介入治疗因其创伤小、疗效高、可重复操作等特点对肝癌的治疗作用显著，使其成为目前公认的除手术外治疗肝癌的首选方法。

孙光荣教授从学科属性、医疗模式、诊疗思维、发展特点及治疗特点5个方面详细地阐述了中、西医学文化的差异。中、西医学分属于不同的医学体系，不能因为两者之间存在差异而去否认对方，而应该尽最大的努力发挥各自的优势，继而在此基础上寻求两者之间的共同点与交融的契合点，共同促进医学的发展，为人类健康服务。

陈元，何清湖，孙贵香，等．国医大师孙光荣论中西医学文化的比较［J］．湖南中医药大学学报，2017，37（11）：1181－1183.

论“观其脉证”

国医大师孙光荣教授擅长治疗中医内科、妇科疑难杂症，尤其对脑病、肿瘤、血液病、情志病、脾胃病及带下病等疗效卓著。孙光荣教授始终秉持中医药“以人为本、效法自然、和谐平衡、济世活人”的核心理念，治学行医既讲求正本清源，又善于开拓创新。临床上以中和思想为指导，时时强调“护正防邪，存正抑邪，扶正祛邪”；体现中和辨治特点，认为临床思辨的重点不外“调气血、平升降、衡出入”；遵循中和思想组方用药，以“三联药组”之功能，按君、臣、佐、使结构组方，“遵循经方之旨、不泥经方用药”，形成孙氏系列经验方。

“观其脉证，知犯何逆，随证治之”语出《伤寒论》第16条，条文原为“坏病”的治疗法则，今已不限于此。其高度概括了中医临床辨证论治的全过程，对中医诊治过程具有普遍的指导意义。其中，“观其脉证”指的是通过临床四诊合参得到患者信息的过程，强调必须尽可能地搜集较全面的症状、体征资料，为之后的中医辨证做准备。孙光荣教授在临证之中，认为“观其脉证”其实就是中医诊法的内容，是抓四诊合参获知“主症”。对于如何抓住“观其脉证”的重点，孙光荣教授深入研究并总结成歌诀：“辨证元素记心中，四诊最重基本功。望诊本是第一诊，观其有否精气神。目鼻舌甲需仔细，闻问详参辨假真。脉探生死与逆顺，再参数据诊如神。”

一、辨证元素记心中，四诊最重基本功

为了方便记忆和应用，孙光荣教授根据多年临床经验归纳了20种辨证元素，包括一般辨证元素和重要辨证元素。一般辨证元素归纳出10种，即时令、男女、长幼、干湿、劳逸、鳏寡、生育、新旧、裕涩、旺晦。一般辨证元素对于中医诊断疾病也有很大参考价值，具体可见表1。重要辨证元素同样归纳出10种，即神形、盛衰、阴阳、表里、寒热、虚实、主从、标本、逆顺、生死。重要辨证元素对于中医诊断疾病也有很大帮助，临床上需精准掌握，具体参见表2。

表1　10种一般辨证元素的认知方式、思辨重点及临床意义

元素	认知方式	思辨重点	临床意义
时令	每次临证前查阅、记忆	有关或无关，相应或对立	辨识是否时病，面色是否相应，预测证候逆顺，是否按时令用药
男女	望诊，区别伪装或特例	是否有属于性别专有的病证	辨识本病证与面容、身形、气质、性格、步态、声音、性别的相关性，是否男病女脉、女病男脉，预测证候顺逆
长幼	望诊、闻诊、问诊	相称或不相称，发育是否正常	天癸至、绝否，早衰，因病致衰、因衰致病，是否“五迟”
干湿	望诊、问诊	原籍，长期居住地，现居住处所	本病证是否与生活环境有直接关系，干湿、寒暑是否是本病的发病诱因
劳逸	望诊、问诊	脑力，体力，悠闲，冗繁，压力，重压	本病证是否与职业直接相关，是否与情志直接相关
鳏寡	问诊	未婚，离异，独居，冶游	因鳏寡致病或因病致鳏寡，有否隐疾，与本病证的关系
生育	问诊、切诊	原发或继发不育、不孕？流产，多子	求治、求嗣，早泄、阳痿、死精，月经、白带，第一胎、多胎，早产
新旧	问诊	新病或旧病，新伤或旧伤，病程	与本病证是否相关，新病引发旧病或旧病带发新病，治疗当从新病还是旧病切入
裕涩	望诊、问诊	富裕、贫穷，医保、自费	既往是否有过度或不及诊断、过度或不及检查、过度或不及治疗、过度或不及养生，如何纠正
旺晦	望诊、问诊	工作生活顺、逆、平，情绪良好、败坏	本病证与境遇是否有关，是否与情绪有关，专治本病还是要兼调情志

表2　10种重要辨证元素的认知方式、思辨重点及临床意义

元素	认知方式	思辨重点	临床意义
神形	望诊、闻诊、切诊（胃、神、根）	是否形与神俱，精气神是否充足	先天、后天是否充足、失养，重点是在失神还是脱形，可补、可泄
盛衰	四诊（主要为切诊）	气血盛、衰，气滞、血瘀	气血盛衰、气滞血瘀，何者为根，何者为先，何者为因
阴阳	四诊（主要为望诊）	面色、脉象、舌象、声音是否一致	阳证、阴证，真阳证、真阴证，假阳证、假阴证，阳绝、阴绝
表里	四诊（主要为切诊）	起病时间与日程、发病诱因、病痛所在	病在体表、脏腑、经络，当前主要是表证未除、里证未显，当前在表、里
寒热	四诊（主要为问诊）	发寒、发热的时间、程度、部位	先寒后热、先热后寒，寒热往来，有无寒战，真热假寒、真寒假热，舌苔、汗、尿意义

续表

元素	认知方式	思辨重点	临床意义
虚实	四诊（主要为切诊）	神、形、证、脉、舌、便六者是否一致	真虚假实、真实假虚，大实、大虚，应不应补、泄，可不可补、泄
主从	四诊（主要为问诊）	病史、证候、因果、主诉、前医诊治	厘清本病主症、从症，明确当前主症、从症
标本	四诊（主要为问诊）	祛病、留人，表象、本质，急、缓	如何解除患者当前最大的痛苦而无损神形，在何时扶正，可否兼施
逆顺	四诊（主要为切诊）	病程、证候、治疗效果反馈	是否向愈、恶化，是否失治误治，（排除医源性疾病）是否重新诱发
生死	四诊（主要为切诊）	整体、脉象、舌象、特殊指征、得食与否	生机是否存在，确定本病决断生死的重要指征

中、西医均有四诊，内容有所不同。西医主要是视、触、叩、听，中医为望、闻、问、切。在临床中，根据孙光荣教授提出的20种辨证元素，通过对诊断知识的掌握，认真练习，稳扎稳打，才能熟练掌握四诊方法。

二、望诊本是第一诊，观其有否精气神

《灵枢·本脏》言："视其外应，以知其内脏，则知所病矣。"望诊被列为四诊之首，《难经·六十一难》强调其重要性时指出："望而知之谓之神。"孙光荣教授认为，形与神是上述20种辨证元素之首要元素，主要通过望诊获知，故判断患者的精气神状况主要观察其形和神。

（一）观形知精气

观形是指通过望患者形体的胖瘦及体型特点、体质的强弱来诊察病情、预测疾病转归的方法。五脏合五体，形体的胖瘦、强弱与气血的虚实、五脏功能的盛衰是统一的，正所谓："有诸内者，必形诸外。"

一般而言，形胖多属气虚、阳虚，形瘦多属血虚、阴虚；内盛则外强，内衰则外弱。就形体胖瘦而言，形胖者，体重多沉，体型肥圆，脂肪偏厚，头圆颈粗，肩宽胸厚，大腹便便。若肥而能食，则属于"形盛气盛"；若肥而少食，肤白无华，则属于"形盛气衰"。此二者均多聚湿生痰，故有"肥人多痰""肥人多湿"之说。形瘦者，体重多轻，体型瘦长，肌肉消瘦，头细颈长，胸窄平坦，腹部瘦瘪。若形瘦食多，为中焦火炽；若形瘦食少，为中气虚弱。此二者多气火有余，且阴血不足、内有虚火的表现居多，故有"瘦人多火"之说。如果到皮肤干焦、毛发枯槁、骨瘦如柴、大肉尽脱的程度，则

是精气衰竭、津液干枯的危重表现。

就体质的强弱而言，体强者，身体强壮，骨骼健壮，胸廓宽厚，肌肉充实，皮肤润泽，筋强力壮，精神健旺，说明脏腑坚实，气血充沛，身体健康，抗病力强，有病易治，预后良好。体弱者，身体衰弱，骨骼细小，胸廓狭窄，肌肉消瘦，皮肤枯燥，筋弱无力，精神萎靡，说明脏腑脆弱，气血不足，体质虚弱，抗病力弱，有病难疗，预后较差。

具体而言，由于五脏合五体，故可根据皮、肉、脉、筋、骨五体的强弱反映五脏精气的盛衰。肺主皮，皮毛之荣枯疏密系于肺；脾主肉，肌肉之坚脆系于脾；心主脉，血脉之推动系于心；肝主筋，筋之濡养伸屈系于肝；肾主骨，骨之强弱系于肾。若五体受损，则如《难经·十四难》所言："一损损于皮毛，皮聚而毛落；二损损于血脉，血脉虚少，不能荣于五脏六腑；三损损于肌肉，肌肉消瘦，饮食不为肌肤；四损损于筋，筋缓不能自收持；五损损于骨，骨痿不能起于床。"

（二）观神知神

观神知神是指依据患者的形体、动静姿态、目态、面部表情、言语气息等，通过对神气和神志的综合观察，以判断健康状态，了解患者是否有得神、少神、失神、假神、神乱表现之一的方法。观神的内容包括神气和神志两方面。神气即脏腑功能活动的外在表现；神志即意识、思维、情志活动。得神、少神、失神、假神、神乱是神病的5类临床表现。

精气是神的物质基础，神是精气的外在表现。《灵枢·本神》曰："两精相搏谓之神。"神来源于先天之精，与脏腑功能及形体的关系十分密切，是人体生命活动的总体现。若气血津液充足，脏腑组织功能正常，人体才能得神，《素问·六节藏象论》言："气和而生，津液相成，神乃自生。"若气血津液不足，神无以养，神无所依，则人体出现少神、失神、假神、神乱的表现。

三、目鼻舌甲需仔细，闻问详参辨假真

在把握患者精气神的整体状况后，还需对局部重点部位进行细致观察，局部重点部位包括目、鼻、舌、甲。

《灵枢·大惑论》云："目者，五脏六腑之精也……神气之所生也。"《重订通俗伤寒论·观两目》亦云："凡病至危，必察两目，视其目色，以知病之存亡也。"目诊在观神中有重要作用，并且可以预测脏腑的情况，对某些疾病的诊断意义重大，重点观察目神、目色、目形和目态。

《灵枢·五色》认为：“五色独决于明堂。”明堂即鼻，鼻诊不仅可以诊察肺及脾胃的病变，还能判断脏腑的虚实、胃气的盛衰、病情的轻重和预后。望鼻主要通过望鼻色泽、形态、鼻内情况预知病情变化。

《灵枢·脉度》指出：“心气通于舌，心和则舌能知五味矣。”《形色外诊简摩》中说：“至于苔，乃胃气之所熏蒸，五脏皆禀气于胃。”舌象是脏腑功能、气血津液、胃气的反映，可测知气血之盛衰、脏腑之虚实、病变之寒热、病位之深浅、病势之进退、预后之良恶，主要通过观察舌质和舌苔的变化来判断。

《素问·六节藏象论》指出：“肝者，罢极之本，魂之居也，其华在爪。”爪甲与肝胆关系较为密切，若肝胆功能异常，则爪甲会出现相应的病变，如《灵枢·本脏》指出：“肝应爪。爪厚色黄者，胆厚；爪薄色红者，胆薄；爪坚色青者，胆急；爪濡色赤者，胆缓；爪直色白无约者，胆直；爪恶色黑多纹者，胆结也。”望爪甲主要包括爪甲形态、质地、色泽等，包括对指甲、趾甲、月痕部分的观察。

孙光荣教授指出，若患者目无神，鼻扇气短，鼻枯无泽，舌薄歪颤，甲枯暗或白点斑斑，唇缩绀或淡，人中平满，大肉削减，俯首难伸，面容如泥或如煤炭，为难治病证。

望诊之后，通过结合闻诊和问诊，就能获得更为详细的临床资料：一是便于医者辨明病在何处，是在头还是在脚、是在上焦还是下焦、是在皮肤还是在内部、是在脏是在腑还是在经络等；二是便于医者辨明病之性质，是寒还是热、是虚还是实等。如此，临证才能分清病证之真假，准确抓住病机之关键。

闻诊包括听声音和嗅气味，通过二者可以推测判断疾病之病位所在、辨病性之寒热虚实。《素问·阴阳应象大论》曰：“善诊者……视喘息，听音声而知所苦。”《难经·六十一难》则明确强调了闻诊的地位，指出：“闻而知之谓之圣。”

问诊涉及的方面十分广泛，主要包括一般情况、主诉、现病史、既往史、个人史、家族史，因此询问时要讲究方法和技巧，要有目的性和针对性。历代著作对于问诊均有论述，如“问而知之谓之工”（《难经·六十一难》）。《针灸甲乙经》云：“所问病者，问所思何也，所惧何也，所欲何也，所疑何也。问之要，察阴阳之虚实，辨脏腑之寒热。”《备急千金要方》曰，“未诊先问，最为有准”，“问而知之，别病深浅”。《景岳全书》把问诊相关内容归纳为十大方面，即后世所谓“十问歌”。（注：“十问歌”至少有三个版本。

首见于《景岳全书·传忠录·十问篇》:“一问寒热二问汗,三问头身四问便,五问饮食六问胸,七聋八渴俱当辨,九因脉色察阴阳,十从气味章神见,见定虽然事不难,也须明哲毋招怨。”其次,见于清代陈修园的《医学实在易·问证诗》:“一问寒热二问汗,三问头身四问便,五问饮食六问胸,七聋八渴俱当辨,九问旧病十问因,再兼服药参机变,妇人尤必问经期,迟速闭崩皆可见,再添片语告儿科,天花麻疹全占验。”最新版见于原卫生部中医司《中医病案书写格式与要求》通知精神,改编为:“问诊首当问一般,一般问清问有关,一问寒热二问汗,三问头身四问便,五问饮食六问胸,七聋八渴俱当辨,九问旧病十问因,再将诊疗经过参,个人家族当问遍,妇女经带病胎产,小儿传染接种史,疮痘惊疮嗜食偏。”)

四、脉探生死与逆顺,再参数据诊如神

脉诊,又称切脉,如《难经·六十一难》曰:“切脉而知之者,诊其寸口,视其虚实,以知病在何脏腑也。”《难经》首创“独取寸口”的理论,此后,历代医家大都重视脉诊并一直沿用至今。

孙光荣教授在临证的同时,还一直从事中医药文献的研究,主持的全国第一批中医古籍整理研究重点课题“《中藏经》整理研究”,影响十分深远。他认为《中藏经》具有颇高的学术价值,“实为璀璨之明珠,医家之宝典”。

《中藏经》最重视脉诊,专设“脉要论第十”篇,对脉象的基本生理功能进行了论述:“脉者,乃气血之先也。气血盛,则脉盛;气血衰,则脉衰;气血热,则脉数;气血寒,则脉迟;气血微,则脉弱;气血平,则脉缓。”并以脉象来推断脏腑的虚实寒热,如第二十四篇:“心病……左手寸口脉大甚,则手内热赤,肿太甚则胸中满而烦,澹澹面赤,目黄也”,“心气实,即小便不利,腹满,身热而重,温温欲吐,吐而不出,喘息急,不安卧,其脉左寸口与人迎皆实大者,是也。心虚则恐惧多惊,忧思不乐,胸腹中苦痛,言语战栗,恶寒,恍惚,面赤目黄,喜衄血,诊其脉,左右寸口两虚而微者,是也。”又如第二十七篇:“胃者……左关上脉浮而大者,虚也;浮而短涩者,实也;浮而微滑者,亦实也;浮而迟者,寒也;浮而数者,热也。”

诊脉更重要的意义是判断疾病顺逆预后、决断患者生死。凡提示“难治”“不治”“死”,为预后不良。如第二十四篇:“夏,心王。左手寸口脉洪、浮、大而散,曰平;反此则病。若沉而滑者,水来克火,十死不治。”又如第二十六篇:“脾病,面黄,体重,失便,目直视,唇反张,手足爪甲青,四肢逆,吐食,百节疼痛不能举,其脉当浮大而缓。今反弦急,其色当黄而反青,

此十死不治也。”凡提示“自愈”“可治”“易治”“生”，为预后良好。如“弦而长者，木来归子，其病自愈；缓而大者，土来入火，为微邪相干，无所害”。又如“王时，其脉阿阿然缓，曰平……反微涩而短者，肺来乘脾，不治而自愈；反沉而滑者，肾来从脾，亦为不妨；反浮而洪，心来生脾，不为疾耳”。

由于疾病复杂多变，故在临床过程中，必须四诊合参，不可忽视其他诊法，而以一诊替代四诊。《医门法律》言：“望闻问切，医之不可缺一。”同时，还须结合现代的检查、化验结果综合考虑，如此临床诊断方能少出差错。孙光荣教授始终强调中医诊断的规范化，要合理利用现代诊断技术和指标，作为临床的重要参考。在他1990年主编的《炎症的中医辨治》一书中，就创建了一个西医病名、西医诊断与鉴别诊断、中医辨证、中医治疗再加民间疗法备选的模式。陈可冀教授曾给予高度评价，认为此书“切学界之所需，扬中医之精粹，汇中西之方治，集临床之大成”。

深研孙光荣教授有关“观其脉证”的歌诀，要能达到“诊如神”的境界，仅掌握望闻问切的式样是不够的，仅仅依赖实验室检查数据也是不够的，中医四诊是先进的、科学的，关键是要下苦功夫、要练就硬功夫，才能“功到自然成”：一是要熟读经典，二是要把握辨证元素，三是要掌握观察的部位和技巧，四是要辨明形神和脉象、舌象真假。

叶培汉，孙贵香，何清湖，等．国医大师孙光荣论“观其脉证”[J]．湖南中医药大学学报，2017，37（2）：119－123.

论“知犯何逆”

“观其脉证，知犯何逆，随证治之”语出《伤寒论》第16条，其中，“知犯何逆”指的是通过对患者临床表现的观察分析得知证候发生变化的机制，即是洞悉疾病的病因病机。孙光荣教授在临证之中，对如何辨识“知犯何逆”素有心得，认为其实质就是辨证，并总结成为歌诀：“主症切入莫彷徨，首先明辨阴与阳。表里要辨脉与舌，寒热要询便与汗。虚实须问眠纳泄，痛问喜按不喜按。逆顺必观纳和出，生死凭脉看神光。脏腑经络与时令，新病旧疾细参详。风寒暑湿燥火虫，痰瘀郁毒食性伤。审症求因明主从，知犯何逆必显彰。”

一、主症切入莫彷徨，首先明辨阴与阳

主症，是对疾病某一个阶段最感痛苦与不适的症状的概括，是中医辨证的重要依据，涵盖两方面内容：①某种疾病必有的症状；②主次相间的病证中，能够反映疾病本质的证候。

对于主症的探究，首先通过辨别阴阳来把握。阴阳无所不指，亦无所定指，是归纳病证类别的两个关键要素。疾病的性质、证的类别及临床表现，均可以用阴阳进行概括或归类。如《素问·阴阳应象大论》言：“善诊者，察色按脉，先别阴阳。”《景岳全书·传忠录》亦言：“医道虽繁，而可以一言蔽之者，曰阴阳而已。”判别阴阳首重望诊，讲究一会即觉。对人体生理之阴阳、病因的阴阳分类、病理变化的阴阳属性均应辨识清楚。要细辨面色、声音、舌象、脉象的阴阳归类。

例如，症见面色苍白、四肢厥冷、精神萎靡、畏寒蜷卧、舌淡苔白、脉微欲绝，兼有烦热、口渴、脉大无根者，多为阴盛格阳，即真寒假热证；壮热、面红、气粗、烦躁、舌红、脉数大有力，兼有四肢厥冷、脉沉伏者，多为阳盛格阴，即真热假寒证。症见语声高亢洪亮、多言躁动者，多属实、属热，为阳；语声低微无力、少言沉静者，多属虚、属寒，为阴。身热恶寒多属阳；身寒喜暖多属阴。浮、大、洪、滑、数脉多为阳；沉、涩、细、小、迟脉多为阴。症见冷汗淋漓、汗淡质稀、面色苍白、四肢逆冷、畏寒蜷卧、

精神萎靡、舌淡而润、脉微欲绝等，多为亡阳证；大汗不止、汗咸质黏、虚烦躁扰、体倦无力、舌红而干、脉细数躁动等，多为亡阴证。阴阳偏盛、偏衰则人体偏寒、偏热，阴阳盛衰相胜则人体寒热往来。故辨阴阳即辨寒热，是辨证的首要任务。孙光荣教授据《中藏经》，以面色、身形、脉象、主诉四者为要素，以形、证、脉、气为依据，分为脏寒证、脏热证、腑寒证、腑热证，达到执简驭繁的目的。如肝寒证，“两臂痛不能举，舌本燥，多太息，胸中痛，不能转侧，其脉左关上迟而涩”；肝热证，“喘满而多怒，目疼，腹胀满，不嗜食，所作不定，睡中惊悸，眼赤，视不明，其脉左关阴实”。胆寒证，“恐畏，头眩不能独卧”；胆热证，“惊悸，精神不守，卧起不宁”。

二、表里要辨脉与舌，寒热要询便与汗

表与里是相对概念，一般而言，皮肤、腠理多属表，血脉、骨髓多属里；腑多属表，脏多属里；络多属表，经多属里；三阳经多属表，三阴经多属里。表里辨别可以说明病变部位的内外、病情的轻重深浅及病机变化的趋势，从而把握疾病演变的规律。

表里要重视切诊与舌诊。脉象与舌象反映病证的本质，一般不易受干扰。辨清病在体表还是脏腑，在经还是在络，当前是以表证为主还是里证为主。如症见脉浮、舌淡红、苔薄白者，多为六淫、疫疠等邪气，经皮毛、口鼻侵入机体的初期阶段，正气抗邪于肌表，发为表证；脉弦，同时见寒热往来、默默不欲饮食、口苦、咽干、目眩者，即所谓半表半里之证；非表证与半表半里之证者，脉沉，舌苔舌色多有变化，其范围广泛，大多为经络、脏腑、气血津液、骨髓等受病，发为里证。

寒与热是辨别病性的两个重要纲领。其中，寒有表寒与里寒之别，表寒者多为外感寒邪，里寒者多为阴寒内盛。热也有表热与里热之分，表热者多为外感火热之邪，里热者多为阴液不足而致阳气偏亢。正如《黄帝内经》所言，“阳胜则热，阴胜则寒”，“阳虚则外寒，阴虚则内热”。

寒热首重问诊，重点询问患者的大小便情况和汗出情况。如症见小便清长、大便溏薄、无汗，同时可见面色白，恶寒喜暖，肢体蜷缩，冷痛喜温，口淡不渴，痰、涕、涎液清稀，舌淡苔白，脉紧或迟者，多因外感寒邪，或阳虚阴盛，导致机体功能活动受到抑制，发为寒证；小便短黄，大便干结，发热有汗，同时可见面赤，恶热喜冷，口渴欲饮，烦躁不安，痰、涕黄稠，舌红少津，苔黄燥，脉数者，多因感受热邪，或脏腑阳气亢盛，或阴虚阳亢，导致机体活动功能亢进，发为热证。

三、虚实须问眠纳泄，痛问喜按不喜按

虚实是辨别邪正盛衰的两个重要纲领，反映疾病过程中人体形神与正气的强弱和致病邪气的盛衰。虚为正气不足，多以“不足、松弛、衰退”为主要特征；实为邪气亢盛，多以“有余、亢盛、停聚”为主要表现。正如《素问·通评虚实论》所言：“邪气盛则实，精气夺则虚。”《景岳全书·传忠录》亦云：“虚实者，有余不足也。”

虚实情况须通过问睡眠、饮食及大小便情况来确定。因这三者是人体形神状态、机体代谢的重要体现。如症见心烦不易入睡，甚至彻夜难眠，或睡后易醒，醒后难眠，则属虚；睡眠时时惊醒，睡不安稳，或夜卧腹胀嗳气，则属实。症见食欲减退，腹胀便溏，神疲倦怠，面色萎黄，舌淡脉弱，则属虚；食欲减退，头身困重，脘闷腹胀，舌苔厚腻，则属实。症见大便量少，便稀，传送无力，或大便失禁，自感肛门下坠，则属虚；排便不爽，质黏，或里急后重，肛门灼热，则属实。症见尿量增多，小便清长，夜尿，或小便失禁，夜间遗尿，则属虚；尿量减少，色黄，水肿，或点滴不通，疼痛灼热，则属实。

疼痛有喜按和拒按之分，一般而言，喜按者多为虚证，拒按者多为实证。虚痛痛势绵绵，痛而不满，痛而无形，喜按；实痛痛势剧烈，胀满胀痛，痛而有形，拒按。

四、逆顺必观纳和出，生死凭脉看神光

逆，即逆证；顺，即顺证。孙光荣教授据《中藏经》而辨逆顺，判定顺逆以决断生死。《中藏经》源于《内经》而尤重脏腑疾病之辨证论治，以“形、证、脉、气”为依据，创立“脏腑辨证八纲”，曰“虚、实、寒、热、生、死、逆、顺”。凡阴病阳证、阳病阴证、阴阳颠倒、上下交变、冷热相乘，皆可谓阴阳病证不相符，为逆证；形瘦脉大、胸中多气，或形肥脉细、胸中少气，皆可谓形脉不相符，亦为逆证。反之，则为顺证。

逆顺可通过望诊判断，尤其注意观察进食和排便情况。饮食与脾胃功能有直接关系，而大便的排泄虽由大肠所主，但与肝、脾、肺、肾关系密切；小便由津液转化而来，通过了解饮水情况与小便的变化，可以测知津液的盈亏和有关脏腑的气化功能是否正常。据此可总体把握患者的脏腑功能与气血津液状况，从而推断逆顺。

生也者，佳也；死也者，恶也。所谓“生”，指的是病虽重而可治，或可

不治自愈者。所谓“死”，系指病重难治，或虽病轻、未病而其人不寿者。生死尤其重视脉诊和望诊。通过脉象、神态、色泽情况，进一步推断生机是否存在，判明疾病的预后。如孙光荣教授依据《中藏经》认为脾脏脉“其脉阿阿然缓”，为正常平脉；“反弦急者，肝来克脾”，为大凶之征兆；“反微涩而短者，肺来乘脾”，可不治而愈；“反沉而滑者，肾来从脾”，病无大碍；“反浮而洪，心来生脾”，亦为正常脉象。又如，脾病“其色黄，饮食不消，心腹胀满，身体重，肢节痛，大便硬，小便不利，其脉微缓而长者”，为生，可治；“面黄，体重，失便，目直视，唇反张，手足爪甲青，四肢逆，吐食，百筋疼痛不能举，其脉当浮大而缓，今反弦急，其色当黄而反青”，“脾绝，口冷，足肿，胀泄不觉者”，为死，难治。

五、脏腑经络与时令，新病旧疾细参详

孙光荣教授认为，对脏腑进行辨证有利于抓住病机本质，从而对病变的部位、性质、正邪盛衰情况有深刻的认识。疾病的具体病理变化必须落实到脏腑上来进行定位。五脏六腑的辨证主要包括肝、心、脾、肺、肾、胆、小肠、胃、大肠、膀胱、三焦，重点辨清虚实、寒热、生死、逆顺，可以通过形、证、脉、气诊察后获得。

经络分布于全身，是人体经气运行的通道，又是疾病发生和传变的途径。就生理情况而言，经络能够运行全身气血，联络脏腑肢节，沟通上下内外，使人体各部相互协调。若外邪侵入人体，经气失常，病邪会通过经络传入脏腑；反之，若内脏病变，同样也循着经络反映于体表。对于经络，要重点把握十二经脉、奇经八脉的循行规律和病证表现。

时令与疾病的发生有着密切联系。因此，首先要考虑某疾病的发生与时令有无关系；更为重要的是，要考虑该病证的发生是否与此时令季节相应，以预测病证的逆顺，继而依据不同时令季节的特点来指导临床用药。以小儿咳喘为例。咳喘乃肺系疾病中的常见症状之一，孙光荣教授依据春夏秋冬的温热寒凉变化将咳喘分为“春之咳”“夏之咳”“秋之咳”“冬之咳”。无论外感与内伤，均结合其症状的寒热虚实属性和当地四时主气特点，因时诊治，遣方用药。因小儿“脏腑娇嫩，形气未充”，易感秋燥之邪，秋燥犯肺而发为“秋之咳”，表现为咽痒、干咳、少痰、气喘，故用自拟方“地茶止咳饮”清燥润肺、止咳平喘，每获良效。

新旧多指病程而言，病程短，多为新病；病程长，多为旧疾。“新”和“旧”是相对而言的，“新”，类似西医学之现病史；“旧”，指现多已痊愈，

无需再治疗。新旧的确定多由问诊而定，通过询问发病时间及其持续时间，确定病为新病还是旧疾，伤为新伤还是旧伤，是新病诱发旧疾还是旧疾引发新病，进一步明确疾病的因果，以辨明标与本，找到治疗的方向和切入点。

六、风寒暑湿燥火虫，痰瘀郁毒食性伤

孙光荣教授认为，导致疾病的外因主要包括风淫、寒淫、暑淫、湿淫、燥淫、火（热）淫及虫兽咬蜇伤，内因主要有痰、瘀、郁、毒、食、性（指纵欲过度、滥交、交合不洁），临床上不可不知，故在诊察患者疾病过程中当须详辨。

七、审症求因明主从，知犯何逆必显彰

对于患者出现的一系列症状，必须找到发病原因，抓住重点和主要方面，辨明主从。主者，包括两方面：一是主证，即疾病之主要矛盾；二是主证，即症状之主要方面。从者，亦包括两方面：一是从证，即疾病之次要矛盾；二是次症，或称伴发症，或称兼症，即证之次要方面。

临证须问明病史、证候、因果关系，明确主诉，前医治疗经过及治疗效果。厘清本病的主证与从证，明确当前证的主症与从症。主证者当务之急宜解决，“擒贼先擒王”，及时控制病情，防止疾病发展；从证者兼而顾之，或在疾病的下一阶段重点处理。

孙光荣教授认为，在临证中做到“知犯何逆”，一要熟练多种辨证纲领，二要熟知脏腑经络及其相互关联，三要善于运用四诊技巧，四要善于辨别阴阳、表里、寒热、虚实、主从、标本、逆顺、生死的真假。

叶培汉，孙贵香，何清湖，等．国医大师孙光荣论“知犯何逆”[J]．湖南中医药大学学报，2017，37（5）：465－468.

论“随证治之”

“观其脉证，知犯何逆，随证治之”语出《伤寒论》第16条，其中，“随证治之”指的是通过患者症状、体征的表现，证候的演变，动态分析把握病因病机，明之以法，处之以方，投之以药。孙光荣教授在临证之中，认为“随证治之”实际上概括了中医治法的精髓，是针对“观其脉证”获知的“主证”及“知犯何逆”把握的“主变”而抓的“主方”，讲求个体化治疗。对于如何择用有效方药“随证治之”，孙光荣教授深入研究并总结成歌诀：“经方本是万方宗，方证相符立见功。时方多是古验方，究明方旨古今通。师承验方有奇效，东南西北不相同。自拟新方要有据，切勿杂糅乱糊弄。先定治则与治法，君臣佐使井然从。最忌滥伐无过者，扶正祛邪要适中。须知专病有专药，从顺其宜力更雄。”

一、经方本是万方宗，方证相符立见功

目前中医学界普遍认为，经方是东汉张仲景所著《伤寒杂病论》（宋代之后分为《伤寒论》《金匮要略》）所记载之方剂，是相对于宋、元以后出现的时方而言的。其中，《伤寒论》方113首，《金匮要略》方262首，除去重复的，共计178首方、151味药。经方被后世医家称为“医方之祖”“方书之祖”，张仲景也被尊为“医圣”。

经方是本、是源，因其组方严谨、药量精当、煎服讲究、针对性强、效如桴鼓，具有“普、简、廉、效”的特点，故后世医家大都以经方为准绳，或直接用经方，或从经方中演变、延伸。

如何学习和运用好经方一直是中医学界所关注和探讨的问题。孙光荣教授提倡“万方宗经，学用并行”，在学与用中及时发现问题，在问题中深化学习，在学习中思考借鉴，在借鉴中创新认识，学以致用，探求临床最好疗效。历代名医运用经方有其独到的见解，对于学习和运用经方有着重要的参考价值，尤其是对名医大师运用经方验案的学习，可以起到事半功倍之效，不失为学习经方的一条捷径。

经方的核心理论是方证对应，方与证是经方运用的关键。孙光荣教授认

为，方证对应是经方制方的主要原则，讲求“有是证必用是方”，临床上运用起来既简单又有效。如《伤寒论·辨太阳病脉证并治中》言，“伤寒五六日，中风，往来寒热，胸胁苦满，默默不欲饮食，心烦喜呕，或胸中烦而不呕，或渴，或腹中痛，或胁下痞硬，或心下悸，小便不利，或不渴，身有微热，或咳者，小柴胡汤主之”，并且强调“但见一证便是，不必悉具”，只要出现其中一二主症就用该方治疗，不必等到所有症状都出现。类似这样严谨的方证对应关系在《伤寒论》和《金匮要略》中随处可见，如“发热而呕者，小柴胡汤主之”，“呕而胸满者，吴茱萸汤主之”，桂枝汤证“汗出，脉浮缓”，麻黄汤证“无汗，脉浮紧”。

二、时方多是古验方，究明方旨古今通

经方是源，时方是流。如小柴胡汤与逍遥散、四逆散与柴胡疏肝散、伤寒三承气汤与温病诸承气汤等，脉络清晰，源流分明。时方虽是流，但也是经过反复验证的古方，既创造性地彰显了经方的特色，又扩大了经方的应用范围，是对经方的补充完善，临床处方时不可不重视。如医家张元素谓九味羌活汤“冬可以治寒，夏可以治热，春可以治温，秋可以治湿”，“视其经络前后左右之不同，从其多少大小轻重之不一，增损用之”。

时方多以阴阳五行、藏象、经络、运气等为核心理论，更强调对疾病病因病机的认识。其特点是方剂名表示效用者多（如咳血方、枳实消痞丸、玉屏风散、当归补血汤、清络饮、清暑益气汤等），功效经络脏腑化（如导赤散、泻白散、易黄汤、实脾散、平胃散、龙胆泻肝汤、温胆汤等），结构较为松散，药物加减多变，照顾面较广。

无论是经方还是时方，都应强调从临床出发，为临床服务。究方义，明方旨，既对经方有扎实的基础，又对时方有足够的研究，如此才能古今相通，“经”“时”结合。

三、师承验方有奇效，东南西北不相同

由于东西南北气候不同、地域不同、民族文化有差异、用药习惯不同，出现了不少验方，有些也称秘方。《简明中医辞典》解释：验方是指有效验之方药。广义上，经方、时方和专方大都是经临床验证有效者，也都可称之为验方。如苗医、瑶医、壮医、羌医、藏医、蒙医等，均形成了地区独特的医药特点；民间祖传的奇效验方，如医治蛇伤的“季德胜蛇药”、用于伤科的“曲焕章百宝丹”等；各个医家经数十年临床积累下来的遣方用药习惯，形成

了其独特有效的验方，经医家本人或徒弟门人总结整理，后人继承，有些还形成了门派。

验方是许多医家和人民与疾病斗争留下来的宝贵经验，虽然有些并非名家论著，却代代相传，屡试屡验。作为服务于人民健康事业的医者，应该多拜读医著，多拜师学习，“博采众方”，汲取其精华。

四、自拟新方要有据，切勿杂糅乱糊弄

由于临床疾病复杂多变，医者习得的方药可能并不符合患者的病情，《医学源流论·出奇制病论》对此深有感触：“病有经有纬，有常有变，有纯有杂，有正有反，有整有乱，并有从古医书所无之病，历来无治法者，而其病又实可愈。”故而，医者在临证时并非不可自拟新方。

《医学源流论·出奇制病论》指出：“既无陈法可守，是必熟寻《内经》《难经》等书，审其经络、脏腑受病之处，及七情、六气相感之因，与夫内外分合，气血聚散之形，必有凿凿可徵者，而后立为治法。或先或后，或并或分，或上或下，或前或后，取药极当，立方极正。”《医学源流论·方剂古今论》云：“圣人之制方也，推药理之本原，识药性之专能，察气味之从逆，审脏腑之好恶，合君臣之配偶，而又探索病源，推求经络。”故而，自拟新方当学习前人，“取药极当，立方极正”，深入病机，考虑周全，才能游刃有余。否则只会冒昧施治，药物杂糅，盲目堆砌，贻害无穷矣。

孙光荣教授躬身力行，“勤求古训”，结合自己多年的临证经验，创立了以“中和”为核心的医学流派，以中和思想组方用药，以“三联药组”之功能按君、臣、佐、使结构组方，追求中药相须、相使、相畏、相杀，减毒增效，功能最大化，“遵循经方之旨、不泥经方用药”，形成孙氏系列方。如以小柴胡汤为核心化裁之“孙光荣扶正祛邪中和汤”、以射干麻黄汤为核心化裁之“孙光荣化痰降逆汤”、以甘麦大枣汤为核心化裁之“孙光荣安神定志汤”、以理中丸为核心化裁之“孙光荣益气温中汤”、以苓桂术甘汤为核心化裁之“孙光荣涤痰镇眩汤”等，均结构严谨，有依有据，诚可给新一代的中医临床执业者以启迪。

五、先定治则与治法，君臣佐使井然从

治则即治疗疾病的法则，是指导治法的总则。治法是在治则的指导下确立的具体措施和方法。治则在先，高度抽象，注重整体；治法在后，内容具体，针对性强。孙光荣教授认为，治疗总则不外正治、反治、扶正祛邪、补

偏救弊、因人因时因地制宜、调平阴阳、水火相济等内容。中医治法主要包括药物和非药物（如针刺、艾灸、推拿、拔罐、手术正骨、饮食、气功、五禽戏、八段锦、太极拳等）手段。此处仅言药物。

方从法出，法随证立。治则与治法是沟通疾病证候与方药之间的桥梁，故而，要使投出的方药直达病所，就必须先确定使用什么治疗原则、采用何种治疗方法。“随证治之”的最终目的也是确立针对性的治疗方法，既考虑原来的治疗方法，又重点考虑变化的病证，两相兼顾，从而确立治则与治法。《医学心悟·医门八法》高度归纳总结前人经验，明确提出治疗八法，曰：“论治病之方，则又以汗、和、下、消、吐、清、温、补八法尽之……病变虽多，而法归于一。”

药有个性之专长，方有合群之妙用。方剂具有多成分、多环节、多途径、多层次的综合协调作用，使其治疗范围较广，可弥补单味药物治疗势单力薄的缺点，并能调和药物的毒性，避免或减少不良反应。

方剂的组成有一定的法度，应遵循“君、臣、佐、使”的组方原则。《素问·至真要大论》云：“主病之谓君，佐君之谓臣，应臣之谓使。”方中的主药喻之为君，辅助药喻之为臣，中和调节药喻之为佐，引经入络药喻之为使。《神农本草经》进一步补充：“药有君臣佐使，以相宣摄合和。”一般处方用药多在4种以上，均按此4项配伍，即使少于4种药或多至二三十种，亦不能离此法则。否则漫无纪律，方向不明，即前人所批判之“有药无方”。

六、最忌滥伐无过者，扶正祛邪要适中

大道至简，“邪正”而已，邪与正的关系既对立又统一，正如《素问·通评虚实论》所说：“邪气盛则实，精气夺则虚。”“正气存内，邪不可干”（《素问·刺法论》），正能胜邪则病退；“邪之所凑，其气必虚”（《素问·评热病论》），邪盛正衰则病进。

扶正和祛邪的关系既相反相抑，又相辅相成，是辨证的统一。虚宜扶正，使正气加强，以抵御和驱逐病邪，正足邪自去；实宜祛邪，使邪气祛除，以减少对人体正气的侵犯和损伤，邪去正自安。若虚实混杂，单纯“扶正”，恐助其邪，使邪益盛；单纯“祛邪”，虑其虚证，犹恐诸病蜂起，故“扶正”“祛邪”双管齐下方为上策。或扶正以达到祛邪之目的，或祛邪以达到扶正之目的，或两者并行兼施以达到双向调节之良效，使机体最终达到“阴平阳秘”的和谐状态。但切记要以“中和”为度，莫好大贪功，反致滥补、滥伐。《医学源流论·用药如用兵论》曾针对滥用药物的情况，警示后人说：“兵之设也

以除暴，不得已而后兴；药之设也以攻疾，亦不得已而后用。”孙光荣教授强调“中和”，其意在此。

七、须知专病有专药，从顺其宜力更雄

专病专方是对疾病全过程的特点与规律进行概括与抽象，抓住核心病机进行论治，是专门针对某种疾病有独特功效的方药，如《兰台轨范》所言：“一病必有主方，一病必有主药。”专病专方是辨证论治的升华，因专病专方最开始也是辨证论治过程中提炼的，故形成“专病专方”后也就发展和丰富了辨证论治的内容，并没有背离其精神。实际上，专病专方与辨证论治就是辨病与辨证的关系。

专方主要针对三种情况：疾病名、主症、理化检查的阳性结果，具有可重复性、专门化、标准化、规范化的特点。如消瘰丸治淋巴结核、四神煎治鹤膝风、黄芪桂枝五物汤治血痹、小建中汤治胃痛、千金苇茎汤治肺痈、强肝汤治慢性肝炎、加味活络效灵丹治宫外孕、青蒿素治疟疾、雷公藤治类风湿病等。然这种一方一病、对号入座的做法显然有其局限性，故岳美中教授指出：“中医治病，必须辨证论治与专病专方相结合。”任应秋教授也曾说：“所谓专病，也并不是孤立静止的，是变化和运动着的。所以在专病专药的运用中，若不注意先后的阶段性，不顾轻重缓急，一意强调固定专药，也是不对的，较妥善之论治是与辨证相结合的。”

“从顺其宜”的治疗思想是孙光荣教授据《中藏经》总结而来的，如《中藏经·论诸病治疗交错致于死候第四十七》曰：“大凡治疗，要合其宜。”《中藏经·水法有六论第十五》曰：“病者之乐慎勿违背，亦不可强抑之也。如此从顺，则十生其十，百生其百，疾无不愈矣。”《中藏经·火法有六论第十六》亦曰：“温热汤火，亦在其宜，慎勿强之。如是则万全万当。”

具体说来，“从顺其宜”就是治疗手段要合其宜、用药组方精当合宜、给药途径要合其宜，一切要因时、因地、因人制宜，才能达到疗效力雄的目的。

深研孙光荣教授有关“随证治之”的歌诀，要能达到“力更雄”的境界，仅仅照搬经方是不够的，仅仅依赖师门或自己的经验方也是不够的，中医“随证治之”的方法是先进的、科学的、丰富多彩的、效验如神的，关键是要有真功夫：一是要遵从并牢记经方，二是要储备师门和多家验方，三是要遵循“中和”思想而精准确定治则治法，四是要善于因人、因时、因地制宜。

叶培汉，孙贵香，何清湖，等．国医大师孙光荣论“随证治之”[J]．湖南中医药大学学报，2017，37（07）：700－703.

论“新一代中医临床骨干必须做到四精”

中医是中国的国粹，博大精深，中医药治病体现了“效、简、便、廉”等特点，人们需要中医，更需要发展中医、强大中医。而发展中医的关键是中医药人才，强大中医药人才队伍是做强中医药事业的根本。因此，培养中医药人才、培养中医临床骨干人才刻不容缓，任重而道远。现在各中医药院校、医院也非常重视中医药人才的培养，纷纷制订出 5 年培养中医骨干人 500、1000 名等计划。那么到底怎么培养中医临床骨干人才？怎样更高效率培养中医临床骨干人才？中医界同仁均积极探索。国医大师孙光荣教授也为之殚精竭虑，寻求有效之方案，提出了中医临床骨干人才“四精”之培养方案。

一、精读经典，一本垫底旁通诸家

孙光荣教授提出，中医临床骨干人才第 1 点要做到“精读经典”。“工欲善其事，必先利其器”，中医学子要枝繁叶茂，必先扎实基础。中医经典之作乃中医学之根、之魂、之宝藏。“自古名家出经典”，“读经典，做临床”是大多名医大师成才之经验，历代著名医家大都依靠精晓经典而获得成就。蒲辅周老前辈因治疗患者有有效者，亦有不效者，毅然决然停诊，闭门熟读 3 年经典，并反复揣摩、研思，之后临证得心应手，治病疗效卓著，最终成为屈指可数的国医大师而传为佳话，这足以说明致力于研习经典著作之重要。中医经典精义深奥，倾心研究，刻苦钻研，必有“心悟”。然中医经典之作颇多，有大家熟悉的《内经》《伤寒论》《金匮要略》《温病条辨》《难经》《神农本草经》等，亦有不为大家熟悉之经典著作，如《中藏经》《删补名医方论》等，它们都是历史文化之沉淀、医家宝贵经验之结晶。而一个人一生的时间和精力非常有限，以有限的时间和精力挖掘中华文明几千年的所有文化宝藏，最终可能忙忙碌碌而无一为精。因此，孙光荣教授进一步提出要“精读经典，一本垫底旁通诸家”，只能有选择地去挖掘、去研究，重点选择某一个领域研究，找到一本最适合自己的经典医书，《医宗金鉴》可以，《伤寒杂病论》也行，重点研究，研究深，研究透，在此基础上触类旁通，博览群书，要法于经典，采撷各家，最终总结出自己的学术思想，以最有效的方法、最短的时间达到中医学术研究成功之彼岸。孙光荣教授一生致力于《中藏经》的研究，并成为“中和医派”的创始人，与他在“精读经典，一本垫底旁通诸家”思想指导下的科学研究是密不可分的。

二、精通临证，一科独秀旁通诸证

孙光荣教授提出，中医临床骨干人才第2点要做到“精通临证”。中医的生命力在于临床，中医是一门实践性很强的学科，高于临床同时又指导临床实践。实践出真知，中医没有临床实践很难体会其中之奥妙，只有加强临床实践，才能对中医有更深入的认识和理解。纵观历代名家成长之路，无一不是在临证中摸滚跌爬，用心去体会，总结经验，精通临证而功成名就的。如国医大师李振华17岁随父从侍诊到试诊、试方，再到独立诊病，从医60余年，刻苦钻研，精心临床，行出真知，名扬内外。周仲瑛十几岁涉猎群书，经常跟父出诊，不到20岁就亲临临床，不论亲疏，不避污秽，终成大家。如此之例，不胜枚举。名家李辅仁先生总结自己的成才之路，提出“中医学是实践医学，晦涩抽象的中医学理论只有在患者身上、在临床实践中才会变得异常灵动与直观”之观点。名老中医贺本绪先生也提出“学贵有恒，实践第一”之感慨。“做临床，重临床，多临床”是中医人才一贯遵循的信念，中医必须回归临床，临床实践是中医药人才必备的技能，中医临床骨干人才必须要精通临证。中医药人才也逐渐意识到临床的重要性，并逐渐加强中医临床，理论联系实际，注重治病，勇于实践。然随着时代的发展，中医临床分科也越来越细，如中医内科、中医妇科、中医外科、中医儿科等，这种分科从某种程度上提高了专科的整体治疗水平，但又往往忽略了中医的整体观特点，以及人的社会性和整体性，故孙光荣教授提出中医临床骨干人才要“精通临证，一科独秀旁通诸证”。作为中医，思维不能局限于局部，精通本科的同时，要旁通诸证。中医本身就是一个大内科，要能运用中医辨证论治的思维诊治他科之疾病，要有扁鹊到邯郸即为带下医、过咸阳即为小儿医、过洛阳即为耳目痹医之精湛技术，方为上医。

三、精研师学，一师全承旁通诸派

孙光荣教授提出，中医临床骨干人才第3点要做到“精研师学”。现代中医药教育，院校教育已成为中医药教育的主体，教学内容全面、规范，课程也已形成体系，并实行了专科、本科、硕士、博士等不同层次的教育，也是适应不断发展的各层次医疗、科研、教学单位的需要。但由于院校教育学生学习主要以课堂教学为主，背书本、记概念、应付考试是主要方式，就是有一点临床机会，由于场地、教师等资源有限，大都是走走过场，学生并没有真正接触临床，所以一到临床，学生不能适应，临床操作能力差，或者不敢进行临床操作。这样，在一定程度上会打击中医药学子的临床信心。在几千年的中国医药学发展长河中，师徒传承的师承教育是培养中医药人才的可靠模式，其最大优势就是以临证贯穿于教学过程的始终，能因材施教，步骤缜密，学生在每天随师侍诊的过程中把课堂的理论与师傅的临床经验逐渐融合，更深刻理解理论，扎实功底，并逐渐验证中医理论的可行性、优越性，从而提高中医临床能力和信心。国医大师邓铁涛老前辈曾说："中医教育的危机从根本上说就是信心的危机。中医教育最大的失败就是没有能够解决学生的信心问题。"几千年来，师承教育模式造就了一大批医术精湛、名扬内外、德才兼备的临床型、实战型名医。有人对王玉川等30名"国医大师"的成长、行医之路进行探寻总结，发现虽然院校培养成才者有之、自学成才者有之，但大都是通过师徒授受和世医家传的方式，接力棒形式地传承着中医学术之精髓。因此，为了传承并兴旺当代名老中医的学术特色和临床精髓，师承教育的优化实行又被各界提上了日程，现代中医师承教育重新开启。

近年来，为继承并发扬中医的学术思想，培养新一代的中医临床骨干乃至名医，在全国范围内相继开展了"跟名师"的师承教育活动，在中医药人才培养上取得了卓越的成效。然每个师承老师都有自己的临床思想、诊疗风格、学术体系，学生学习、总结老师的学术精髓要注意力集中，全面总结，精研师学，要善于学习和继承导师的思维方法、独特经验及医风医德，但也不要受门户学派的影响，只重一师之技、一家之言。因此，孙光荣教授又进一步提出中医临床骨干人才在精研师学的同时，要"一师全承旁通诸派"，在一师全承的基础上也要善于汲取适合自己专业的新理论、新知识、新方法、新技术和民间医药之经验，博采众长，全面学习，兼收并蓄，尽早成为中医临床骨干人才。

四、精工授受，一术贯通旁通诸术

孙光荣教授提出，中医临床骨干人才第4点要做到"精工授受"。中医药学术、专业水平是中医药事业繁荣的生命线。作为中医临床骨干人才要"精究方术""思求经旨演其所知"，严于律己，潜心钻研，精通中医专业，熟悉中医药基本理论，精通经典，博采众长，不断获取中医药技术和方法，强大自身专业水平，驭繁就简，真正做到"上以疗君亲之疾，下以救贫贱之厄，中以保身长全以养其生”，切实提高中医临床服务能力。做一名真中医、好中医，要么是精通开方，要么推拿或针灸技术娴熟，要么擅长理疗。但中医治病讲究整体观，不仅仅是在诊断、辨证、治法方面需要整体观思维，在治疗手段上同样要有整体观思维。中医治疗手段颇多，如果能综合运用，能取得意想不到的效果，大大提高临床疗效。《内经》中提到的治疗手段有针、灸、罐、药、推拿5种，在很多疾病中需综合选择几种手段，如《素问·玉机真脏论》在提到黄疸病治法说：“……发疸，腹中热，烦心出黄时，可按、可药、可浴。”提出黄疸病可以用针灸、药物内服及外洗法等多种治疗方法。《素问·玉机真脏论》在治疗脾风时也提出了“可按、可药、可浴的综合疗法”；《素问·至真要大论》中的“摩之，浴之”治疗方法，也体现了中医综合治疗的重要性。因此，孙光荣教授认为，作为中医临床骨干人才要“精工授受，一术贯通旁通诸术”，对中医药人才，尤其是新一代骨干人才提出了更高的要求。孙光荣教授指出，开方的医生要懂推拿和针灸；针灸、推拿医生也要懂中医辨证，并能开方，一术贯通旁术，在临床中才能如鱼得水、得心应手，提高疗效，强大中医。

孙光荣教授接受采访时曾说：中医药学术进步与中医药事业发展的兴衰取决于是否培养、储备、使用真正的中医人才。中医人才，就是中医的未来。做强中医药队伍是做强中医药事业的根本，而做强中医药继续教育是做强中医药队伍的根本。孙光荣教授以“高精教育”思想为指导，以“精读经典、精通临证、精研师学、精工授受”为要领，声声掷地，字字珠玑，为培养新一代著名中医临床家、培养新世纪中医临床领军人物之疑惑拨开了漫天云雾，令人豁然开朗。

徐超伍，何清湖，肖碧跃，等. 国医大师孙光荣教授论“新一代中医临床骨干必须做到四精”[J]. 中医药导报，2017（12）：13－15.

临证经验

临证经验浅析

一、重视经典，推崇《中藏经》，示人以规矩准绳

孙光荣教授认为，中医药典籍系历代中医药学家智慧与经验之结晶，为中医药理论体系之支撑，乃中医临证实践之指南，亦乃中医药学继承创新之源泉。故凡业中医者，均视中医药典籍为行医之圭臬、诊疗之准绳。而诸多经典之中，孙光荣教授尤其强调《中藏经》的重要意义，认为此书实为璀璨之明珠、医家之宝典。

《中藏经》，又名《华佗中藏经》，疑为华佗弟子将其所授理法方药集腋成裘、自诊自用之作，实为课徒用书。全书原文约 3 万字，乃一部文字古奥、行文简约、理论系统、内容丰富、方法独特、临床实用之中医典籍。孙光荣教授认为其为古代散佚之医经，经华佗弟子搜集整理，又经后世道家与医家补充而形成的古代中医用于课徒之读本。

因历代很多人认为《中藏经》为后人所杜撰，系一部假托华佗之名的伪经，极大地影响了后人对《中藏经》的学习和临床探索。孙光荣教授独具慧眼，经过大量考证，肯定了本经的真实性和理论及临床价值，并举周学海《新刊中藏经》序所云："三代以后，医学之盛莫如汉。前有阳庆、淳于意，后有仲景、元化，盖四百余年得四医圣焉。阳庆、淳于意无遗书，仲景方论到两晋已散佚，叔和搜辑成编，绵绵延延，至于今日，若在若亡，独华氏书晚出而最完。顾或以晚出伪之。观其书，多详脉证，莫非《内经》之精义要旨，而又时时补其未备，不但文章手笔非后人所能托，其论脉论证，至确至显，繁而不泛，简而不略，是熟于轩岐诸书而洞见阴阳血气升降虚实之微者，非知之真，孰能言之凿凿如此?"这段话使人认识到《中藏经》的重要性，并最终说明《中藏经》以脏腑脉证为中心，广搜而精选《内经》《难经》及上古医籍之中论阴阳、析寒热、分虚实、辨脏腑、言脉证之理，撷诸大旨而融会通，条分缕析且发挥蕴奥，最早形成以脉证为中心之脏腑辨证学说，奠定脏腑辨证理论基础，为中医明经正道，厥功甚伟。该书所蕴含之学术思想确实全面、完整、系统、精辟，可谓上继古典，下启新派，是为千古之密，是

值得我辈学习和深究的典籍。

孙光荣教授在《中藏经讲义》一文中对《中藏经》的学术特点和临床价值作了精辟的分析和说明，指出《中藏经》未列医案，即未以具体案例示范，而是示人以思想、以理念、以法则、以方略，此则足以证其为“经”也！执其圭臬，循其轨道，自可灵活运用于中医临床而获得继承创新之硕果。孙光荣教授认为《中藏经》所呈现之医疗经验诚为可贵，主要有二：①以诊断言，贵在注重明察望闻问切所获资料之“常”与“变”；贵在以“虚实寒热生死逆顺”为纲辨识形证脉气之“常”与“变”而断脏腑病证；贵在以形证脉气决死候，预测病证之可治不可治，权衡当治不当治，避免妄治与误治。②以治疗言，贵在坚持“从顺其宜”之治则，贵在以水法、火法统万法；贵在明晰当治、不当治之所在；贵在组方用药合宜、简单、精准、力专。

孙光荣教授通过对《中藏经》的大量考证、研究和临证验证，肯定了该书各方面的价值，对中医的发展做出了重要贡献。

二、临证倡导中和，擅用“对药”“角药”

我辈接触孙光荣教授的中和学说，顿觉耳目一新，不但对人体的生理、病理有了新的认识，而且对中医治疗的方向和目的及治疗方法有了前所未有的感悟。通过学习了解到：“中和是机体阴阳平衡稳态的基本态势，中和是中医临床遣方用药诊疗所追求的最高佳境。”如果说“阴阳平衡”是机体稳态的哲学层面的概念，那么“中和”就是人体健康的精气神稳态的具体描述。“中和”更能在人体气血层面和心理层面阐释机体的生理、病理。因此，孙光荣教授认为，中医养生要诀是上善、中和、下畅，临床学术观点是扶正祛邪益中和、存正抑邪助中和、护正防邪固中和，临床基本原则是慈悲为本、仁爱为先、一视同仁、中和乃根，临床思辨特点是调气血、平升降、衡出入、致中和。可见，人体的理想健康状态是全身气血阴阳的“中和”，而疾病正是各种因素破坏了这种中而不偏、和而不争的稳态，治疗的目的是去除各种病因，并帮助人体恢复中和之状态。

那么，具体方法是什么呢？临床之治疗原则，重点在气血，关键在升降，目的在平衡阴阳。气血调和百病消，升降畅通瘀滞散，气血活、升降顺则阴阳平衡而何病之有？因此，孙光荣教授强调临床要做到“四善于”：善于调气血，善于平升降，善于衡出入，善于致中和。孙光荣教授学医，先是研习李东垣补脾土学派之法，后又承袭朱丹溪滋阴之说，融会贯通，乃成今日重气血之临床基本思想。升降出入是基于中医阴阳学说形成的气机消长转化形式，升清（阳）、降浊（阴）、吐故（出）、纳新（入）是气机的基本动态。《素问·六微旨大论》说：“非出入则无以生长壮老已，非升降则无以生长化收藏。”孙光荣教授认为，中医临床无论以何种方法辨证论治，气血、津液、脏腑、六经、表里、寒热、虚实、顺逆、生死，都离不开阴阳这一总纲。而临证用药，无论寒热温凉，还是辛甘酸苦咸，无论升降浮沉，还是补泻散收，无论脏腑归经，还是七情配伍，同样不离阴阳之宗旨。但归根结底，阴阳最终离不开气血，这是因为“人之所有者，血与气耳”（《素问·调经论》）。气血之间的“中和”关系尤为密切，“气为血之帅，血为气之母”，“中和”是气血合和的稳态。论生理、病理，不管在脏腑、在经络，还是在皮肉、在筋骨，都离不开气血，离不开气的升降出入，离不开气血平衡的稳态——“中和”。总之一句话，就是“致中和”。可见临床中应以气血为着手点，观人体升降出入何处失衡，找出其失衡的原因，并制订具体的方药来恢复人体各个矛盾运动的“中和”之平衡态。

孙光荣教授临床辨证遣方选药，总是“谨察阴阳所在而调之，以平为期”，审诊疗之中和，致机体之中和。观其处方，多以参、芪、丹参为君药共调气血，并作为“中和”班底，率领加减诸药，组成“中和”团队（自拟“调气活血抑邪汤”），平升降，衡出入，以达用药中和而使机体中和的目的。孙光荣教授教授临床组方用药灵巧机动，颇具特色，尤其是“对药”及“角药”的运用，使升降相因，出入相衡，动静相合，阴阳相扣，最能体现孙光荣教授的“中和”学术思想。

任长旭．孙光荣教授经验浅析［J］．中医中药，2012，9（47）：421.

论治经验

一、乳腺增生

乳腺增生又称乳腺结构不良，是指乳腺上皮和纤维组织增生，乳腺导管和乳小叶在结构上的退行性病变及进行性结缔组织的生长。一般认为本病与内分泌功能紊乱有关，主要是卵巢内分泌失调。本病的特点是单侧或双侧乳房疼痛并出现肿块，乳痛和肿块与月经周期及情志变化密切相关。乳房肿块大小不等，形态不一，边界不清，质地不硬，推之不活动。

乳腺增生属于中医学“乳癖”的范畴。中医学认为，乳腺增生的病因与情志、饮食、劳倦及先天体质因素有关。其基本病机为本虚标实，冲任失调为发病之本，肝气郁结、痰凝血瘀为发病之标。病位在肝、脾、肾。

乳腺增生是女性最常见的乳房疾病，其发病率居乳腺疾病的首位，约占育龄妇女的40%，占全部乳腺疾病的75%，其发病的高峰年龄为25～45岁，30岁以上的女性发病率达90%以上，且近年来发病率呈逐年上升的趋势。本病好发于社会经济地位高、受教育程度高、月经初潮年龄早、从未怀孕、初次怀孕年龄大或绝经迟的妇女。近年来，有学者提出了乳腺癌发生机制的“多阶段发展模式”假说，即“正常→增生→非典型增生→原位癌→浸润性癌”的发展模式，并且认为“正常→增生→非典型增生→原位癌”是可逆的可恢复阶段。这为人们采取各项措施阻断、逆转癌前的各个发展阶段，降低乳腺癌发病率提供了理论基础。乳腺增生患者的患癌危险率明显高于正常妇女，因此，积极寻找理想的防治乳腺增生方案对乳腺癌的一级预防及改善乳腺增生患者的生活质量有重要的现实意义。

（一）中医治疗

1. 分证论治

（1）肝郁痰凝

［临床表现］一侧或双侧乳腺出现肿块和疼痛，肿块和疼痛与月经周期有关，经前加重，行经后减轻，伴有情志不舒、心烦易怒、胸闷嗳气、胸胁胀

满。舌质淡，苔薄白，脉细弦。

［治法］疏肝解郁，化痰散结。

［处方］逍遥蒌贝散加减。柴胡 9g，当归 9g，白芍 9g，白术 9g，茯苓 9g，瓜蒌 15g，浙贝母 9g，半夏 9g，牡蛎 15g，胆南星 9g，山慈菇 9g。

［加减］乳房胀痛明显者，加三棱 10g，莪术 10g；口干口苦、心烦易怒者，加黄芩 10g，栀子 10g；伴痛经者，加益母草 12g，五灵脂 10g；乳头溢液者，加丹参 9g，山栀 12g，旱莲草 12g；疼痛甚者，加川楝子 15g，延胡索 12g；经前乳房疼痛显著，肿块增大者，加郁金 15g，青皮 9g；失眠多梦者，加炒枣仁 10g，远志 10g；经期小腹冷痛者，加乌药 10g，吴茱萸 9g；肿块较硬者，加炮山甲（代）10g，全蝎 5g，水蛭 5g，海藻 15g。

（2）冲任失调

［临床表现］一侧或双侧乳腺出现肿块和疼痛，常伴有月经不调，经量减少，怕冷，腰膝酸软，神疲乏力，耳鸣。舌质淡胖，苔薄白，脉濡细。

［治法］调摄冲任。

［处方］二仙汤合四物汤加减。仙茅 10g，淫羊藿 10g，肉苁蓉 10g，制首乌 15g，柴胡 6g，当归 10g，白芍 12g，鹿角胶 10g，熟地黄 12g，炮山甲（代）10g，香附 10g，青皮 6g，陈皮 6g。

［加减］疼痛甚者，加川楝子 15g，延胡索 12g；经前乳痛者，加麦芽 30g，山楂 20g；腰膝酸软者，加杜仲 10g，桑寄生 15g；乳房肿块呈囊性感者，加白芥子 10g，瓜蒌 15g；闭经者，加生蒲黄 10g，益母草 15g；月经量多者，加银花炭 15g；胸闷、便干者，加全瓜蒌 30g；经期少腹疼痛、经少有血块者，加益母草 10g，桃仁 10g，红花 5g；失眠多梦者，加首乌藤 10g，远志 10g。

2. 中成药

（1）乳疾灵颗粒：主要由柴胡、香附、青皮、赤芍、牡蛎、海藻等药物组成，具有疏肝解郁、散结消肿的功效，适用于有月经不调、倦怠食少、脉弦等症状的乳腺增生。具体用法为每次用开水冲服 14 ~ 28g，每日 3 次。孕妇忌服。

（2）乳核散结片：主要由当归、黄芪、柴胡、郁金、昆布、鹿衔草等药物组成，具有疏肝解郁、软坚散结、理气活血的功效，适用于乳腺囊性增生、乳痛症、乳腺纤维腺瘤等。具体用法为每次服 4 片，每日 3 次。脾胃虚弱者宜饭后服用。

（3）逍遥颗粒：主要由柴胡、当归、白术、白芍、茯苓等药物组成，具有疏肝健脾、养血调经的功效，适用于有两胁作痛、头晕目眩、神疲食少、乳房胀痛、舌淡苔薄、脉弦而虚等症状的乳腺小叶增生或囊性增生。具体用法为每次用开水冲服1袋，每日2次。患者在服药期间忌辛辣、生冷食物，孕妇忌服。

(4) 乳康片：主要由黄芪、丹参、乳香、没药、浙贝母、鸡内金、三棱、瓜蒌等药物组成，具有疏肝解郁、理气止痛、活血破瘀、软坚散结、补气健脾等功效，适用于有眩晕、胸闷、心烦易怒、失眠、健忘、纳差、月经紊乱等症状的乳腺增生。具体用法为每次饭后服2～3片，每日3次，20天为1个疗程。孕妇忌服。

(5) 乳核内消液：主要由浙贝母、当归、赤芍、茜草、香附、丝瓜络、郁金等药物组成，具有疏肝活血、软坚散结的功效，适用于有乳房结块、胸胁作痛、头晕身重、食少纳呆、月经不畅、舌苔白润等症状的乳腺增生。具体用法为每次服1支，每日2次。有月经量多、乳房肿块不随经期改变、面白且脉弱等症状的乳腺增生患者应慎用此药。

(6) 乳块消片：主要由橘叶、丹参、皂角刺、王不留行、川楝子、地龙等药物组成，具有理气通络、活血化瘀的功效，适用于有乳房结块、胀痛不舒（生气时及经前加重）、舌暗红或有瘀斑、脉沉弦等症状的乳腺增生。具体用法为每次服4～6片，每日3次。

(7) 小金丸：主要由麝香、木鳖子（去壳去油）、草乌（制）、枫香脂、乳香（制）、没药（制）、五灵脂（醋炒）、当归（酒炒）、地龙、香墨等药物组成，具有散结消肿、化瘀止痛的功效，适用于有乳部肿块、一个或多个、皮色不变、经前疼痛的乳腺增生。具体用法为打碎后口服，1次1.2～3g，1日2次。孕妇禁用。

(8) 乳增宁片：主要由艾叶、淫羊藿、柴胡、川楝子、天冬、土贝母等药物组成，具有疏肝解郁、调理冲任的功效，适用于肝郁气滞、冲任失调引起的乳痛症及乳腺增生等。具体用法为口服，1次4粒，每日3次。

(9) 乳癖消：主要由鹿角、蒲公英、昆布、三七、赤芍、海藻、漏芦、木香、玄参、益母草、鸡血藤、三叉苦、连翘、功劳木、土茯苓等药物组成，具有活血化瘀、软坚散结的功效。适用于乳腺增生主要表现为乳房疼痛，常于月经前或生气郁闷时加重，月经来潮后明显减轻或消失；乳房肿块，可在月经前增大，月经来潮后缩小变软。具体用法为口服，1次5～6片，每日3次，1个月为1个疗程，一般需连续服用2～3个疗程。孕妇慎用。

3. 单方验方

(1) 单方

①木鳖子：木鳖子1个，去壳，切成碎末；较大鸡蛋，1枚，敲开气室一

端，将木鳖子末塞入蛋内，用面糊住封口，用炉火烤熟，去壳连药服用。每日1个，20天为1个疗程，轻者1个疗程可愈，一般2~3个疗程见效。

②老鹳草：用干或鲜老鹳草，每日30~60g，冲饮代茶或煎服，1日2~3次，30天为1个疗程，月经期照常服用。轻者1个疗程，重者2~3个疗程见效。

（2）验方

[验方一] 柴胡80g，全瓜蒌120g，王不留行60g，八月扎30g，海藻30g，八仙草30g，山甲珠20g，西红花10g。上药共为细末，梨花蜂蜜为丸，每丸重6g。饭前白开水冲服，每次1丸，每日3次。服药期间保持心情舒畅，忌烟酒及辛辣、生冷、刺激性食物，孕妇、妇女月经期间忌服。该方治疗乳腺增生症效果良好，对手术后复发者同样有效。

[验方二] 荔枝核20g，橘核20g，研为细末，放入容积为2.5L的暖瓶中，倒满开水，放置1小时后饮用，每日1壶，10天为1个疗程。轻者服用1个疗程，重症可连服几个疗程。该方具有行气、散结、止痛之功效，为治疗乳腺增生之良药。此外，该方对男性乳房发育症亦有很好疗效。

[验方三] 二黄散太乙膏贴敷配服山甲牛蒡丸。

蟾酥二黄散：藤黄10g，雄黄10g，蟾酥10g，通血香10g，研成极细末，阴干，掺于太乙膏上，贴于患处，10天一换。

山甲牛蒡丸：当归10g，白芍10g，牛蒡子15g，穿山甲（代）15g，山茄花15g，活备龙10g，丹参10g，大力草10g，全蝎12g，蜈蚣12g。上药共为细末，水泛为丸。1日2次，1次8g，连服1~2个月。

[验方四] 当归10g，白芍（醋炒）10g，陈皮10g，柴胡10g，香附10g，石决明10g，穿山甲（代）10g，僵蚕15g，夏枯草30g，红花6g，姜黄6g，瓜蒌仁30g，甘草6g。月经周期前7天开始服药，每日1剂，水煎，饭后服，连服10剂后停药。第2个月仍按上述方法服，3个月为1个疗程，对乳腺小叶增生效果良好。

[验方五] 阳雀花20g，枫香果12g，丝瓜络12g，青藤香籽12g，柴胡9g，当归12g，法半夏12g，白芍12g，水煎服。伴胸闷胁痛，加瓜蒌10g，香附10g，青皮10g，陈皮10g；气郁生痰，加茯苓10g，法半夏改为10g；气郁化火，加夏枯草10g，栀子10g，牡丹皮10g；肿块质硬，加土贝母10g，山慈菇10g，海藻10g；便溏，加白术10g，黄芪20g；阴虚盗汗，形体消瘦，加牡蛎15g，玄参10g；绝经期妇女属冲任不调，加仙茅10g，淫羊藿10g，鹿角霜10g，巴戟天10g，菟丝子10g。服药期间调畅情志，忌辛辣之品，连服1周为

1 个疗程。该方具有疏肝解郁、理气散结、调畅情志的功效。

4. 药物外治

（1）中药贴敷

①乳康贴外敷：乳康贴由丹参 15g，益母草、郁金、莪术、乳香、没药、延胡索各 10g，橘核、王不留行、丁香、川楝子、皂角刺各 12g，细辛、麝香各 5g，冰片 3g 组成。选用神阙穴加痛点外贴治疗，每 2 天更换 1 次，连续用药 4 周为 1 个疗程。

②香附饼外敷：香附子 120g，陈醋、酒各适量。香附子研末，加陈醋、酒酌量以半湿为度，捣烂后制成饼，蒸热，外敷患处。药饼干燥后，可加酒、醋复蒸，每帖药可用 5 日。

③化核膏外敷：穿山甲（代）、全蝎、山慈菇、五倍子、白芥子、香附、大黄、莪术、乳香、冰片各等份，共研细末，加入米醋、冰糖各适量，调成药膏，敷于患处。病程长、肿块硬，病程短、肿块软者分别于月经第 6、第 14 日开始敷药，每日换药 1 次。

④蒙药八味狼毒散外敷：瑞香狼毒、酸模、多叶棘豆、黄精、天冬、菖蒲各 15g，姜黄、生草乌各 100g，共研细末，备用。每用蛋清或陈醋将 20g 药末调成糊状，均匀涂于纱布上，厚 0.5cm，外敷患处。每日 1 次，9 次为 1 个疗程。

⑤蒲公英、木香、当归、白芷、薄荷、栀子、紫花地丁、瓜蒌、黄芪、郁金各 18g，麝香 4g。上药研细末，每次取 0.4g，填入脐窝，随即用干棉球轻压，并按摩片刻，然后用 4cm × 4cm 胶布贴牢。3 日换药 1 次，8 次为 1 个疗程。一般治疗 3 个疗程即显效。

⑥王不留行、白花蛇舌草各 20g，赤芍、土贝母各 21g，穿山甲（代）、昆布各 30g，木鳖子、莪术各 18g，丝瓜络 15g。将上药入适量麻油内煎熬至枯，去渣滤净，入黄丹适量，充分搅匀，熬至滴水成珠，再加入乳香、没药、血竭细末各 10g，搅匀成膏，倒入冷水中浸泡半个月后取出，隔水烊化，摊于布上。用时将膏药烘热，贴于肿块或疼痛部位。7 日换药 1 次，3 次为 1 个疗程，疗程间隔 3 ~ 5 日。

（2）中药外洗

①苦参 60g，透骨草 30g，当归 15g，川芎 10g，乳香 15g，没药 15g，红花 10g，艾叶 30g，金银花 15g，荆芥 15g，防风 10g，白芷 15g，甘草 5g，葱根 7 棵，槐树枝 7 节。上药加水 1500mL，制成外洗方。每晚外洗患乳 1 次，时间约为 30 分钟。

②乳香20g，没药20g，路路通30g，瓜蒌皮30g，海藻30g，昆布30g，生牡蛎40g，捣碎加酒精浸泡15天。用时以棉签蘸药液搽于患处，再用近红外热磁振治疗仪治疗20～30分钟，治疗头磁场转数调至1500～3000转/分，治疗头热度为40～50℃，磁场强度为800～1000Gs。每日1～2次，15日为1个疗程。

（3）药物乳罩

①川乌、商陆、大黄、王不留行、樟脑等，加工成细末，按一定比例混合，分装于半圆形纱布药袋内，每袋重2.5g。选择与患者胸围合适的特殊乳罩，将药袋插入与病变部位相应的夹层内，务使佩戴乳罩时药袋能紧贴乳房患处。每次月经前15天开始用药，7～10天换药袋1次，经期停用，1～3个月经周期为1个疗程。

②公丁香15g，郁金15g，地龙15g，丝瓜络15g，赤芍20g。上药共研细末，装6cm×5cm棉白布袋2袋，外侧加一层软塑料膜。将药袋置于乳罩夹层内，无塑料膜一面紧贴乳房并完全覆盖患处，每周换药袋1次，4周为1个疗程。

③柴胡、青皮、陈皮各3g，川芎、赤芍、生白芥子、广郁金、制香附各5g，砂仁、冰片各3g。上药共研细末，用10cm×10cm布袋，装入上药，铺平后固定在患侧乳罩内。1周换药1次，15天为1个疗程。或用聚乙烯醇20g，加蒸馏水200mL，加热至糊状，加入甘油40g与10g吐温80搅匀，再加入以上药末（过7号筛），搅拌均匀后涂板。板面平铺一层纱布，55℃干燥，脱膜，剪取直径为15cm圆形药膜，制成双侧或单侧有药膜的乳罩佩戴。

④生川乌、白芷、白芥子、乳香、没药、穿山甲（代）、当归、土鳖虫各60g，香附45g，冰片5g，共研成极细末，装瓶备用。用白棉布做成5cm×5cm药袋，将上述药粉30g左右均匀地撒于厚度适宜的海绵上，放入药袋中。根据病变部位及肿块多少，将药袋固定于相应部位的乳罩上，戴上乳罩即可，直至病灶消失为止。

（4）中药热敷

①柴胡、白术、橘核、浙贝母各10g，白芍、全瓜蒌、夏枯草各15g。先将上药煎汁内服，再将药渣装入布袋放醋中煮沸，趁热熨敷患处。药袋冷即更换，每日1次，每次30分钟，10次为1个疗程。一般用药2个疗程可有明显效果。

②瓜蒌、连翘、川芎、红花、泽兰、桑寄生、大黄、芒硝、丝瓜络、鸡血藤各30g，分装2袋交替使用。用时将药袋蒸热，洒酒精或烧酒少许，外敷

乳房部，每日1~2次，每次30分钟到1小时。药袋可反复使用10次左右。

(5) 中药离子导入：中药离子导入法局部治疗有温经通络、祛瘀散结之功，并通过热效应直接感应于患部，促进药物吸收，改善乳房血运，消肿散结，可明显减轻局部症状，并反射性调节内分泌功能。临床上常与内治法同用，可提高疗效，缩短疗程。用柴胡、当归、红花各20g，黄药子5g，昆布15g，丹参30g，煎熬成汤剂。药垫浸泡后，置于乳腺增生部位，再取中药离子导入，每次20分钟，每周3次，12次为1个疗程。

5. 推拿疗法

(1) 循经推拿疗法：①背部治疗（督脉、膀胱经、腰部）：嘱患者取俯卧位，医者坐（或立）旁边，双手从尾骨长强穴处沿督脉从下向上运用捏脊手法推运至大椎穴，反复推运3~4遍，然后从臀部秩边穴处沿膀胱经从下至上运用捏脊手法推运至肩部，反复2~3遍，最后在腰部用力抓拿8~9下（补肾）。②腹部治疗（任脉、肝经、胃经）：嘱患者仰卧，医者坐（或立）旁边，任脉采用抓拿法。医者双手相并抓拿起任脉线上肌肉，用力抓拿5~6下，胸部任脉线行推运法至天突穴。肝经、胃经的治疗：医者双手均从小腹分别沿肝、胃经线从下至上沿直线（或胸腹循行线）用捏脊手法推运到胸大肌和锁骨下，反复2~3遍。③乳房治疗：采用捏法、拿法、揉法在患乳周围由轻至重均匀施术（勿用猛力），使力量从外围向中央渗透，对增生的结节重点施术3~5秒，目的在于松解粘连、软坚散结。治疗过程中，手法的力量由轻至重，以患者能忍受为度。30次为1个疗程，每日或隔日1次，每次治疗5~15分钟，以患者治疗后感浑身及乳房发热、宣透为佳。

(2) 穴位推拿疗法：①取中府、曲池、阴陵泉、蠡沟、足三里、天宗、肩井、心俞等穴位，用揉、按、推、提、抖等手法治疗，10次为1个疗程，治疗1~3个月。②取背俞穴、内关、公孙、三阴交、阴陵泉、蠡沟、足三里、膻中、屋翳、乳根、章门、极泉、手三里、太溪、阿是穴，采用揉法、点法、按法、摩法、擦法、提拿法、提颤法、捻揉法、按揉法、振腹法，10次为1个疗程，治疗1~3个疗程。

(3) 足底按摩疗法：①踩脚：把鹅卵石放入大小20~50cm的布袋里。置于地，患者立其上，踩30分钟左右。②泡足：将双足置于泡足器内，温水泡足30分钟。③足部按摩：取基本反射区之肾脏、输尿管，主要反射区之胸，关联反射区之脑垂体、肾上腺、甲状腺、生殖腺、脾脏及淋巴结等。按摩基本反射区的肾脏、输尿管、膀胱，反复3次，根据“全足按摩，重点刺激”的原则由上到下、由脚底到脚背、由内到外进行全足按摩，然后再重点刺激主要反射区及关联反射区。

6. 针灸疗法

（1）体针疗法：①针刺乳根（向上平刺 2 寸，乳房有酸胀感）、少泽（浅刺 0.1 寸，或三棱针点刺出血，或艾灸 10 分钟）、天宗（向外上方斜刺 1.5 寸）。肝气郁结配膻中（向下平刺 1 寸）、肝俞、太冲、膈俞（均双侧）；肝火上炎配行间、阳陵泉；肝肾阴虚配肝俞、肾俞、太溪（均双侧）；气血亏虚配脾俞、肾俞、足三里（均双侧）；月经不调配三阴交、合谷；气滞痰凝配丰隆、足三里（均双侧）。以上各穴位均采用平补平泻法。每日 1 次，10 天为 1 个疗程。月经期停用。②针刺内关（双侧）、太冲（双侧），均用强刺激泻法，或平补平泻。每日 1 次，10 天为 1 个疗程。月经期停用。

（2）耳穴疗法：取神门、内分泌、卵巢、乳腺等穴，用王不留行籽贴压。每日自行按压 3～5 次，每次每穴按压 30～60 秒，3～7 天更换 1 次，双耳交替。刺激强度依患者情况而定，一般儿童、孕妇、年老体弱者、神经衰弱者用轻刺激法，急性疼痛性病症宜用强刺激法。亦可刺双侧耳穴，每日 1 次，留针2～3小时，10 次为 1 个疗程，可达到疏肝活血、调摄冲任的目的。

（3）艾灸疗法：以肿块四周及中央为 5 个主要灸点，配穴选阳陵泉、足三里、肝俞、太冲。将艾条点燃，距离皮肤 5cm 左右进行悬灸，每穴灸 15 分钟左右。每日 1 次，10 日为 1 个疗程，共治疗 2 个疗程，每个疗程间休息 3～5 日。

（4）电针疗法：取阿是穴（即乳房肿块、硬结处），嘱患者仰卧，暴露患乳，局部常规消毒，用 28 号 1.5～2 寸毫针对准肿块斜刺，不提插捻转，每间隔 2～3cm 斜刺 1 针，呈圆弧形状排列。视肿块大小，一般用 4～8 根针，针尖指向乳中央，进针 0.8～1.2 寸，然后接电针仪，选用按摩波，强度以患者能忍受为度。每天 1 次，每次 45 分钟，10 天为 1 个疗程。此外，在电针的同时，可局部配合特定电磁波谱治疗仪，距离皮肤 30～40cm 局部照射。

（5）穴位注射疗法：①主穴取肾俞、乳根、足三里、膻中。肾阳虚者加腰阳关；痰凝者加丰隆；性情急躁、失眠、月经不调者加三阴交；胸闷不适、胸胁胀痛者加期门或太冲。注射药物为川芎注射液或当归注射液，每个穴位每次注射 0.2mL，每次选主穴 1～2 个，配穴 1～2 个，左右交替选穴，每周注射 2 次，10 次为 1 个疗程。②取胃经、肝经、肾经、脾经、心经、心包经的双侧合穴：足三里、曲泉、阴谷、阴陵泉、少海、曲泽。每个穴位注射 1∶1 丹参与维生素 B_{12}注射液 0.5mL，隔日 1 次，5 次为 1 个疗程。③主穴取屋翳、膺窗、膻中、乳根，配穴取足三里、合谷。月经不调加三阴交，胸闷、胸胁胀痛加太冲。每穴注射5%当归注射液0.5mL，每日或隔日1次，10次为1个疗程，能起到调和气血、化瘀消肿、散结止痛作用。

（6）穴位埋线疗法。药线制备：全蝎6g，蜈蚣3条，水蛭3g，壁虎2只，生草乌6g，穿山甲（代）9g，川芎9g，三棱6g，莪术6g，夏枯草15g，通草12g。用适量75%酒精将药物浸泡30天左右，过滤，将0或1号医用羊肠线浸入药液内备用。主穴选膻中、足三里、丰隆、乳根（患侧），肝郁痰凝加太冲、期门，冲任失调加关元、三阴交。穴位局部常规消毒，铺无菌洞巾，利多卡因局麻。

根据穴位选用适当长度（1～3cm）上述浸泡过的医用羊肠线，穿入12号腰穿针针管内，将针缓慢刺入穴内，达到所需深度，待有针感时，边退针边将肠线推入穴内。出针后用无菌纱布敷盖，胶布固定，1周内保持局部清洁，防止感染。每次选3～5穴，30天治疗1次，6次为1个疗程。

（二）食疗药膳

1. 艾叶煮鸡蛋 艾叶150g，鸡蛋2个，共煮，弃汤食蛋。功效为疏肝理气，化痰软坚。适用于肝郁痰凝型乳腺增生。

2. 青皮二花茶 菊花、玫瑰花各10g，青皮6g。上药开水冲泡，代茶饮。功效为清热散结。适用于乳腺增生。

3. 王不留行瘦肉汤 猪瘦肉250g，王不留行12g，黄芪30g。上料洗净，一同放入锅中，加水适量，大火煮沸后，改小火煲1～2小时，调味食用。佐餐食用。功效为补气健脾，通乳。适用于乳腺增生属体虚者。

4. 虫草与川贝炖瘦肉汤 冬虫夏草3g，川贝母粉5g，猪瘦肉100g。将冬虫夏草洗净，与川贝母粉、猪瘦肉一同放入砂锅，加水、黄酒、葱、姜适量，共煨1小时，加精盐适量调味即成，佐餐食用。功效为调理冲任，补肾散结。适用于乳腺小叶增生，证属冲任失调。

5. 肉片汤 猪肉50g，刀豆50g，木瓜100g。先将猪肉洗净，切成薄片，放入碗中，加精盐、湿淀粉适量，抓揉均匀，备用。将刀豆、木瓜洗净，木瓜切成片，与刀豆同放入砂锅，加适量水，煎煮30分钟，用洁净纱布过滤，取汁后同入砂锅，视滤液量可加适量清水，大火煮沸，加入肉片，拌匀，烹入黄酒适量，再煮至沸，加葱花、姜末适量，并加少许精盐，拌匀即成。可当汤佐餐，随意食用，当日吃完。功效为疏肝理气，解郁散结。适用于乳腺小叶增生，证属肝郁气滞。

6. 青皮和山楂粥 青皮10g，生山楂30g，粳米100g。将青皮、生山楂分别洗净，切碎后一起放入砂锅，加适量水，浓煎40分钟，用洁净纱布过滤，取汁待用。将粳米淘洗干净，放入砂锅，加适量水，用小火煨煮成稠粥，粥将成时，加入青皮、山楂浓煎汁拌匀，继续煨煮至沸，即成。可当汤佐餐，早、晚分食。功效为疏肝理气，解郁散结。适用于乳腺小叶增生，证属肝郁气滞。

7. 萝卜拌海蜇皮 白萝卜200g，海蜇皮100g，葱花3g，白糖5g。将白萝卜洗净，切成细丝，用精盐拌透。将海蜇皮切成丝，先用凉水冲洗，再用冷水漂清，挤干，与萝卜丝一起放碗内拌匀。炒锅放火上，下植物油50mL烧热，放入葱花炸香，趁热倒入碗内，加白糖、麻油拌匀即成。佐餐食用。功效为疏肝理气，解郁散结。适用于乳腺小叶增生，证属肝郁气滞。

8. 橘饼饮 金橘饼50g，洗净，沥水后切碎，放入砂锅，加适量水，用中火煎煮15分钟即成。早、晚分服，饮用煎汁的同时，嚼食金橘饼。功效为疏肝理气，解郁散结。适用于乳腺小叶增生，证属肝郁气滞。

（三）预防与护理

1. 舒畅心情，稳定情绪 心理因素、社会因素对乳腺增生病的发生、发展和预后起着十分重要的作用，不良情绪已经成为本病的易患因素。因此，应保持豁达开朗的良好心态，抵御紧张忧虑消极的不良情绪。心理承受能力差的人更应注意，少生气，保持情绪稳定。此外，医生在接诊时要耐心宽慰患者，解除或缓解不良情绪的刺激，有利于早日康复。

2. 调节饮食，控制脂肪 研究表明，乳腺小叶增生和乳腺癌与过多摄入脂肪有关。因为过食脂肪可改变内分泌，强化雌激素对乳腺上皮细胞的刺激，所以要控制脂肪的摄入。此外，体内脂肪的堆积可刺激内分泌系统，使雌激素和催乳素含量升高，加重乳腺增生病情，诱发乳腺癌。

3. 调摄生活，适龄婚育 注意劳逸结合，工作有序，及时缓解工作紧张、透支、压力状态。适龄结婚，创造和谐的家庭气氛，提倡和谐性生活，避免滥用避孕药及含雌激素的美容用品、食品。此外，保持大便通畅也会减轻乳腺胀痛，可以对乳腺增生起到一定的预防作用。

4. 未病先防，自我检查和定期检查 对于高危人群需加强自我检查和定期检查，及时治疗月经失调、子宫肌瘤、卵巢囊肿等妇科疾患和其他内分泌疾病。乳腺增生的预防还要注意避免人流，产妇多喂奶能防患于未然。

许文学，杨建宇，李杨，等．中医治疗癌前病变专题讲座（一）——乳腺增生病［J］．中国中医药现代远程教育，2012，10（3）：5－9.

二、慢性病毒性肝炎

病毒性肝炎是由多种肝炎病毒引起的，以肝脏细胞炎症和坏死病变为主的一组传染病，主要通过粪-口、血液或体液传播。临床上以疲乏、食欲减退、肝肿大、肝功能异常为主要表现，部分病例出现黄疸，无症状感染常见。按病原分类，目前已发现的病毒性肝炎至少可分为甲、乙、丙、丁、戊、庚、TTV 7 型肝炎，其中甲型和戊型主要表现为急性肝炎，乙、丙、丁型主要表现为慢性肝炎，并可发展为肝炎肝硬化和肝细胞癌，GB 病毒 C、庚型肝炎病毒和 TTV 病毒的致病性问题目前尚有争议。

慢性病毒性肝炎多系乙型或非甲非乙型急性肝炎迁延不愈，移行而成。一般病程在 6 个月以上，主要包括慢性迁延性肝炎和慢性活动性肝炎两类。其原因尚未完全搞清，可能和患者年龄、营养及免疫状态、治疗延误、过早活动、继发感染等因素有关。日前，西医学对本病仍以对症治疗为主。

本病属中医学“胁痛”“瘀证”等范畴。关于对本病病机证候的认识，早在《内经》中即有记载。如“胁痛”一证，《素问·刺热》指出：“肝热病者，小便先黄……胁满痛。”清代尤在泾在《金匮翼》一书中说：“肝郁胁痛者，悲哀恼怒，郁伤肝气。”已认识到胁痛与肝脏有一定关系，并认为外邪侵袭为胁痛发病的一个原因。

（一）中医治疗

1. 分证论治

（1）湿热中阻

［临床表现］身目俱黄，其色鲜明如橘子色，口干口苦，恶心厌油腻，纳差，上腹胀满，大便秘结，小便黄赤。舌质红，苔黄腻，脉弦滑而数。

［治法］清热利湿。

［处方］茵陈蒿汤加味。茵陈 40g，栀子 12g，大黄 9g（后下），制鳖甲 9g，生石膏 50g。

［加减］小便黄者，加车前子、滑石、大黄、泽泻等；发热，口干、口臭、舌苔黄厚者，加黄连、金银花、虎杖、白花蛇舌草；皮肤瘙痒或有皮疹渗液、口中黏腻、腹满、便溏者，加炒薏苡仁、土茯苓、炒白术等；齿龈红肿渗血或鼻衄者，加牡丹皮、青黛、小蓟。

（2）肝郁脾虚

［临床表现］胁肋隐痛，脘腹胀满，头晕目眩，精神抑郁，纳食减少，体

倦乏力，面色苍白，大便溏薄。舌淡苔白或薄白腻，脉沉弦无力。

［治法］疏肝解郁，健脾和中。

［处方］逍遥散加味。白术、茯苓、柴胡、郁金、当归、白芍、蚤休各10g，茵陈20g，焦三仙各10g。

［加减］胁痛明显、妇女月经愆期，加香附、川芎、延胡索；肢倦嗜卧，女子经少、经闭，舌红体瘦少津或有裂痕，加炒党参、山药、黄芪、莲子肉。

（3）肝肾阴虚

［临床表现］头昏目眩，两目干涩，咽干口燥，失眠多梦，右胁隐痛，腰膝酸软，手足心热，或伴低热。舌质红，少苔或无苔，脉弦细数。

［治法］滋补肾阴，养血柔肝。

［方药］一贯煎加减。一贯煎去川楝子，加枳实10g，生地黄20g，沙参15g，当归15g，枸杞子15g，麦冬15g，制鳖甲9g。

［加减］眩晕、耳鸣较甚者，加天麻、钩藤、磁石；腰膝酸软较甚者，加桑寄生、牛膝、杜仲、续断；气阴两虚，兼见面黄无华、全身乏力、气促、心悸者，加黄芪、党参、山药、白术等。

（4）脾肾阳虚

［临床表现］面色不华或晦暗，畏寒肢冷，食少腹胀，便溏或完谷不化，或五更泄，少腹腰膝冷痛，肢胀浮肿，小便清长或尿频。舌胖淡、有齿痕，苔白，脉沉细。

［治法］温阳补肾，健脾化湿。

［处方］附子理中丸合肾气丸。党参13g，白术15g，干姜6g，制附片9g，桂枝6g，熟地黄12g，山药20g，茯苓15g，山萸肉10g，炙甘草6g，制鳖甲9g。

［加减］兼有畏寒、四肢不温，或男子阳痿、女子经少或闭者，加巴戟天、仙茅、淫羊藿、补骨脂。

（5）瘀血阻络

［临床表现］面色晦暗，肝掌、蜘蛛痣，肌肤干燥，肝脾肿大，两胁刺痛，固定不移，按之疼痛加剧，且有癥块；女子经行腹痛，经水色暗有块。舌质紫暗，或有瘀斑，脉沉细涩。

［治法］活血化瘀，软坚消痞。

［处方］膈下逐瘀汤。桃仁12g，红花9g，五灵脂12g，延胡索15g，乌药10g，川芎12g，香附12g，当归15g，赤芍12g，牡丹皮10g，枳壳12g，甘草6g，制鳖甲9g，大黄䗪虫丸3丸。

［加减］兼有气滞者，加陈皮、木香、厚朴等；舌质光红无苔者，加生地黄、北沙参、麦冬、五味子；女子痛经、经水色暗有块者，可加鸡血藤、失笑散、小茴香；有齿衄、鼻衄等者，加青黛、仙鹤草、旱莲草、茜草。

2. 中成药

肝炎灵（山豆根注射液）：系中药山豆根总生物碱，每支2mL含生物碱50mg。每次肌内注射1支，每日2次，2个月为1个疗程。

苦味叶下珠（珍珠草、夜合草）糖浆：制成25%糖浆剂，每20mL含生药5g，每次服20mL，日服3次，30天为1个疗程。

猪苓多糖注射液：每次20mg肌内注射，每日2次，连用20天，休息10天，3个月为1个疗程。

甘草甜素：每次150mg，每天3次，连续用药1年。

强力宁注射液（含甘草甜素0.2%，半胱氨酸0.1%和甘氨酸2.0%）：10～100mL，加入5%或10%葡萄糖中静脉滴住，疗程为1～3个月。

甘利欣注射液：为强力宁的代用品，每日30mL（150mg）溶于10%葡萄糖250mL内静脉滴注；也可采用甘利欣胶囊口服，每次150mg，每日3次。

养肝戒毒丸：每服1丸，日服2～3次。

解毒养肝冲剂：为北京中医医院陈增潭主任方，该方为国家“七五”攻关课题成果，获国家中医药管理局科技成果三等奖。每服2袋，日服3次，3个月为1个疗程。

金刚冲剂（肝灵冲剂）：每次20g，日服3次，2～3个月为1个疗程。

慢性养阴胶囊：用于肝肾阴虚证者，每次4粒，日服3次。7岁以上小儿每次2粒，3～7岁小儿每次1粒。

慢肝解郁胶囊：用于肝脾不调，肝郁气滞者，服法同上。

肝健胶囊：清热解毒，疏肝利胆。用于病毒性肝炎肝胆湿热证。口服，1次2～3粒，1日3次。

利肝隆颗粒：疏肝解郁，清热解毒。用于急、慢性肝炎，对血清谷丙转氨酶等有显著降低作用，对乙型肝炎表面抗原转阴有较好效果。

维肝福泰片：滋补肝肾，益气养阴。用于慢性乙型肝炎、肝硬化，以及各种化学毒物引起的肝损伤。

参虎解毒丸：补气健脾，养肝益肾，通络解毒，具有增强免疫功能、改善肝功及微循环、降酶、降浊度、利胆退黄、抗炎、抗纤维化、软缩肝脾、促进肝细胞再生、升高血浆白蛋白等作用。用于慢性肝炎，病毒性肝炎，脾肾两虚、湿热兼瘀型乙型肝炎，症见胁痛、乏力、腹胀、纳差、免疫力低下者及肝功能检查异常者。口服，一次15～20丸，一日3次。

3. 单方验方

（1）柴胡解毒汤（刘渡舟）：柴胡10g，黄芩10g，茵陈12g，土茯苓12g，凤尾草12g，草河车6g。水煎服，日1剂。本方具有疏肝清热、解毒利湿功效。主治急性肝炎或慢性肝炎活动期，表现为谷丙转氨酶显著升高，症见口苦、心烦、胁痛、厌油食少、身倦乏力、小便短赤、大便不爽、苔白腻、脉弦者。

（2）柴胡三石解毒汤（刘渡舟）：柴胡10g，黄芩10g，茵陈12g，土茯苓12g，凤尾草12g，草河车6g，滑石12g，寒水石6g，生石膏6g，竹叶10g，金银花6g。水煎服，日1剂。本方具有清热利湿解毒功效。主治急、慢性肝炎证属湿毒凝结者，临床表现为口苦、口黏、胁胀痛、小便短赤、面色黧黑兼有油垢、体重不减反增、肩背时发酸胀、舌苔白腻或黄腻而厚、脉弦缓。

（3）柴胡鳖甲汤（刘渡舟）：柴胡6g，鳖甲15g，牡蛎15g，沙参10g，麦冬10g，生地黄10g，牡丹皮10g，白芍12g，红花9g，茜草9g，土鳖虫6g。水煎服，日1剂。本方具有滋阴软坚、活血化瘀功效。主治慢性肝炎晚期，出现白球蛋白比例倒置；乙型肝炎表面抗原阳性；亚急性肝坏死，症见肝脾肿大疼痛、夜间加重，腹胀，口咽发干，面黑，或五心烦热，或低烧不退，舌红少苔、边有瘀斑，脉弦而细者。具体煎药方法可采用头煎5分钟、二煎15分钟、三煎50分钟。这样可避免因久煎破坏柴胡的疏肝调气作用，又可避免因煎药时间短暂而熬不出补益中药的有效成分。

（4）黄芩甙：片剂，每片含黄芩甙0.25g；针剂，每支含黄芩甙60mg，每支2mL。片剂每次2片，每日3次；针剂每次2～4mL，肌注，每日1～2次，或用8～20mL加入10%葡萄糖液500mL内静脉滴入，1个月为1个疗程。

4. 药物外治

（1）肝病治疗仪配合中药外敷：药物由青黛、猪苓、川芎各100g，血竭20g，人工牛黄10g组成，共碾成粉末（过120目筛）备用。用白醋、蜂蜜各等份将上药拌匀，涂于直径5cm的医用无菌纱布上，外敷肝区，1次/天；肝病治疗仪照射肝区1次/天。治疗时，先以肝病治疗仪在肝区照射30分钟，再以中药外敷，以15天为1个疗程。治疗前后常规检查肝功能、HBV－DNA，一般经过15天治疗患者肝功能可基本降为正常。

（2）针灸疗法

①穴位注射疗法

取穴：常用穴取足三里、脾俞、肝俞、三阴交、至阴。备用穴取期门、中都、胃俞、地机。

方法：丹参注射液、肌苷酸钠、维生素 B_1 加维生素 B_{12}、维生素 K_1，任取一种。以常用穴为主，疗效不显时酌配或改用备用穴。每次取 2 对穴。每穴注射量：丹参注射液为 1mL，肌苷酸钠为 50～100mg，维生素 K_1 为 5mg，维生素 B_1 2mL（含量 100mg）和维生素 B_{12} 1mL（含量 100mg）混合后，分注于 4 穴。注射时，用 5 号齿科长针头，穴位常规消毒后，迅速刺入，慢慢送针，患者有较明显的酸胀得气感时，用中等速度推入药液。第 1 个疗程，每日 1 次。第 2 个疗程，如症状改善，可改为隔日 1 次，待各项肝功能正常、症状消失后，宜剂量减半，再巩固 1～2 个疗程。15 次为 1 个疗程。

②艾灸疗法

取穴：肝俞、脾俞、大椎、至阳、足三里为一组；期门、章门、中脘、膻中、石子头为一组。石子头位置：太渊穴上 3 寸，为古人治疸消黄之验穴。

方法：采用麦粒灸或药饼灸，可任选一种，亦可交替使用。每次选一组穴，两组交替。麦粒灸：取纯艾制成麦粒大小艾炷，先于施灸部位涂少许凡士林或大蒜汁，趁其未干时，将艾炷置于其上，点燃。当艾炷燃至一半，患者感到皮肤发烫或有灼痛时，即用镊子将剩下之艾炷夹去，换新艾炷施灸，以局部皮肤红晕为度。一般每次灸 5～7 壮。隔饼灸：为隔附子饼灸，可将附子切成薄片，亦可将附子研末，以黄酒调和作饼，厚 0.3～0.6cm。施灸时，用重 2g 之艾炷，下衬附子饼和脱脂棉，灸至患者感灼热不可忍时，可略移动附子饼，或另易新炷。每次每穴灸 3～5 壮，以皮肤出现红晕为度。隔日 1 次，3 个月为 1 个疗程。一般治疗 1 个疗程，如未见效，可隔周后续灸。

③体针疗法

主穴：第 1 组为至阳、肝俞、阳陵泉；第 2 组为大椎、气海。配穴：足三里、丘墟。

方法：慢性肝炎取第 1 组，无症状乙型肝炎病毒表面抗原携带者取第 2 组穴，酌取备用穴。第 1 组穴操作：至阳穴向上斜刺 1 寸，肝俞向脊椎侧斜刺，阳陵泉和足三里均直刺 1.5 寸，以得气为度，留针 10 分钟。第 2 组穴操作：大椎穴针刺得气后，小幅度持续捻转 1～2 分钟，以向下传导为佳，不留针。气海穴直刺至局部酸胀，留针 30 分钟，如配足三里，留针 30 分钟，每 10 分钟捻转 1 次。针后以艾条温和灸 5～10 分钟。丘墟穴直刺得气后施平补平泻法。两组穴均为每周针 3 次，3 周为 1 个疗程，疗程间停针 3～5 天。

（二）食疗药膳

慢性病毒性肝炎在临床上症状较轻，或者无症状，多由急性肝炎治疗未愈或在验血后才被发现的无黄疸型病毒性肝炎转变而来。本病除了药物治疗，饮食调养也十分重要。慢性病毒性肝炎以护肝为主，对伤肝动火的食物应避免食用，慎用补品，忌壅滞燥热之品，禁酒，忌暴食，忌滥用药物。如慢性病毒性肝炎迁延期应多食高蛋白和有利湿作用的食物、维生素含量多的新鲜蔬菜和水果，如蜂蜜、鸡蛋、牛奶、精肉、鱼类、动物肝脏、豆制品、菠菜、西红柿、萝卜、红枣、薏苡仁、柑橘、苹果，以及适当的葡萄糖、蔗糖等。限制油脂类食物、腌制肉食，如肥肉、鱼子、咸鱼、咸肉、腌菜等。

慢性病毒性肝炎的饮食原则：高蛋白、低脂肪、糖充足，维生素丰富。最大限度减轻肝脏负担，以达到保护肝脏的目的。食疗养肝应按中医辨证进补，有的放矢，各取所宜。

1. 肝胆湿热 ①茵陈粥：茵陈30g，粳米100g，白糖25g。茵陈水煎取汁，加粳米煮粥，将成时加白糖，再煮一沸即可。每日分2～3次服，方出《粥谱》。②五味虎杖蜜：五味子250g，虎杖500g，蜂蜜1000g。前两味水煎取汁，调入蜂蜜，慢火煎5～10分钟，冷却装瓶。每日3次，每次1匙，饭后开水冲服，2个月为1个疗程。③萝卜炒肝片：猪肝、萝卜各250g，洗净切片，肝片加盐、黄酒、水淀粉拌匀，先炒萝卜片至八分熟时盛起，另起油锅炒肝片，3分钟后倒入萝卜片同炒，出锅前加葱、味精适量，佐餐食之。

2. 肝郁气滞 ①鲜芹菜100～150g，萝卜100g，鲜车前草30g，蜂蜜适量。将芹菜、萝卜、车前草洗净，捣烂取汁，加蜂蜜炖沸后温服。每日1次，疗程不限。②五味子9g，红枣10枚，金橘30g，冰糖适量。加水同炖，去渣饮水。每日1次，分2次服，连服10～15天。

3. 肝郁脾虚 ①大枣8枚，瘦猪肉100g。加水煎煮后，饮汤食肉。每日1次，连服10～15天。②赤小豆200g，花生仁50g，大蒜100g。混合加水，煮至烂熟。空腹温服，分2天服完，连服20～30天。③将1只去骨鸭煮熟，盛起，在鸭汤原汁内加入适量料酒、酱油、盐、葱段、姜片、胡椒粉，搅拌均匀后再把鸭子放回汤内，加入陈皮丝10g，怀山药10g，再煮15分钟即可。根据患者不同食量，分2～4餐，连鸭带汤一起食用。④加味蒲公英粥：蒲公英50g，香附5g，粳米100g。蒲公英水煎取汁，入粳米煮粥，沸后加入香附末，粥成即可，每日1剂。方出《粥谱》。

4. 气滞血瘀 ①山楂15g，蜂蜜适量。将山楂煎水，用蜂蜜冲服。每天1剂，连服7～10天。②丹参15g，青蛙250g。将青蛙去皮洗净，加水与丹参同炖，熟后调味，饮汤，食青蛙。每日1次，连服10～15天。③加味车前叶粥：鲜车前叶 50g，红花 5g，葱白 2 茎，粳米 100g。车前叶、葱白洗净、切碎，同红花煮汁后去渣，与粳米煮粥，1 日分 2 次服。方出《圣济总录》。

5. 肝肾阴虚 首乌枸杞肝片：制何首乌 20g，枸杞子 20g，猪肝 100g。先将制何首乌、枸杞子洗净，放入砂锅，加水浸泡片刻，浓煎 2 次，每次 40 分钟，合并 2 次煎液，回入砂锅，小火浓缩成 50mL，配以水发木耳、嫩青菜、葱花、蒜片，加适量料酒、酱油、姜末、精盐、味精、香醋、水淀粉，放入猪肝（切片）熘炒。佐餐当菜，随意服食，当日吃完，适用于肝阴不足型病毒性肝炎。

（三）预防与护理

1. 预防 病毒性肝炎是一种传染性强、传播途径复杂的传染病，即便是慢性肝炎也有传染性，应同样注意隔离。对于甲型肝炎患者的密切接触者要注意观察，一般观察 45 天没有发病才可视为健康人。其预防应采取综合措施，具体包括以下几个方面。

（1）管理传染源：对急性甲型肝炎患者应采取早期隔离措施，即令患者暂时不与外界接触，单独在家休息治疗。患者应自觉进行隔离，不要把肝炎病毒传染给别人。防止肝炎的传播、蔓延，必须做到以下几点：①患者与健康人不在一个床上睡眠，患者的被、褥、衣物要与健康人分开并进行消毒。患者的食具、漱口用具、水碗、脸盆、毛巾、便盆等也与健康人分开使用。②患者要单独吃饭，剩余的食物不要给他人吃，也不要给其他人拿直接入口的食物和东西如香烟等。③患者的书报、刊物、物品、玩具等不要借给他人传阅、玩耍，必须经过消毒处理后才能转借别人。④患者在患病期间不要串门，不要到公共场所，更不要到饮食部门用餐。

另外，加强对从事饮食业、托幼工作人员和献血人员的检查也是控制传染源的重要环节。

（2）切断传播途径：①提倡用流动水洗手；注射时要一人一针一管，用后高压或煮沸消毒；不使用他人生活用具，搞好个人卫生。②非必要时不输血及血制品；输血员要进行筛选。③消毒也是切断传播途径，控制、消灭传染源的另一方法。肝炎患者确诊后，病家应及时做一次较彻底的消毒，食具、漱口用具、毛巾等要煮沸 30 分钟，家具、物体表面、地面要用 3% 漂白粉液（漂白粉 500g，先加水调成糊状，然后加水到 5000g，盖好放置 24 小时后取上清液，加水 7 倍即可）擦拭。患者的粪便要用漂白粉（粪便 4 份，漂白粉 1

份）或生石灰（粪便1份，生石灰1份）进行搅拌后放2小时倒掉。患者使用的便器要专用，使用后用3%漂白粉水浸泡2小时后再洗刷。患者和家属应做到饭前、便后用2%过氧乙酸溶液浸泡洗手2分钟。

（3）保护易感人群：①注射人体免疫球蛋白；适用于接触甲型肝炎的儿童，注射越早越好。②注射乙肝疫苗和乙肝免疫球蛋白：用于阻断母婴传播。以上两种方法最好在医生指导下应用。

（4）食药预防：可选用以下任何一方水煎服，连服7～10天。①茵陈30g，生甘草10g。②决明子15g，贯众15g，生甘草10g。③茵陈30g，凤尾草30g。④茵陈30g，大枣10枚。

2. 护理 护理方面要注意以下几项：①充足的休息、营养、预防并发症是治疗各型病毒性肝炎的主要方法，向患者介绍需要接受隔离的原因及隔离的方法，以取得配合，防止疾病传播。建议患者以后避免献血，因为病毒性肝炎患者即使痊愈也可能携带病毒。告诉患者配合治疗的重要性及治疗康复所需的时间，并使其了解复发并不常见。②向患者说明营养与疾病的关系，鼓励其尽量多进食。了解患者既往的饮食习惯、喜欢或厌恶的食物、有无忌食，以便有针对性地向患者做饮食宣传教育。患者饮食应以高碳水化合物、高蛋白、高维生素、低脂肪、易消化为主，并注意饮食的色、香、味。指导患者少食多餐，以增加全天摄入量。恶心、呕吐严重者，遵医嘱在饭前使用止吐药。告诉患者不饮酒及含酒精饮料。③遵医嘱静脉补充能量、维生素。④病毒性肝炎患者应每周测体重1次。定期抽血监测血清白蛋白水平。急性期应卧床休息，待黄疸消退、肝功能恢复正常后可逐渐恢复活动。为患者提供良好的休息环境，卧床期间保证患者日常生活所需。⑤与患者共同制订活动计划，循序渐进地增加活动量，但要注意不要让患者过度劳累。遵医嘱给予甘利欣、肝得健、B族维生素、维生素C等护肝药物。

许文学，杨建宇，李杨，等．中医治疗癌前病变专题讲座（二）——肝癌癌前病变［J］．中国中医药现代远程教育，2012，10（4）：120－123.

三、肝硬化

肝硬化是一种常见的慢性肝病，由一种或多种病因长期或反复作用，引起肝细胞弥漫性变性、坏死、再生和再生结节及纤维组织增生、纤维隔形成等改变，终致正常肝小叶结构破坏、血管改建和假小叶形成，使肝脏逐渐变形、变硬而形成肝硬化。早期（代偿期）可无明显症状，或表现为肝区痛、纳差、腹胀、便溏、乏力等一般慢性肝病的症状；晚期（失代偿期）则以肝功能损害及门静脉高压（脾脏明显增大、脾功能亢进、腹水、食管下端及胃底静脉曲张等）为主要表现，并常出现严重并发症。

中医对肝硬化病因的记载散见于类似肝硬化腹水（鼓胀等）的论述中，大致有3个方面：①感染水毒。如《诸病源候论·水肿病诸候》谓："此由水毒气结聚于内，令腹渐大，动摇有声，常欲饮水，皮肤粗黑，如似肿状，名水蛊也。"该书《诸病源候论·蛊毒病诸候》谓其"发病之初，体乍冷乍热"，最后出现"腹胀满如蛤蟆"。《说文解字》谓："蛊，腹中虫也，从虫从皿。"表明当时已经认识到水中有虫为患，接触疫水，感受水毒之邪，是"蛊胀"之因，与血吸虫病肝纤维化导致腹水的认识相一致。②嗜酒过度，饮食不节。如《景岳全书·肿胀》谓："少年纵酒无节，多成水臌。"《张氏医通》谓："嗜酒之人，病腹胀如斗，此得之湿热伤脾……故成痞胀。"《兰室秘藏》谓："膏粱之人，食已便卧，使湿热之气不得施化，致令腹胀满。"这些论述与酒精中毒引起肝硬化的认识相符。③情志郁结，癥积，黄疸。如《杂病源流犀烛·肿胀源流》谓："鼓胀……或由怒气伤肝，渐蚀其脾，脾虚之极，故阴阳不复，清浊相混，隧道不通，郁而为热，热留为湿，湿热相生，故其腹胀大。"《医门法律·胀病论》谓："凡有癥瘕、积块、痞块，即是胀之根，日积月累，腹大如箕，腹大如瓮，是名单腹胀。"黄疸本为湿热内蕴肝脾所致，部分患者日久不愈而导致肝脾病证加剧，最终发展成鼓胀者，在所难免。此类病因同肝炎后肝硬化及胆汁性肝硬化多有相似之处。

肝硬化代偿期与肝脾两脏关系密切。肝主疏泄，在上述病因作用下，肝失疏泄，导致肝郁气滞，气滞则血瘀，日久引起癥积（脾大）；或湿热内蕴，损伤肝脾，或肝气横犯脾胃，均可引起肝脾或肝胃不和诸证。病初以实证为主，稍久则每多虚实相兼。失代偿期与肝、脾、肾三脏关系密切。肝脾病久，一则可损伤肝阴，引起肝阴虚或肝血不足，而肝肾同源，每每导致肝肾阴虚；二则脾虚日甚，脾失健运，致水湿内停。初则仅下肢水肿，久则脾病及肾，肾气或肾阳亦虚而无以化水，水湿内停更甚，最终形成水臌，属本虚标实。湿郁化热或原有湿热病邪，湿热交蒸，发为阳黄或使原有黄疸加重，日久可转为阴黄。脾气虚弱，统血无权，或瘀热或阴虚火旺，灼伤血络或血热妄行，均可导致各种出血。病久肝肾阴虚日甚，阴不制阳或血虚生风，肝风内动，则可见扑翼样震颤等症。脾肾阳虚日重，湿浊之邪阻遏三焦，上蒙清窍，或肝郁化火或阴虚生热或湿郁化热，火热煎熬津液成痰，痰热扰心或邪入心包，均可致谵语、神昏等症。

（一）中医治疗

1. 分证论治

（1）肝气郁结（含肝胃不和、肝脾不调）

［临床表现］胁肋胀痛或窜痛，急躁易怒，纳差或食后脘腹胀满，恶心嗳气，脉弦，舌质淡红，苔薄白或薄黄。

［治法］疏肝理气。

［处方］逍遥散加减。柴胡、白芍、当归、茯苓、白术各15g，甘草6g。

［加减］肝郁化热者，加丹皮、黄芩；胁痛明显者加，延胡索、香附、郁金；纳差明显者，加焦三仙、鸡内金；恶心、嗳气明显者，加陈皮、半夏、苏梗。

（2）脾虚湿盛

［临床表现］纳差或食后脘腹胀满，便溏或黏滞不畅，恶心或呕吐，口淡不欲饮，气短，乏力，面色萎黄，下肢水肿，脉沉细或细弱，舌质淡胖多齿痕，苔白腻。

［治法］健脾益气化湿。

［处方］参苓白术散加减。党参8g，炒白术、山药、莲子各10g，甘草5g，茯苓15g，炒薏苡仁20g，白扁豆15g，砂仁10g，桔梗8g。

［加减］气虚明显者，加黄芪、升麻、柴胡；下肢水肿明显者，加猪苓、泽泻、车前草。

（3）湿热内蕴

［临床表现］身目发黄，胁肋疼痛，脘闷纳呆，恶心呕吐，倦怠无力，小便黄赤，大便秘结或溏，脉弦滑或滑数，舌红，苔黄腻。

［治法］清热利湿退黄。

［处方］茵陈蒿汤、茵陈五苓散加减。茵陈、栀子各12g，大黄9g，白术10g，茯苓15g，猪苓9g，泽泻9g。

［加减］黄疸较甚者，加金钱草、郁金、公英、威灵仙等；热象较明显者，加黄柏、白花蛇舌草等。

（4）肝肾阴虚

［临床表现］胁肋隐痛，劳累加重，两眼干涩，腰酸腿软，手足心热或低热，口干咽燥，脉弦细或细数，舌红少苔。

［治法］滋养肝肾。

［处方］一贯煎加减。沙参15g，麦冬10g，生地黄、枸杞子、当归各

10g，减去对肝脏有一定毒性的川楝子，加香附10g理气。

［加减］低热甚者，加丹皮、地骨皮、银柴胡、鳖甲等。

（5）脾肾阳虚

［临床表现］脘腹胀大，如囊裹水，状如蛙腹，脘闷纳呆，便溏或五更泄泻，小便不利，腰腿酸软，阳痿，形寒肢冷，下肢水肿，脉沉细，舌质淡胖，苔白滑。

［治法］温补脾肾，化湿利水。

［处方］金匮肾气丸加减。熟地黄、山萸肉各10g，炮附子、肉桂各5g，山药15g，茯苓12g，泽泻12g。

［加减］脾虚明显者，加黄芪、党参、白术；腹水明显者，加猪苓、车前草、汉防己等。

（6）瘀血内阻

［临床表现］胁痛如刺，痛处不移，或胁肋久痛，肋下癥块，朱砂掌或蜘蛛痣色暗，或腹壁青筋暴露，面色晦暗，脉弦或涩，舌质紫暗或有瘀斑。

［治法］活血化瘀。

［处方］桃红四物汤加减。当归、桃仁、红花各10g，川芎12g，赤芍12g，丹参20g，三棱10g，莪术10g。

［加减］疼痛明显者，加延胡索、三七等药；兼气虚者，加黄芪、党参；兼气滞者，加香附、青皮。

以上各证可以相兼，如脾虚湿盛证兼肝血瘀证、脾肾阳虚证兼肝血瘀证等。

2. 中成药

（1）安络化纤丸：主要由地黄、三七、水蛭、地龙、牛黄、白术等组成。主要功效为健脾养肝，凉血活血，软坚散结。主治慢性乙型肝炎，早、中期肝硬化，属肝脾两虚、瘀热互结证，症见胸胁疼痛、脘腹胀满、神疲乏力、口干咽燥、纳食减少、便溏不爽、小便黄等。口服，1次6g，每天2次，或遵医嘱，3个月为1个疗程。

（2）复方鳖甲软肝片：主要由鳖甲、三七、赤芍、冬虫夏草、紫河车等组成。主要功效为软坚散结，化瘀解毒，益气养血。主治慢性肝炎肝纤维化及早期肝硬化，属瘀血阻络、气血亏虚兼热毒未尽证，症见胁肋隐痛或胁下痞块、面色晦暗、脘腹胀满、纳差、便溏、神疲乏力、口干口苦、赤缕红丝等。口服。1次4片，每天3次，6个月为1个疗程，或遵医嘱。

（3）大黄䗪虫丸：主要由熟大黄、䗪虫（炒）、水蛭（制）、虻虫（去翅足，炒）、蛴螬（炒）等12味中药组成。主要功效为活血破瘀，通经消痞。主治瘀血内停，症见腹部肿块、肌肤甲错、目眶黯黑、潮热羸瘦、经闭不行。口服，水蜜丸，1次3g，每天1～2次。

（4）圣泰益肝胶囊：主要由黄芪、猪胆膏、水牛角、白花蛇舌草、女贞子、丹参、柴胡、五味子、鸡内金等组成。主要功效为疏肝健脾，益气养阴，清热解毒，活血化瘀。主治病毒性肝炎、肝脾肿大、肝硬化。口服，1次4～6粒，每天3次，饭后1小时服用。

（5）保肝丸：主要由茵陈、阿胶、鳖甲、龟板、鸡内金、海龙、红参、三七、鹿角等17味中药组成。主要功效为利湿退黄，疏肝止痛，益气健脾，软坚散结。主治急性肝炎、慢性肝炎、早期肝硬化，属湿热内蕴、肝郁脾虚、气阴两伤证，症见胁肋胀痛、不思饮食、恶心欲呕、体倦乏力、头目眩晕，或有黄疸、口苦、舌红苔黄者。早晚空腹，枣汤送服，1次1丸，每天2次。

（6）肝喜乐胶囊：主要由五味子、刺五加、齐墩果酸组成。主要功效为降低谷丙转氨酶，保护及促进肝细胞再生功能。主治急性肝炎、迁延型慢性肝炎和肝硬化等症。口服，1次4粒，每天3次。

（7）心肝宝胶囊：心肝宝胶囊1粒含人工虫草头孢菌丝0.25g。同类制剂有至灵胶囊、宁心宝胶囊、金水宝胶囊，每粒含人工虫草菌丝分别为0.25g、0.25g、0.33g。主要功效为保肝、抗纤维化、增强免疫、抗病毒等。主治慢性乙型肝炎、肝硬化、房性或室性早搏等。口服，1次1.5～2g，每天3次，饭前服，2～4个月为1个疗程。

（8）益肝灵（水飞蓟素片）：水飞蓟素片系从菊科植物水飞蓟的种子中提取的黄酮类化合物，其主要有效成分是水飞蓟宾。主要功效为改善肝功能，保护肝细胞膜。主治急、慢性肝炎及迁延性肝炎。口服，1次2片，每天3次。

（9）和络舒肝片或胶囊：主要由香附、鳖甲、白术、白芍、何首乌、虎仗等组成。主要功效为清化湿热，活血化瘀，滋养肝肾。主治慢性肝炎、肝硬化。胶囊每次服5粒，每日3次。片剂每次5片，每日3次，或遵医嘱。

（10）肝脾康胶囊：主要由柴胡、黄芪、青皮、白芍、白术、板蓝根、姜黄、熊胆粉等组成，每粒0.35g。主要功效为疏肝健脾，活血清热。主治慢性肝炎、早期肝硬化，属肝郁脾虚、余热未清证，症见胁肋胀痛、胸脘痞闷、食少纳呆、神疲乏力、面色晦暗、胁下积块、余热未清。1次8粒，每日3次，3个月为1个疗程。

（11）朝阳丸（丹）：主要由黄芪、鹿茸、硫黄、绿矾、大枣、核桃仁、大黄、青皮、铜绿等组成。主要功效为温肾健脾，疏肝散郁，化湿解毒。主治慢性肝炎，属脾肾不足、肝郁血滞、痰湿内阻证，症见面色晦暗或㿠白、神疲乏力、纳呆腹胀、胁肋隐痛、胁下痞块、小便清或淡黄、大便溏或不爽、腰酸腿软、面颈血痣或见肝掌、舌体胖大、舌色暗淡、舌苔白或腻、脉弦而濡沉弦或弦细等。

（12）木香顺气丸：主要由木香、砂仁、香附、槟榔、青陈皮、乌药、枳实、黄芩、桔梗等十几味中药组成。主要功效为行气导滞，燥湿健脾。主治以胸膈痞满、腹胀时痛、大便秘结等为主要症状的消化不良及胃肠紊乱的慢性肝炎、早期肝硬化。水丸每50粒约重3g，每次服6～9g，每日2～3次。服药时忌食生冷，中气不足、胃阴不足者忌用。孕妇慎用。

（13）杞菊地黄丸：主要由枸杞子、菊花、熟地黄、山药、山茱萸、茯苓、牡丹皮、泽泻8味中药组成，每丸重9g。主要功效为滋肾养肝。主治慢性肝炎、早期肝硬化，属肝肾阴亏证，症见眩晕耳鸣、畏光、迎风流泪、视物昏花。1次1丸，日服2次。

（14）楼莲胶囊：主要由重楼、半边莲、鳖甲、白花蛇舌草等组成。主要功效为清热解毒，行气化郁，破癥散结，理气止痛。主治肝炎、肝硬化腹水、原发性肝癌。1次6粒，1日3次，6周为1个疗程。

（15）克癀胶囊：主要由麝香、牛黄、蛇胆汁、三七、郁金等组成，每粒0.4g。主要功效为清热解毒，化瘀散结。主治急、慢性肝炎，属湿热毒邪内蕴、瘀血阻络证，症见胁肋胀痛或刺痛，胁下痞块，口苦口黏，纳呆腹胀，面目黄染，小便短赤，舌质黯红或瘀斑、瘀点，舌苔黄腻，脉弦滑或涩等。1次4～6粒，每日3次，小儿减半，1个月为1个疗程。

（16）晶珠肝泰舒胶囊：主要由獐牙菜（藏茵陈）、唐古特乌头、黄芪、苦荬菜等组成。主要功效为清热解毒，疏肝利胆。主治乙型肝炎，属肝胆湿热证。1次2～3粒，1日3次，饭后温开水送服，3个月为1个疗程。

（17）金马肝泰：主要由丹参、败酱草、马蹄金、铁包金、汉防己等38味中药组成。主要功效为清热解毒，健脾利湿，活血化瘀。主治急、慢性肝炎，属肝胆湿热、气滞血瘀证。每袋10g，每次1袋，每日3次，1个月为1个疗程，孕妇忌服。

（18）华蟾素：主要原料为野生中华大蟾蜍。主要功效为清热解毒，消肿止痛，活血化瘀，软坚散结。主治慢性肝炎、原发性肝癌及其他多种癌症。华蟾素还能减轻放、化疗的毒副作用，提高机体免疫力。口服液每次10～20mL，每日3次。肌注每次2～4mL，每日2次，静滴，10mL加10%葡萄糖

500mL缓慢滴注，每日1次，2~3个月为1个疗程。本品合用甘利欣、胸腺肽、α-干扰素或核苷类药物有协同抗病毒及抗癌效果。但蟾酥有毒性，患者应按医嘱执行。

（19）复方木鸡颗粒：主要由木鸡、核桃楸皮等药组成。主治慢性肝炎、肝硬化、肝癌，具有抑制甲胎蛋白升高的作用，并能增强免疫功能，消除乏力、恶心、疼痛，对肝脾肿大、腹水也有一定疗效。口服，1次10g，1日3次。饭后服。

（20）槐耳颗粒：主要由槐耳菌组成。主要功效为扶正固本，活血消癥。对于正气虚弱、瘀血阻滞的原发性肝癌不宜手术和化疗者，槐耳颗粒作为辅助用药，可以改善肝区疼痛、腹胀、乏力等症状。每袋20g，每次1袋，每日3次，1个月为1个疗程。

3. 单方验方

（1）舒肝饮（第三届世界中医药学会联合会肝病专业委员会学术会议论文集，2009年）

组成：生黄芪30g，甘草10g，炙鳖甲15g，焦术15g，茯苓20g，白芍20g，丹参20g，鸡血藤20g，川芎15g，山药20g。

用法：水煎服。每日100mL，每日2次。

（2）血府逐瘀汤（辽宁中医杂志，2008年35卷第2期）

组成：当归20g，生地黄20g，桃仁20g，红花20g，枳壳15g，赤芍20g，桔梗25g，牛膝15g，柴胡20g，甘草15g，川芎15g等。

用法：水煎，每次取汁200mL，每日2次，口服，4周为1个疗程，3个疗程后观察疗效。治疗期间，原则上不用西药，腹水明显者可适量配服利尿药。在饮食上给予高热量、高蛋白、高维生素、易于消化食物。病情严重出现肝性脑病时要限制蛋白质的摄入，有腹水时应限制水、盐的摄入，并忌酒、避免进食粗糙食物。肝功能代偿期要注意劳逸结合，失代偿期应卧床休息，同时须注意患者在精神和生活上的调摄，要求患者安心静养，解除顾虑，注意保暖，以防止正虚邪侵，发生他变。

加减：腹胀甚者，加木香15g，槟榔20g；肝脾血瘀甚者，可酌加三棱15g，莪术15g，穿山甲（代）20g，地龙20g，鳖甲20g等；胁痛明显者，加延胡索20g，没药15g，郁金15g；兼打嗝嗳气者，加香附25g，厚朴20g，莱菔子20g；兼目黄、身黄属湿热内蕴者，加茵陈蒿25g，金钱草25g，蒲公英25g，紫花地丁25g；食欲不振者，加焦山楂15g，焦神曲15g，炒麦芽15g，鸡内金20g；心烦易怒者，加牡丹皮25g，栀子20g；小便短少者，加茯苓

25g，泽泻20g；夜眠多梦者，加炒枣仁25g，夜交藤25g；津伤渴甚者，加石斛20g，天花粉20g；兼腹水者，加大腹皮25g，茯苓25g；兼恶心者，加半夏20g，生姜20g；津亏便秘者，加当归30g，玄参30g；大便稀溏者，加茯苓50g。木香15g；年老或疾病后期气虚明显者，加黄芪50g。

（3）正肝方（中国中西医结合杂志，2005年25卷第10期）

组成：黄芪30g，丹参30g，鳖甲15g，女贞子15g，半枝莲15g，川芎10g，枸杞子15g，白花蛇舌草30g。

用法：每天1剂，水煎，分2次温服。每两周复诊1次，疗程6个月。

（4）鼓胀汤（陕西中医，2008年29卷第9期）

组成：生牡蛎、丹参、炒白术各30g，炙鳖甲、川芎、枳壳、川牛膝、怀牛膝、赤芍、白芍、车前草、茯苓、大腹皮各15g，桂枝5g，黑丑、白丑各12g。

用法：每日1剂，水煎服，早晚温服。

加减：若气虚者，加黄芪30g；气阴两虚者，加太子参、生地黄各15g；黄疸重者，加大赤芍用量至30g；少腹胀甚者，加天台乌药15g。合并悬饮者，症见腹胀大如鼓，咳逆倚息不得卧，临证用疏通合剂（五子饮、五皮饮、五苓散加减），同时配合西药对症支持治疗。

（5）下瘀血汤（吉林中医药，2010年30卷第4期）

组成：大黄9g，桃仁6g，土鳖虫3g，当归12g，赤芍、白芍各10g，延胡索12g，川楝子12g，郁金12g，香附15g，牡丹皮12g，柴胡12g，黄芩9g，栀子9g，甘草6g。

用法：水煎服，1日1剂。

（6）下瘀血汤（吉林中医药，2010年30卷第4期）

组成：制鳖甲20g，炮穿山甲（代）3g，黄芪20～60g，淫羊藿20g，枸杞子15g，丹参15g，郁金15g，苦参20g，当归15g，赤芍15g。

用法：日1剂，水煎取汁300mL，早晚分2次服。1个月为1个疗程，连续治疗3个疗程，观察疗效。

加减：乙型病毒性肝炎者，加白花蛇舌草15g，虎杖15g，半枝莲12g，茵陈9g，黄芩9g；黄疸者，加茵陈12g，苦参6g；丙氨酸氨基转移酶（ALT）高者，加覆盆子9g，蒲公英15g，山豆根12g，川黄连9g，龙胆草6g；血浆白蛋白（Alb）低者，加党参9g，白术12g，生地黄9g，熟地黄15g，石斛6g，巴戟天9g；免疫力低者，加党参9g，肉苁蓉6g，女贞子8g，麦冬15g，仙鹤草9g；肝纤维化者，加红花15g，王不留行9g，生牡蛎12g，麦冬15g；腹水者，加车前子15g，益母草15g，虎杖9g，白茅根15g。

（7）调肝方（陕西中医，2007年28卷第9期）

组成：茯苓20g，泽泻、青皮、当归各9g，茵陈、郁金、丹参各12g，生白术、佛手、炙鳖甲（先煎）、败酱草各15g，生薏苡仁30g。

用法：1天1剂，文火水煎2次，每次40分钟，共取汁400mL。分早晚2次温服，2周为1个疗程。

（8）寄奴活血利水方（陕西中医，2009年30卷第9期）

组成：刘寄奴、赤芍、白术、车前子各15g，益母草、茯苓各20g，生黄芪30g，柴胡12g。

用法：水煎服，1天1剂，4周为1个疗程。

加减：肝区胀疼不适，脉弦滑者，加郁金15g；畏寒肢冷、舌淡苔薄者，加制附子9g，干姜6g；颜面虚浮，腹大如鼓，腹部胀满、食后加重，尿少，大便不成形，舌质暗边有齿痕，苔薄腻，脉滑或濡者，加茯苓皮、大腹皮各30g，泽兰15g；若腹水明显增多兼见周身浮肿，尤以腰以下明显，伴见形寒肢冷、面色苍白或晦暗、尿少、大便不调、舌质淡胖、脉弦细者，加怀牛膝、党参各15g，制附子9g，肉桂6g，桑寄生、山药各30g。

（9）软肝消臌汤（现代中西医结合杂志，2008年17卷第27期）

组成：醋鳖甲30g，炮山甲15g，生牡蛎30g，大腹皮15g，茯苓20g，白术12g，柴胡10g，车前子15g，人参10g，茵陈12g，商陆10g，当归15g。

用法：水煎服，每日1剂，3个月为1个疗程。

（10）柔肝合剂（中医药学报，2004年32卷第2期）

组成：柴胡、郁金、白术、枸杞子、丹参、海藻、鳖甲、虎杖、蚤休、灵芝各15g，黄芪20g。

用法：早晚温服。3个月为1个疗程，一般用2个疗程。

4. 药物外治

（1）自拟逐水膏（中医外治杂志，2004年13卷第5期）

组成：甘遂、大黄、槟榔、黑丑、白丑、猪牙皂、水蛭各等份，米醋适量。

用法：将上药研极细粉备用，取药粉10g与米醋调成膏状，外敷神阙穴，胶布固定，24小时取下；用上药外敷期门穴24小时，两穴交替外敷，1个月为1个疗程。

（2）外敷方配合红外线照射（陕西中医，2008年29卷第2期）

组成：基本药物为柴胡20g，香附、川芎各15g，延胡索、当归各10g。

用法：将上述药物混合，烘干研末，用饴糖调至糊状备用。药物与饴糖重量比为1∶3。准备棉纸（22cm×16cm）、绷带、胶布、剪刀、压舌板等。将棉纸3张重叠，以宽为轴折叠成16cm×11cm，然后揭开最上一层，用压舌板调药至第2层棉纸上，涂成长约12cm、宽约8cm、厚约0.2cm的一层，将最上层棉纸放下，盖在药上，将棉纸开口端向上敷于所需部位，用胶布固定。根据《灵枢·经筋》“以痛为输”的原则，一般敷于疼痛处或不适处。胁痛以日月、期门穴为主，胃脘痛以中脘穴为主，腹水及小便困难以神阙穴为主，伴下肢水肿加气海穴，亦可采用肝俞、胆俞为主外敷，也可循经远道取穴，然后用红外线烤灯照射膏药，每天早晚2次，每次30分钟。

加减：在基本药物的基础上，再进行辨证施护，随证用药。气滞湿阻证加枳壳、陈皮各10g；寒湿困脾证加干姜、白术各9g；湿热蕴结证加龙胆草、栀子、黄芩、泽泻各9g；肝脾血瘀证加大黄15g，赤芍10g；若胁下有癥块而正气未衰者，可加三棱、莪术各15g，地鳖虫10g；肝阴不足证加生地黄、枸杞子各15g，沙参、麦冬各10g。

（3）中药敷脐治肝硬化腹水（中医外治杂志，2003年12卷第4期）

①气滞湿阻：砂仁、丁香各20g，川朴30g。研末酒调纳脐，以布盖之，1日1换，连用15日。

②寒湿困脾：附子（熟）15g，川朴20g，砂仁10g，干姜20g。上药研细，以藿香正气水调成糊状敷脐部，以布盖之，1日1换，连用15日。脘痞腹胀可明显减轻，浮肿消退，小便增多。

③湿热蕴结：黄连20g，黄芩40g，厚朴粉15g，蟋蟀粉20g，大黄粉30g，冰片2g。前2味药浓煎取汁，后纳厚朴粉、蟋蟀粉、大黄粉、冰片，调成糊状敷脐。

④脾肾阳虚：附子（熟）15g，干姜20g，肉桂15g，苍术30g。上药研细，醋调纳脐，覆以双层纱布，取麦麸500g炒热，以不灼伤皮肤为度，装入布袋中，置于上药之上热熨，日熨2次。每日一换，延用匝月。

5. 推拿疗法 按压腧穴配合熨敷中药（河南中医学院学报，2004年19卷第4期）

熨药组成：细辛15g，透骨草30g，延胡索10g，红花10g，大黄10g，丹参30g。上药共研为粗末，装小布袋内备用。

敷药组成：干蟾蜍60g，三七30g，甘遂15g，牵牛子30g，白芥子10g，沉香10g，砂仁10g，白胡椒10g，虎杖30g，冰片6g。上药共研为细面，装瓶备用。

方法：取穴足三里、阳陵泉、阴陵泉、关元、气海、水分、肝俞。患者仰卧，医者先在足三里、阳陵泉、阴陵泉、关元、气海、水分、肝俞等穴按揉3~5分钟，以畅经络、通水道；再以蒸透之熨剂熨脐部约15分钟至局部潮红；遂取敷药适量，夏用西瓜汁，冬用生姜汁，春秋则以酒、醋，调成糊状，敷于神阙穴，每日用热水袋温敷2次。3天换药1次，5次为1个疗程。一般用药3小时即见转矢气，小便量增多。

6. 针灸疗法

（1）电针治疗肝硬化患者胃动力障碍（实用医药杂志，2006年23卷第6期）

方法：主穴取足三里、中脘、内关、百会，配穴根据辨证分型随证加减。进针后患者有酸、沉、胀、麻感，医者感觉针下有沉紧感为得气。得气后单侧接WQ-6F型电针治疗仪，等幅，固定频率F1=80次/秒，变动频率F2=120次/秒，电量以穴位局部见肌肉轻微抽动、患者能够耐受的最高限度为度。基础治疗为保肝、利尿、抗感染、营养支持、防治并发症。

（2）针药并用治疗肝脾血瘀型终末期肝硬化腹水（浙江中医杂志，2010年45卷第7期）

方法：在西医常规保肝利尿治疗基础上，加用以下中医疗法。①自拟方：茵陈30~200g（另煎20分钟），通草80g，丹参、王不留行各30g，厚朴、丝瓜络、生地黄、石斛、麦冬、车前子（包）各15g，当归、郁金、生白术、大腹皮、连翘、地龙、冬瓜皮各10g，沉香粉6g（分2次冲服）。每日1剂，水煎服。②用炙甘遂、炙大戟、炙芫花、生黑丑、生白丑、熟黑丑、熟白丑各等量，焙干研粉，每次10g，与60g荞麦面和在一起，制成面条，不加任何调料，用适量水煮熟后，面条与汤均吃完，每日1次。若服后出现恶心呕吐，取葱白1根，咀嚼或含于口内，症状即可减轻。服药4小时后，患者排便、排气，自觉腹胀减轻。服3天即停。③针刺：选取双侧阴陵泉、三阴交、太溪、太冲、关元，其中太冲用泻法，关元穴刺入皮下后沿腹壁向下平刺1寸，得气后用补法并加神灯照射，余穴常规刺法，得气后平补平泻。每日1次，每次留针30分钟，留针期间，每隔10分钟运针1次。如下肢水肿而出现起针后针孔渗液，可用消毒干棉签按压1~2分钟即可。④红花注射液40mL加入5%葡萄糖液250mL静滴，每日1次，嘱患者低钠、低水饮食。

（二）食疗药膳

1. 鲫鱼羹（家庭中医药，2003年第9期）

组成：鲜鲫鱼3条（每条约300g），赤小豆、商陆各30g。将鱼清洗干净，把商陆、赤小豆分别放入鱼腹中，用线缝好，清蒸熟烂成羹即可。分3次空腹淡食。

主治：肝硬化属水湿偏盛，见腹部膨大、食欲不振、大便泄泻、小便不利等。

2. 黄芪苡仁粥

组成：生黄芪、生薏苡仁、糯米各30g，赤小豆15g，鸡内金末9g。先用水煮黄芪半小时，去渣，入生薏苡仁、糯米、赤小豆煮1小时，入鸡内金末，粥成即可。分1~2次温服。

主治：肝硬化属脾胃虚弱，见腹胀、面色无华等。

3. 鲜紫珠草鸡蛋

组成：鲜紫珠草120g，鸡蛋4枚。将二者加水适量同煮，蛋熟去壳后再煮1小时即可。吃蛋，每次1枚，早晚2次空腹食用，连用100枚为1个疗程。

主治：早期肝硬化，见肝区疼痛、烦热口干等。

4. 赤小豆鲤鱼汤（健身科学，2005年第11期）

组成：取活鲤鱼1条（约500g），去鳞、腮及内脏，与赤小豆100g同入锅内，加水适量，清炖至赤小豆熟烂，分次服食。煮汤不宜加盐，可加少许生姜去腥味。

主治：肝硬化腹水。

5. 鲫鱼豆腐汤

组成：取活鲫鱼1条（约300g），去鳞、腮及内脏，入锅内加清水适量煮至将熟时，加豆腐1块（约150g），再煮熟透，酌加少许葱、姜去腥味，食鱼、豆腐，喝汤（不宜加盐）。此方也可换为泥鳅500g，豆腐250g。

主治：食欲不振、大便稀溏的腹水患者。

6. 冬瓜粥

组成：取新鲜冬瓜连皮150g，洗净，切成小块，与粳米100g煮熟成粥，一起食用。

主治：腹水伴有小便赤少、大便干涩、口干食少。

7. 鸭肉冬瓜汤

组成：白鸭1只，去毛和内脏，洗净后取半只切块（约400g）；冬瓜连皮（约300g），洗净切块；薏苡仁50g。先煮鸭肉，将熟后加入冬瓜及薏苡仁，再煮至烂熟，调味食用。

主治：肝硬化腹水属肝肾阴虚者。

8. 李子茶

组成：鲜李子 100 ~ 150g，绿茶 2g，蜂蜜 25g。将李子剖为瓣，加水 400mL，煮沸 3 分钟，加入绿茶和蜂蜜，食李子饮茶，分 3 次服，10 天为 1 个疗程。

主治：肝硬化腹水。

（三）预防与护理

1. 预防 肝硬化属临床常见病、多发病，严重危害人民的身体健康。各种慢性肝炎病情迁延不愈，均可发生肝纤维化，最终导致肝硬化。肝硬化目前尚无根治方法，因此应重在预防。肝硬化的预防包括肝炎和肝纤维化的防治。

肝炎的防治：①病毒性肝炎的防治：肝硬化病因较多，我国以病毒性肝炎（乙型、丙型）引发的肝硬化为主，因此对病毒性肝炎的防治尤为重要。注意饮水、饮食卫生，防止“病从口入”；严格检查献血者，对献血者应做乙肝、丙肝血清标志物检测，阳性者不参加献血；作为患者，尽量减少输血，必要时尽量使用志愿献血者的血液，而不用职业献血者的血；择期手术者可考虑用“自贮血”，即手术前 1 个月抽其自身的血液冷藏备用；加强对血液制品的管理，防止血行传播；严格无菌操作，执行医疗器械消毒制度，推广使用一次性注射器、采血器及采浆还血器，防止医源性感染。②乙肝的免疫预防注射：在目前 HBsAg 携带者广泛存在、传染源管理十分困难的情况下，控制和预防乙型肝炎的关键性措施即为乙肝疫苗预防；定期健康查体，发现病毒性肝炎患者及早隔离，避免与家人、同事共用餐具、饮具，不从事饮食行业。

2. 护理

（1）休息肝硬化代偿期患者一般可参加轻体力活动，但应注意劳逸结合。肝硬化失代偿期患者应绝对卧床休息，以减轻肝脏负担，有利于肝细胞的修复与再生。

（2）饮食：做好患者的饮食指导与监控，补充足够的热量和维生素，嘱患者进食低脂肪、高维生素、高蛋白且易于消化的食物，禁饮酒，勿暴饮暴食，合并有腹水的患者一定要限制钠、水的摄入，进水量控制在 1000mL/d，有肝性脑病先兆患者应禁食高蛋白饮食，以减少肠道中氨的产生。同时还应嘱患者不能进粗食，忌辛、辣、生、冷等刺激性食物，以免引起胃底食管静脉曲张破裂而诱发消化道大出血。对于合并消化道大出血的患者应禁食、禁水，待出血停止后进流质或半流质食物。

（3）加强基础护理：肝硬化患者病情常反复发作，加之肝功能减弱，自身清除毒素的能力下降，易发生感染，故保持患者个人的清洁卫生尤为重要。患者衣服宜柔软宽大，病床平整干燥、无渣屑，必要时进行口腔护理和防褥疮护理。注意饮食卫生，保持大便通畅，尽量减少粪便在肠道停留的时间。

（4）加强心理护理：肝硬化是一种慢性疾病，病程长，易反复发作，久治不愈，经常性住院、检查、用药，昂贵的医疗费用及由其引起的家庭角色和社会适应能力的变化，会对患者的心理、社会适应能力和家庭生活产生较大的影响，患者会出现悲观失望、焦虑抑郁、性情暴躁、不配合治疗等。因此，护理人员应及时了解患者的思想动态，加强与患者的交流与沟通，配合家属切实解决实际困难，共同关心、照顾患者，使其树立战胜疾病的信心和勇气，保持良好的心态，积极配合治疗。

（5）加强病情观察：严密观察患者精神、神志及生命体征的变化，注意有无性格及行为的异常表现，双手是否有扑翼样震颤，呼吸是否带有烂苹果味，及早发现肝性脑病的先兆，预防肝性脑病的发生。同时，详细记录患者24小时出入量，注意观察患者呕吐物，大小便颜色、性质及量。合并腹水的患者放腹水时，一定要测量体重、腹围，术中及术后应严密监测生命体征的变化，记录抽出腹水的量、性质和颜色，并随时观察穿刺部位有无渗出液。

（6）加强健康教育：对肝硬化患者要加强健康教育，告诫患者认识并纠正自身的不良生活习惯，如饮酒、吸烟、过度劳累等，合理安排饮食，科学地安排工作、学习、生活、娱乐、社会及情绪调控等方面，提高自我保健意识。

许文学，杨建宇，李杨，等．中医治疗癌前病变专题讲座（三）——肝硬化［J］．中国中医药现代远程教育，2012，10（5）：74－80.

四、血吸虫病

血吸虫病是由血吸虫寄生人体静脉所引起的寄生虫病，临床上以腹泻、肝脾肿大、肝硬化或血尿等为特征。

中医学认为，本病为蛊虫病病程迁延日久，以体瘦、胁下痞块、腹水为主要表现者。慢性蛊虫病指蛊虫病病程超过6个月，以腹痛、腹泻、消瘦、贫血等为主要表现者。急性蛊虫病指感染蛊虫疫毒初期，以肤痒、咳嗽、发热、腹痛、腹泻等为主要表现者。

本病多发生于夏秋季。初期由于表里受邪。当虫邪蛊毒经由皮毛侵入而首先犯及肺卫，肺与大肠相表里，蛊毒由脏入腑，由表入里，下迫大肠，传化失司，甚至败坏肠膜脂膏。肺朝百脉，中期蛊毒虫邪随血流蔓延，引起脏腑、器官受损。由于肝为藏血之脏，脾有统血之功，蛊毒虫邪裹于血中，随血而藏于肝、侵于脾，导致肝脾受损。末期为肝脾郁滞日久，由气郁血瘀进一步酿成气结血凝。倘若脾气不虚，能运化水谷津液，则血虽凝结而无水裹之虞；若脾气虚衰，运化失司，则形成血凝气结水裹的病机，于是发生积水而胀满。

本病初期由于表里受邪。当虫邪蛊毒经由皮毛侵入而首先犯及肺卫，卫阳被郁，则发热恶寒、身体困倦疼痛、发疹；肺失清肃，则咳嗽、胸痛、咳痰咳血；蛊热不解，由表入里，此即所谓“溪温”“蛊疫”初得之病机。肺与大肠相表里，蛊毒由脏入腑，下迫大肠，传化失司，则腹痛、便秘或泄泻；蛊毒败坏肠膜脂膏，又可出现下痢脓血，形成所谓“肠蛊痢”。中期蛊毒虫邪沉积于肝脾，使气机郁滞，经隧阻塞，久之，积聚、痞块由此而生。末期由于水裹气结血凝而结为痞块。古人所谓“蛊胀”“水胀”或“水症”等，都是此种病机演变的结果，名异而实同。气以行血，血以载气；气生于水，水化于气。故水愈停，则血愈凝、气愈滞；血愈凝，则气愈滞、水愈停。水停、气滞、血瘀三者恶性往复，互为因果。胁下痞块盘踞，腹中浊水停留，清阳不升，浊阴不降，三焦无以化行，则二便不利。浊水郁久，化生湿热，则耗真阴。肝郁日久，遏郁生热，暗耗肝阴，引起肝阳上亢；木不疏土，则脾气不展，使已为血瘀、水停所困的脾胃，更加困惫不堪。脾胃困惫，失于运化，水谷纳少，既不能“荣木”以养肝、“生金”以荣肺，又不能以后天养先天，充肾精而生气血。肾气虚，精不足，一则发育生长迟缓而成虚损；二则不能主水、司二便，浊水更加泛滥；三则不能温助脾阳，使脾胃愈虚。水谷生气血，气血长肌肉，脾胃虚极，水谷纳少，气血无源，以致大肉脱陷，羸削瘦极。如此恶性因果，循环不已，终致五脏交亏，阴阳两虚，气血衰惫。这就是本病的病势发展和脏腑传变的一般过程。不过阳易虚而易复，相对说来较易治疗。素禀阴虚、血虚者，则病偏肝肾，常表现为阴虚阳亢，加之浊水生湿热，故阴损更难治疗，可因痰热上泛心包、内闭外脱为终局。此外，也可因为脉络瘀久生热，热伤血脉，致使血不循经；或脾气虚甚，不能统血，造成突然大量吐血、便血、衄血，以致气随血耗而告终。

本病急性期以杀虫、解蛊毒为主，辅以解表清里、滋养气阴，力求灭虫彻底，以达到根治的目的。

本病慢性及中、末期治疗较为复杂。大抵有兼症者，先治兼症，后治主症。有积水者，先除积水，后破癥块。虚证当补，实证当攻。虚证为主者，先补其虚，后务其实；实证为主者，先攻其实，后务其虚。或一补一攻，二补一攻，二攻一补，寓补于攻，寓攻于补。补有温补、滋补，补阴、补阳，补气、补血，以及补不同脏腑之侧重；攻有峻下、缓下，分消，通瘀，行气，软坚之各殊，务须权衡病位虚实、揆度邪正消长，才能审时度势，按生克制化行攻补，将克制变为生化，从乘侮转为促进，方能药证相对，注意治疗过程中不忘杀虫、解蛊毒以图其根本。此期的治疗步骤可概括为消积水→攻痞块→扶正气→除虫毒。

（一）中医治疗

1. 分证论治

（1）急性期：表里受邪

［临床表现］发热恶寒或往来寒热，头身疼痛，胸胁苦满，无汗，发疹奇痒，时现时隐，咳嗽胸痛，或恶心呕吐，腹痛腹泻，苔白或黄，脉多浮数或弦数。病甚者，邪热传里，发热持续，汗出，口渴，便秘或腹泻、便脓血，反应迟钝，谵妄，苔黄或黄燥，脉浮数或滑数。

［治法］杀虫，解蛊毒，和解表里。

［处方］柴胡桂枝汤。柴胡12g，桂枝、黄芩、人参各5g，芍药10g，甘草3g，半夏10g，大枣6枚，生姜3g。

［加减］干咳胸闷者，加贝母、百部；痰中有血者，加白茅根、茜草；腹痛剧烈者，加木香、香附。

（2）慢性及晚期

①湿阻气滞

［临床表现］面色萎黄，神疲乏力，胁肋胀痛，里急后重，腹痛、腹泻，大便不爽或有脓血，腹部癥块，舌苔黄腻，脉弦细。

［治法］行气化湿，疏肝理脾。

［处方］芍药汤。白芍20g，当归15g，黄芩、黄连各15g，大黄9g，肉桂5g，槟榔、木香各6g，炙甘草6g。

［加减］胁痛明显者，加柴胡、郁金；脘闷腹胀者，加木香、枳壳草。

②肝脾血瘀

［临床表现］面黄有血丝或蟹爪纹路，皮肤红丝赤缕，腹壁青筋，两胁肋胀痛，胁下坚块，呕血或便血如漆，鼻衄牙宣，心烦易怒，口燥便秘，舌质暗紫或有瘀点、瘀斑，脉弦涩。

［治法］活血化瘀，行气通络。

［处方］桃红饮。桃仁 12g，红花、威灵仙各 8g，川芎、当归各 10g。

［加减］胁痛明显者，加柴胡、姜黄；鼻衄牙宣甚者，加血余炭、大戟、小蓟；呕血、便黑漆重者，加地榆、水牛角；大便干结者，加麻仁，杏仁。

③晚期：肝肾阴虚

［临床表现］腹大胀满，面色憔悴，形体消瘦，潮热盗汗，手足心热，口干咽燥，烦热不安，便秘尿少，舌质红绛，少苔，胁腹胀痛，口干，心烦失眠，形体消瘦，小便短少，舌红，脉弦细。

［治法］滋补肝肾，养阴清热。

［处方］一贯煎。北沙参、麦冬、当归各 9g，生地黄 20g，枸杞子 18g，川楝子 5g。

［加减］口干者，加石斛、知母；盗汗者，加浮小麦、糯稻根；烦热易怒者，加龙骨、牡蛎；大便干结者，加大黄、番泻叶；午后潮热者，加地骨皮、鳖甲。

2. 中成药 复方槟榔丸：成人每次 10g，每日 2 次，饭前温开水吞服。功效为杀虫、解蛊毒。20 日为 1 个疗程，总量 400g。

3. 单方验方

（1）鸦胆子仁 0.3g 装入胶囊吞服，每日 3 次，1 个月为 1 个疗程。功效为杀虫、解蛊毒。

（2）南瓜子粉（方药中等主编《实用中医内科学》）：南瓜子去壳、去油、研粉，成人每次 80g，每日 3 次，连服 4 周。功效为杀虫、解蛊毒。副作用有头晕、腹泻、食欲减退等，一般连续服药 10 日后副作用可减轻或消失。

（3）甘草粉（方药中等主编《实用中医内科学》）：甘草粉，每次 10g，每日 3 次。适用于急性期高热者，热退后量减半，再连续服 1 个月。

（4）半边莲（干品）30g，水煎服，30 天为 1 个疗程。适用于末期血吸虫病腹水。

（5）马鞭草适量，研粉 10g 装入胶囊中内服。每日 3 次，每次 3 粒，适用于早、中期血吸虫病。

（6）花椒适量，用温火微炒去汁，磨细过筛，将粉末装入胶囊，每粒含量为 0.4g。成人每天 5g，小儿酌减，分 3 次服，20～25 天为 1 个疗程。

（7）乌桕树叶 6～30g，水煎服，早晚各 1 次。

（8）鲜鸭跖草适量，洗净，每日 150～240g，煎汤代茶饮。每日 1 剂，5～7 天为 1 个疗程。适用于急性血吸虫病。

（9）常山适量，用酒炒后研成细末，炼蜜为丸（蜂蜜二倍于常山）。每天3次，每服3g，7天为1个疗程，总剂量为63g。适用于早期血吸虫病。

（10）竹叶60g（鲜者），水煎服，早、晚分两次服。

（11）槟榔9g，研细末，空腹白开水送服3g，连服3天。

（12）乌梅10个，水煎服，每日1剂。

（13）鹅不食草9g，水煎加糖调服，每日1剂。

（14）半边莲汤（胡熙明等主编《中国中医秘方大全》）：半边莲，每日6~48g（平常为36g），水煎，制成10%~20%煎剂服用。

（二）食疗药膳

患者饮食宜以富有营养为原则，凡生冷、油炸、酸辣、烟酒、油腻之品，皆不宜食用。有腹水者还应忌盐。

1. 苡仁赤豆粥 薏苡仁、赤小豆各30g，粳米100g，共煮粥，白糖调味服用。腹水消退后经常服用。

2. 参芪糯米粉 党参、黄芪、白术各50g，研粉过筛；炒熟的糯米粉1000g，与药粉混匀。每次50g，加白糖适量，开水冲服，每日2次。腹水消退后服用。

（三）预防与护理

1. 控制传染源 在疾病流行区，一般慢性患者可采用单剂吡喹酮疗法，使人群感染率显著下降。耕牛可用硝硫氰胺（2%混悬液）一次静脉注射法，水牛的剂量为1.5mg/kg，黄牛为2mg/kg，治愈率达98%以上。

2. 切断传播途径

（1）粪便管理与保护水源：粪便须经无害化处理后才能使用，采用分隔粪池（二格三池）和沼气池可使粪便无害。急用粪时，可按100kg粪便加尿素250g或2%氨水500mL，均可于24小时内杀死虫卵。对动物宿主（如牛、羊等）的粪便亦应同时加以管理。在疾病流行区，提倡将井水或河水贮存3天，必要时每担水加漂白粉1g或漂白粉精1片，15分钟后即可安全取用。

（2）查螺、灭螺：在气候温和的春秋季节查清螺情，结合兴修水利和改造钉螺滋生环境，因地制宜选择垦种、养殖水淹、土埋、火烧等方法，或药物灭螺，常用药物为五氯酚钠和氯硝柳胺。五氯酚钠为我国使用最广泛的灭螺药，对成螺、幼螺、螺卵均有较好的杀灭作用，是一接触杀螺剂，但其对农作物和鱼类均有毒性，对人也有一定毒性。氯硝柳胺仅对鱼有毒性，其杀螺效率高、持效长，作用缓慢，对螺卵、尾蚴也有杀灭作用，与五氯酚钠合用可提高药效。最近研制出的氯乙酰胺和乙二胺两种灭螺剂，对鱼类毒性较低。

(3) 个人防护：脂肪酸皂化后，加2%氯硝柳胺和10%松节油可制成防护用油脂防蚴笔，具有强大的杀灭尾蚴作用，接触疫水前涂于皮肤，具有一定的防护作用，作用可维持8小时以上。穿着以1%氯硝柳胺碱性溶液浸渍的衣裤，亦可防御尾蚴感染，实践证明，连续使用半年，仍有防护作用。严禁在疫水中泅水游玩等。患病后，饮食宜以富有营养为原则，凡生冷、油炸、酸辣、烟酒、油腻之品，皆不宜食用。有腹水者还应忌盐。

许文学，杨建宇，李杨，等．中医治疗癌前病变专题讲座（四）——血吸虫病［J］．中国中医药现代远程教育，2012，10（6）：107－109.

五、胃息肉

胃息肉是指胃黏膜局限性良性上皮隆起性病变，与慢性萎缩性胃炎、残胃病变等同属胃癌前疾病。目前西医对胃息肉的治疗多采用内镜下高频电凝电切、活检钳钳除、激光、微波灼切等方法，但并发症多、复发率较高。胃息肉病在中医学中属痞满、胃脘痛范畴。中医在治疗胃息肉、预防胃息肉术后复发及杜绝胃息肉向胃癌的进展方面有一定优势。

（一）中医治疗

1. 分证论治

(1) 气滞痰阻

［临床表现］可以无明显症状或见胃脘胀满，攻撑作痛，痛连两胁，胸闷嗳气，善太息，每因烦恼、郁怒而痛作。内镜示颜色与周围黏膜相同，表面光滑而明亮，色泽暗红，也可有充血发红或微肿。苔薄白或白腻，脉弦细而滑。

［治法］疏肝解郁，理气化痰。

［处方］柴胡疏肝散合二陈汤加减。柴胡12g，枳壳10g，白芍20g，甘草10g，香附12g，川芎10g，紫苏梗18g，佛手10g，茯苓18g，陈皮12g，清半夏12g，蒲公英20g，僵蚕10g，白花蛇舌草20g，半枝莲20g，山慈菇18g。

［加减］若痛甚者，加金铃子散；湿浊内阻，舌苔厚腻者，加苍术、厚朴、薏苡仁；若肝气郁结，日久化火，肝胃郁热，见胃脘灼痛、嘈杂泛酸者，加左金丸及栀子、牡丹皮，以疏肝泄热为治，慎用香燥之品，以免助火伤阴；

若素体虚弱，中气不足，而兼肝郁气滞者，不宜专用香散耗气之剂，可用四磨饮（《济生方》）。

（2）痰热郁结

［临床表现］胃脘热痛，胸脘痞满，口苦口黏，头身重着，纳呆嘈杂，肛门灼热，大便不爽，小便不利。内镜示充血发红，或呈玫瑰色，糜烂、溃疡伴渗血、黏液等。舌红苔黄腻，脉滑数。

［治法］清化湿热，理气和胃。

［处方］（《证治准绳》）清中汤合温胆汤加减。黄连10g，栀子10g，茯苓15g，陈皮12g，清半夏12g，草豆蔻6g，枳实12g，竹茹12g，丹参10g，僵蚕10g，浙贝母10g，牡蛎20g（先煎），蒲公英30g，青黛20g（包煎），白花蛇舌草30g，半枝莲20g，山慈菇15g，甘草8g。

［加减］若偏热，见大便秘结不通者，加黄芩、大黄；偏湿者，加薏苡仁、佩兰、荷叶；若见肝胃郁热，迫血妄行者，加生地黄、牡丹皮、大黄、三七等。

（3）痰瘀互结

［临床表现］胃痛日久，胀满刺痛，痛处固定、拒按，纳呆，呕吐，或吐黄浊黏液，或吐褐色浊秽之物，或见吐血、黑便，或便干色黑，面色晦暗，或皮肤甲错。内镜示糜烂出血等。舌质紫暗或有瘀斑，脉涩。

［治法］解毒祛瘀，活血止痛。

［处方］失笑散、丹参饮合泻心汤加刺猬皮、九香虫等。丹参30g，蒲黄15g（包煎），五灵脂15g，延胡索15g，大黄12g，莪术15g，三棱15g，檀香15g，砂仁10g（后下），香附15g，刺猬皮15g，九香虫10g，黄连6g，半枝莲30g，白花蛇舌草30g，山慈菇18g，石见穿15g。

［加减］若胃气上逆而见恶心呕吐者，可加代赭石、竹茹、旋覆花；热伤胃阴而见口渴、舌红而干、脉象细数者，加麦冬、石斛、天花粉；如出血色暗，患者面色萎黄、四肢不温、舌淡脉弱，系脾不统血，病势危殆，先用独参汤，继以黄土汤加减。

（4）脾胃虚寒

［临床表现］胃痛日久不愈，隐隐作痛，绵绵不断，喜暖喜按，得食则减，时吐清水，劳累、受凉后发作或加重，纳少，乏力神疲，手足欠温，大便溏薄。内镜示息肉表面粗糙、苍白。舌质淡苔白，脉细弱或迟缓。

［治法］温阳益气，健脾和胃。

［处方］黄芪建中汤加减。炙黄芪30g，桂枝15g，芍药30g，炙甘草15g，

党参 18g，白术 15g，茯苓 15g，陈皮 10g，法半夏 10g，砂仁 10g（后下），莪术 10g，三棱 10g，半枝莲 15g，山慈菇 15g。

［加减］若胃寒痛甚者，加良附丸或干姜；若便黑者，加干姜炭、灶心土、白及、地榆炭。

以上各证型中，症状得到控制后进入缓解期时，都应根据辨证适当加入香砂六君丸或陈夏六君丸等健补脾胃之品，巩固疗效，以善其后。

（5）湿热蕴结

［临床表现］胃脘胀痛，呕吐酸苦水，口干口苦，舌质红，苔白厚而干或黄腻，脉弦滑数。

［治法］清热利湿，活血散结。

［处方］柴胡疏肝散加味。柴胡 9g，赤芍、白芍各 9g，枳实 6g，生甘草 5g，川芎 9g，当归 9g，薏苡仁 20g，黄芩 9g，白花蛇舌草 10g，蒲公英 9g，郁金 9g，蒲黄 6g，五灵脂 6g。

（6）寒湿阻滞

［临床表现］胃脘隐痛，食后尤甚，喜温热饮，伴神疲乏力、面色无华、食少或呕吐清水痰涎，舌质淡、青紫，苔薄白，脉沉弦。

［治法］温阳健脾，活血理气。

［处方］当归建中汤合香砂六君子汤加味。当归 9g，桂枝 9g，白芍 9g，生姜 5 片，大枣 10 枚，炙甘草 5g，木香 6g，砂仁 3g，党参 9g，茯苓 9g，白术 9g，莪术 9g。

2. 单方验方 通阳疏滞汤：生黄芪 15g，炒茅术 10g，生甘草 10g，赤芍 15g，桂枝 6～10g，干姜 6～10g，苏木 10g，金银花 15g，蒲公英 15g，败酱草 30g。

随症加减：活血化瘀加莪术、徐长卿；胃黏膜糜烂加白及、乳香。

（二）预防与护理

调补脾胃、祛痰湿、化瘀血、调气机、清热毒以防其癌变是中医药治疗胃息肉的关键。在辨证用药基础上，应加入抗癌药物 1～2 种，可提高疗效。具有抗癌作用的药物有半枝莲、白花蛇舌草、山慈菇、莪术、薏苡仁、贝母等。同时应加入活血化瘀药，如郁金、延胡索、五灵脂、蒲黄、炙乳香、炙没药、丹参、刺猬皮、九香虫等，可改善胃黏膜微循环，并建立侧支循环，增加血流量，使局部缺血、缺氧得到改善，促进局部炎症吸收及令息肉萎缩，因而有人认为胃癌癌前病变的治疗关键是活血化瘀。对于内窥镜切除术后的中医药治疗应注重扶正，患者常表现出乏力、倦怠、纳差、口燥咽干、低热等气阴两虚症状，应以益气健脾、滋阴补血为主，并应注意理气醒胃药如佛手、香橼、腊梅花、麦芽、谷芽、鸡内金等药的使用。有学者认为Hp感染可能为增生性及炎性息肉的病因之一，因此在治疗上可适当加入黄连、蒲公英、黄芩、蚤休等具有抗Hp作用药物。

许文学，杨建宇，李杨，等．中医治疗癌前病变专题讲座（五）——胃息肉［J］．中国中医药现代远程教育，2012，10（7）：148－149.

六、胃溃疡

胃溃疡是指穿透至黏膜肌层的胃黏膜局限性损伤，是一种常见的慢性胃肠系统疾病。本病属中医学胃脘痛、吞酸、嘈杂范畴，以上腹胃脘部近心窝处经常发生疼痛为主症，临床多按胃脘痛进行辨证治疗。

（一）中医治疗

1. 分证论治

（1）肝胃不和

［临床表现］胃脘胀痛，痛窜两胁，善太息，遇情绪波动加重，嗳气频作，得嗳气、矢气则舒，大便不畅，舌淡红，苔薄白或白厚，脉弦。

［治法］疏肝和胃，理气止痛。

［处方］四逆散和香苏散加减。柴胡6～10g，枳壳3～6g，白芍10～15g，香附10g，青皮、陈皮各6g，苏梗10g，生甘草3～6g。

［加减］引及脐腹作痛者，加乌药、木香；引及两胁者，加郁金、降香；引及胸背者，加瓜蒌、薤白；有痰滞、食积者，加半夏、神曲；兼火郁见口苦吞酸、嘈杂不舒、舌红者，加姜汁炒山栀、黄连；兼寒湿见呕吐清稀者，加吴茱萸、干姜、姜半夏；疼痛较剧者，加延胡索、川楝子。

（2）肝胃郁热

［临床表现］胃脘灼热，疼痛急迫，泛酸嘈杂，呕吐酸苦，心烦易怒，口干舌燥，大便秘结，小便黄，舌红苔黄，脉滑数。

［治法］清肝利胆，和胃止痛。

［处方］柴胡汤合左金丸加减。柴胡6g，黄芩9g，黄连6g，炒山栀6～10g，吴茱萸2～3g，牡丹皮10g，白芍10～15g，金钱草15g，败酱草15g，枳实9g，生大黄6g。

［加减］痰热互结者，表现为脘痞阻塞，喜长吸气，局部按之疼痛，不按

不痛，可伴见呕吐、食欲不振，知饥但不欲食，大便秘结，舌质红，苔黄腻或滑，脉弦滑，合小陷胸汤加减；泛酸嘈杂、口黏口苦，加乌贼骨、蒲公英；胸脘痞胀疼痛，时引两胁，加降香、郁金。

（3）脾胃虚寒

［临床表现］胃痛隐隐，饥则尤甚，可夜半痛醒，得食则缓，喜温喜按，四肢不温，局部有冷感，泛吐清水，或胃脘有振水声，神疲乏力，四肢不温，面色苍白、萎黄，大便溏薄，舌淡胖，苔白润，脉虚细、沉迟。

［治法］建中通阳，温胃散寒。

［处方］①理中汤合黄芪建中汤加减。黄芪 15g，桂枝 9g，白芍 9g，炙甘草 6g，干姜 6～12g，大枣 5 枚，党参 9g，炒白术 24g。②如兼有血证者，可见面色㿠白、大便色褐或黑、乏力气短，或有心悸、头眩等症，可选用黄土汤加减。甘草 9g，生地黄 9g，白术 15g，附子 9g，阿胶 10g，黄芩 6g，灶中黄土 250g（先煎）（或赤石脂代）。③如兼有寒饮留中者，以胃脘部怕冷甚至畏凉风、喜以衣物裹之或热水袋温之则痛减、胃部振水声、便溏为特点，舌质淡，苔白滑腻，脉滑，可选用茯苓桂枝白术甘草汤加减。茯苓 15g，桂枝 9g，白术 15g，甘草 6g，吴茱萸 3g，半夏 12g。

［加减］局部冷痛者，加干姜、吴茱萸、细辛；有嘈杂吞酸、胃酸过多者，加吴茱萸、黄连、瓦楞子、乌贼骨。

（4）瘀血阻络

［临床表现］胃脘疼痛如针刺，固定不移，拒按，痛时持久，食后加剧，入夜尤甚，或见呕血、黑便，舌质紫暗或有瘀点、斑点，脉涩。

［治法］活血化瘀，通络止痛。

［处方］下瘀血汤合失笑散加减。制大黄 6g，桃仁 12g，土鳖虫 6g，炮姜 6g，桂枝 9g，炙乳香 8g，炙没药 6g，川楝子 15g，生蒲黄（包）10g，五灵脂 10g，延胡索 10g。

［加减］疼痛重者，加三七粉（吞服），或加炙刺猬皮、九香虫；大便秘结，加当归、柏子仁、杏仁。

（5）胃阴亏耗

［临床表现］胃脘隐隐灼痛，似饥而不欲饮食，口干唇燥，五心烦热，消瘦乏力，口渴思饮，大便干结，舌红少津，脉细数。

［治法］养胃生津止痛。

［处方］竹叶石膏汤合芍药甘草汤加减。淡竹叶 9g，沙参 15g，麦冬 15g，白芍 15～30g，生甘草 10g，生石膏 15g，山药 15g，木瓜 12g。

［加减］疼痛者，加延胡索、川楝子；嘈杂、吞酸、呕吐，胃阴虚而肝气旺者，加乌梅、吴茱萸、黄连；大便秘结者，加柏子仁、瓜蒌仁、火麻仁、黑芝麻；兼气滞者，加绿萼梅、玫瑰花、佛手片、厚朴花、枇杷叶等。

（6）寒热夹杂

［临床表现］胃病日久不愈，时作时止，胃脘疼痛可因寒、热、饮食、气候、情绪等各种因素诱发，无一定规律，伴见吐清涎或酸水、腹胀肠鸣、便溏久泻、食纳不佳等，舌质淡胖、边有齿痕，舌苔薄黄而润，脉沉弦带数或虚缓带数。或胃脘疼痛或腹胀腹痛，喜温按，但心烦，身热，心胸部扪之灼手，舌质红，苔黄腻，脉沉，此为热郁胸膈、寒结脘腹。

［治法］辛开苦降，寒热并调。

［处方］①半夏泻心汤加减。姜半夏 15g，干姜 6g，党参 15g，黄连 6g，黄芩 6g，生甘草 6g，生姜 3g，大枣 10 枚。②栀子干姜汤加味。栀子 12g，干姜 9g，豆豉 12g。

［加减］脘痛腹胀者，加白芍、厚朴；呕吐清涎或酸水者，加吴茱萸、黄连；胃内有振水声或肠鸣者，加白术、桂枝、茯苓；大便溏泻者，加白术、茯苓、扁豆、薏苡仁。

2. 中成药

（1）脾胃虚寒：①良附丸：每次 3.6g，1 日 2 次，温开水送服。7 岁以上儿童服 1/2 成人量，3～7 岁儿童服 1/3 成人量。②胃气痛片：每次 5 片，1 日 2 次，早晚或痛时温开水送服。③黄芪建中丸：每次 1 丸，1 日 2 次，温开水送服。④小建中合剂：每次 20～30mL，1 日 3 次，口服。⑤丁蔻理中丸：每次 6～9g，1 日 2～3 次，温开水送服。⑥白蔻调中丸：每次 1 丸，1 日 2 次，温开水送服。⑦胃复宁胶囊：每次 4～6 粒，1 日 3 次，温开水送服。⑧虚寒胃痛冲剂：每次 1～2 袋，1 日 2 次，开水冲服。小儿用量酌减。

（2）肝胃不和：①十香止痛丸：成人每次服 1 丸，1 日 2 次，温开水送服。7 岁以上儿童服成人量的 1/2，3～7 岁儿童服成人量的 1/3。②柴胡疏肝丸：每次 1 丸，1 日 2 次，温开水送服。③胃得安胶囊：每次 4 粒，1 日 3 次，温开水送服。

（3）肝胃郁热：①左金丸：成人每次 3～6g，1 日 2～3 次，温开水送服。儿童及老人可酌情减量服用。②加味左金丸：每次 6g，1 日 2～3 次，温开水送服。7 岁以上儿童服成人量的 1/2，3～7 岁儿童服成人量的 1/3。③龙胆泻肝丸（片）：水丸剂成人每次 3～6g，1 日 3 次，温开水送服。7 岁以上儿童服 1/2 成人量。片剂每次 4～6 片，1 日 3 次，温开水送服。④健胃愈疡片：每次4～6片，1日3～4次，温开水送服。

3. 单方验方

（1）肝胃不和：胃脘胀痛，连及两肋，嗳气泛酸，善叹息，舌淡红，苔薄白或薄黄，脉弦。给予溃疡1号：乌贼骨30g，洋金花1g，黄芪30g，白及10g，川芎10g，柴胡12g，白芍12g，枳壳9g，半夏9g，甘草5g。水煎服。

（2）脾胃虚寒：胃脘隐痛，喜暖喜按，神倦便溏，舌淡胖有齿痕，苔薄白，脉细软无力。给予溃疡2号：乌贼骨30g，洋金花1g，黄芪30g，白及10g，川芎10g，白芍15g，桂枝9g，大枣4枚，甘草6g。水煎服。

（3）胃阴不足：胃脘隐痛或灼痛，口干喜冷饮，失眠，大便干，舌红干，少苔、无苔或剥苔，脉细数。给予溃疡3号：乌贼骨30g，洋金花1g，黄芪30g，白及10g，川芎10g，沙参12g，生地黄12g，枸杞9g，当归9g，陈皮9g。

（4）寒热夹杂：胃脘隐痛或胀痛，喜暖喜按，口干，失眠，大便干结或时溏时干，舌胖红有齿痕，苔白黄相间或黄腻，脉细弦数或滑数。给予溃疡4号：乌贼骨30g，洋金花1g，黄芪30g，白及10g，川芎10g，甘草15g，党参12g，黄芩9g，泽泻9g，干姜6g。水煎服。

（二）食疗药膳

1. 按分型

（1）寒邪犯胃：胃脘疼痛，常突然发作，得温痛减，畏寒喜暖，口不渴，喜热饮、热食，小便清，舌质淡红，苔白等。治宜散寒止痛。可选白胡椒煲猪肚：白胡椒粉15g，放入洗净的猪肚内，并加少许水，用线扎紧猪肚头尾，文火煲。待猪肚熟后，调味即食。3日服食1次，连续7次为1个疗程。

（2）食滞胃脘：胃脘胀痛，嗳腐吞酸，恶心，或吐宿食，吐后疼痛缓解。治宜消食导滞，理气止痛。可选槟榔茶：槟榔15g（打碎），炒莱菔子10g，陈皮、绿茶各5g。水煎代茶饮用。

（3）脾胃虚寒：胃脘隐痛，喜暖喜按，遇寒痛甚，受凉、劳累易发病，面色萎黄，纳食减少，神疲乏力，甚或手足不温，大便稀薄，舌质淡红，苔薄白。治宜温中散寒、健脾和胃。可选用草果胡椒煲猪肚：草果10g（打碎），胡椒5g，猪肚150g，武火煲汤，食猪肚，每日1次，连用7日为1个疗程。

（4）胃阴亏虚：胃脘隐痛或灼痛，口干咽燥或饥不饮食，大便干结，舌质红，少津等。治宜养阴益胃。可服用冰糖鱼鳔瘦肉煲：鱼鳔2个，猪瘦肉

50g，冰糖10g，加水适量，隔水炖熟食用。每日1剂，连续7日为1个疗程。

2. 未分型

（1）羊乳饮：羊乳250g，竹沥水15g，蜂蜜20g，韭菜汁10g。将羊乳放入奶锅内，烧沸后，加竹沥水、蜂蜜、韭菜汁，再继续用火烧沸即成。代茶饮。

（2）枇杷饮：枇杷叶10g，鲜芦根10g。将枇杷叶用刷子去毛，洗净，烘干。鲜芦根切成片。枇杷叶、鲜芦根放入锅内，加清水适量，用武火烧沸后，转用文火煮20～30分钟即成。代茶饮，温服。

（3）槟榔饮：槟榔10g，炒莱菔子10g，橘皮1块，白糖少许。将槟榔捣碎，橘皮洗净。槟榔、橘皮、莱菔子放入锅内，加清水适量，用武火烧沸后，转用文火煮30分钟，去渣留汁，加白糖搅匀即成。代茶饮。

（4）橘根猪肚：金橘根30g，猪肚1个。将金橘根和猪肚洗净切碎，加水4碗，煲成一碗半，加盐少量调味。每2天吃1次。

（5）佛手茶：鲜佛手15g（干品6g），胡桃20g，用水冲泡代茶饮；或用佛手、胡桃各20g，煎水代茶饮。

（6）柚皮粥：鲜柚皮1个，粳米60g，葱适量。柚皮放炭火上烧去棕黄色的表层并刮净，放清水中冲泡1天，切块，加水煮开后放入粳米煮粥，加葱、盐、香油调味后食用。每2天吃柚皮1个，连食4～5个。

（7）黑枣玫瑰汤：黑枣、玫瑰各适量。枣去核，装入玫瑰花，放碗中盖好，隔水煮烂即成。每日3次，每次吃枣5个，经常食用。

（8）鸡蛋莲藕汁：鸡蛋1个，莲藕250g。鸡蛋液搅匀，加藕汁30mL，酌量加冰糖调味拌匀，隔水煮熟即成。每日1剂，连服8～10日。

（9）牛肉仙人掌：鲜仙人掌30～60g，牛肉60g。将仙人掌洗净切碎，牛肉切片，共同炒熟，加适量调味品后食用。每日1次，连食5～10日。

（10）溃疡病合并出血食谱举例：

①溃疡病大量出血冷流食谱举例

早餐：牛奶（冷）150mL。

加餐：过箩米汤（冷）100mL。

午餐：蒸蛋羹（冷）150mL（鸡蛋50g）。

加餐：冲杏仁霜（冷）100mL（杏仁霜25g）。

晚餐：蒸蛋羹（冷）150mL（鸡蛋50g）。

加餐：牛奶（冷）100mL。

②溃疡病少量出血少渣半流食谱举例

早餐：大米粥（大米）25g，煮嫩鸡蛋（鸡蛋 50g），烤面包 25g。

加餐：豆浆 200mL，饼干 25g。

午餐：肉末鸡蛋面片（瘦肉末 25g，鸡蛋 25g，面粉 50g）。

加餐：冲藕粉 25g，蛋糕 50g。

晚餐：猪肝末挂面（猪肝 50g，挂面 50g，菜汁 50mL），烤馒头片 25g。

加餐：牛奶 1 杯（鲜牛奶 250mL）。

（三）预防与护理

1. 避免精神刺激、过度劳累、生活无规律、吸烟和酗酒等不良生活习惯。

2. 一般认为，胃溃疡愈合后，应给予小剂量药物的维持治疗，通常维持治疗时间为半年到 1 年，也有人主张维持治疗一年半。笔者认为时间不应少于半年，而后再间断服药 1 ~2 年。药物有多种，如甲氰咪胍类、胃速乐、胶体铋等，可根据具体情况而定。

3. 患者在饮食上应注意做到以下几点：

（1）加强营养：应选用易消化、含足够热量、蛋白质和维生素丰富的食物。如稀饭、细面条、牛奶、软米饭、豆浆、鸡蛋、瘦肉、豆腐和豆制品；富含维生素 A、B 族维生素、维生素 C 的食物，如新鲜蔬菜和水果等。

（2）限制多渣食物：应避免吃油煎、油炸食物，以及含粗纤维较多的芹菜、韭菜、豆芽、火腿、腊肉、鱼干及各种粗粮。

（3）不吃刺激性大的食物，禁吃刺激胃酸分泌的食物，如肉汤、生葱、生蒜、浓缩果汁、咖啡、酒、浓茶等，以及过甜、过酸、过咸、过热、生、冷、粗硬等食物。

（4）溃疡患者还应戒烟。

（5）烹调以蒸、烧、炒、炖等法为佳。

（6）合理饮食，吃饭定时、定量，细嚼慢咽。不宜饱食、暴食。

（7）常吃香蕉、蜂蜜等能润肠的食物。

另外，还需要注意避免诱发因素，保持心情愉快，注意休息，劳逸结合，戒烟，少饮酒，避免服用损伤胃黏膜的药物等。但同时也应注意，在溃疡的非急性期，不必规定特殊饮食，以免造成营养不良、贫血及体重减轻等不良后果。

许文学，杨建宇，李杨，等．中医治疗癌前病变专题讲座（六）——胃溃疡［J］．中国中医药现代远程教育，2012，10（8）：117 -119.

七、慢性萎缩性胃炎

慢性萎缩性胃炎（chronic atrophic gastritis，CAG）是消化系统疾病中常见病和疑难病之一，以胃黏膜萎缩变薄，固有腺体减少或消失，黏膜肌层增厚及伴有肠上皮化生、不典型增生为特征，临床上以胃脘胀满、疼痛，嘈杂纳少，大便或干或稀为主要表现。由于本病以慢性上腹部疼痛为特点，所以归属于中医学胃痛、胃痞、噫气等范畴。WHO 将 CAG 列为胃癌的癌前状态，目前尚无理想的治疗方法，运用中医药治疗本病可阻断或逆转其癌变倾向，疗效显著。

（一）中医治疗

1. 分型论治

（1）脾胃湿热

［临床表现］胃脘痞闷或灼热胀痛，渴不欲饮，口苦口黏，口臭纳呆，或腹胀、便溏，舌质红，苔黄腻，脉弦数或弦滑。

［治法］清热化湿，和胃止痛。

［处方］清中汤加减。黄连 6g，栀子、半夏、枳实、茯苓各 15g，陈皮 12g，豆蔻 10g，蒲公英 20g，甘草 6g。

［加减］气虚者，加太子参 15g；湿重、脘闷、苔腻者，加藿香 12g，厚朴 15g；积滞者，加神曲、麦芽各 15g；瘀血者，加延胡索 10g。

（2）肝胃不和

［临床表现］胃脘胀痛，痛连胸胁，嗳气频作，嘈杂泛酸，食欲不振，大便不畅，且发病与情志有关，舌质红，苔薄黄，脉弦。

［治法］疏肝和胃，行气消胀。

［处方］柴胡疏肝散合四逆散加减。柴胡、枳壳、木香、当归、白芍、佛手各 10g，陈皮、川芎各 12g，香附、郁金各 15g，甘草 6g。

［加减］胃脘痛甚者，加川楝子 10g，延胡索 15g；气郁化火者，加蒲公英 20g，栀子 15g；兼瘀血者，加丹参 15g。

（3）脾胃虚弱

［临床表现］胃脘隐痛，喜暖喜按，食后胀闷痞满，纳差食少，面色萎黄，神疲乏力，便溏或腹泻，舌质淡红，苔薄白，脉细。

［治法］健脾益气养胃。

［处方］香砂六君子汤加味。党参 20g，白术、茯苓各 15g，陈皮、半夏

各12g，木香、枳实、厚朴各10g，砂仁6g，甘草6g。

［加减］神疲、畏寒肢冷、面色不华者，可用附子理中丸；嘈杂泛酸明显者，配用左金丸；脾虚便溏重者，加炒山药20g。

（4）胃阴不足

［临床表现］胃脘隐隐灼痛，甚至胃有灼热感，嘈杂善饥，饥不欲食，痛则喜按，口燥咽干，烦渴思饮，大便秘结，舌红少津，苔少或剥，脉细数。

［治法］养阴益胃。

［处方］一贯煎加减。北沙参、麦冬、生地黄、石斛、当归、白芍各15g，川楝子、佛手各10g，蒲公英20g，甘草6g。

［加减］气虚者，加太子参20g；血瘀者，加桃仁10g，丹参15g；胃酸缺乏者，加乌梅、山楂各15g。

（5）胃络瘀血

［临床表现］胃痛较剧，或如锥刺，持续不已，固定不移，拒按，或见吐血，便黑，甚至纳谷锐减，干呕，形体消瘦，面色晦暗，舌质紫暗或有瘀斑，脉涩。

［治法］活血化瘀，通络止痛。

［处方］活络笑灵丹合失笑散加减。当归、丹参、五灵脂（包煎）、蒲黄各15g，陈皮、郁金、枳壳各12g，乳香、没药各9g。

［加减］气虚者，加黄芪30g，党参15g；气滞明显者，加厚朴15g，木香10g；胃络损伤，大便色黑者，加地榆、白及各15g，并用三七粉3g冲服。

2. 中成药

（1）温胃舒胶囊：主要由党参、白术、山楂、黄芪、肉苁蓉等组成。主要功效为扶正固本，温胃养胃，行气止痛，助阳暖中。治疗CAG、慢性胃炎所引起的胃脘冷痛、胀气、嗳气、纳差、畏寒、无力等症。

（2）阴虚胃痛冲剂：主要由北沙参、麦冬、五味子、甘草等组成。主要功效为养阴益胃，缓中止痛。治疗胃阴不足引起的胃脘部隐隐灼痛、口干舌燥、纳呆干呕等症，临床主要用于慢性浅表性胃炎、CAG、消化性溃疡等病。

（3）养胃舒胶囊：主要由党参、黄精、玄参、乌梅、白术、菟丝子等组成。主要功效为扶正固本，滋阴养胃，调理中焦，行气消导。治疗CAG、慢性胃炎所引起的胃脘热胀痛、手足心热、口干、口苦、纳差等症。

（4）虚寒胃痛冲剂：主要由白芍、干姜、党参、甘草、大枣等组成。主要功效为温胃止痛，健脾益气。治疗脾虚胃弱引起的胃脘隐痛、喜温喜按、遇冷或空腹痛重，临床主要用于十二指肠球部溃疡、CAG等病。

（5）三九胃泰：主要由三桠苦、九里香、白芍、生地黄、木香组成。主要功效为消炎止痛，理气健胃。治疗浅表性胃炎、糜烂性胃炎、CAG等各类型胃炎。

（6）猴菇菌片：主要由猴头菌组成。主要功效为消炎止痛，扶助正气。治疗CAG、消化性溃疡、胃癌、食管癌等。

（7）胃乃安胶囊：主要由黄芪、三七、合成牛黄、珍珠层粉组成。主要功效为补气健脾，宁心安神，行气活血，消炎生肌。治疗慢性浅表性胃炎、CAG、胃及十二指肠溃疡等。

（8）胃康灵胶囊：主要由白芍、甘草、延胡索、三七等8味药物组成。主要功效为柔肝和胃，散瘀止血，缓急止痛，去腐生新。治疗急性胃炎、慢性浅表性胃炎、CAG、消化性溃疡及胃出血等症。

（9）养胃冲剂：主要由黄芪、白芍、怀山药、香附、党参、甘草、陈皮等组成。主要功效为养胃健脾，理气和中。治疗CAG等。

（10）复方胃乐舒口服液：主要由猴头菌浓缩液、蜂王浆、蜂蜜等组成。主要功效为利五脏，助消化，提高机体免疫力。治疗消化性溃疡及胃炎、CAG属脾胃虚弱证，并可用于胃肠病恢复期的调治。

3. 单方验方

（1）半夏泻心汤合芍药甘草汤：方出张仲景《伤寒论》。白芍15g，炙甘草、半夏、黄芩、黄连、厚朴各9g，干姜6g，人参3g，大枣6枚。随症加减：夹血瘀者，加蒲黄、五灵脂；胃热重者，加蒲公英、百合、连翘；胀闷重者，加砂仁、木香、乌药；伴泛酸者，加竹茹、瓦楞子、海螵蛸；伴恶心、呕吐者，加旋覆花、代赭石；伴食欲不振者，加焦山楂、神曲、麦芽、草豆蔻；胃阴不足者，减干姜、人参，加天花粉、石斛、玉竹。每日1剂，水煎服。

（2）张镜人验方：太子参9g，南沙参9g，川石斛12g，炒赤芍9g，清炙草5g，白花蛇舌草30g，铁树叶30g，平地木15g，旋覆花9g，代赭石15g，九香虫5g，八月札12g，徐长卿15g，血竭2g（研粉吞），炒山楂、神曲各9g，乌梅肉9g。治疗慢性浅表性胃炎伴局限性萎缩。

（3）董建华验方：酒大黄5g，黄连、黄芩、枳壳、瓜蒌、香橼皮、佛手、大腹皮各1摊，煎服。治疗脾胃郁热之胃脘痛。

（4）益中活血汤：黄芪30g，肉桂8g，吴茱萸10g，丹参15g，乳香8g，没药8g，生蒲黄13g，三棱10g，莪术10g，川芎12g，乌药10g。食道裂孔疝者，加生赭石、半夏等；胃黏膜脱垂者，加柴胡、升麻、党参、枳实等。每日1剂，水煎，分2次温服。轻度者连服40日，中、重度者连服60日。

（5）健胃茶：生黄芪4.5g，徐长卿3g，麦冬或北沙参3g，乌梅肉1.5g，生甘草1.5g。上药共为粗末，代茶泡饮，每日2次。偏虚寒者，加当归3g，红茶末1.5g；偏虚热者，加丹参3g，绿茶末1.5g。

（6）枸杞散：宁夏枸杞子，洗净，烘干打碎分装。空腹时嚼服，每次10g，每天2次。停服其他中西药物，2个月为1个疗程。

（7）其他：乌梅肉，略焙，饭后食1枚。话梅、山楂片均可防治CAG。

4. 药物外治法

（1）外敷法：寒凝瘀血阻络型胃炎者，取干姜、细辛、甘松、乳香、没药、花椒适量，研成细粉，生姜汁或醋调，蒸热后贴敷神阙穴；肝胃郁热型胃炎者，取大黄、玄明粉、栀子、香附、郁金、滑石、甘草、黄芩，共为细末，醋调敷于神阙穴。

（2）刮痧疗法：取胃俞、脾俞、命门、足三里、中脘、天枢、气海穴，每次刮试以出痧为度，两次刮痧间需间隔3天（一般以皮肤痧退为准）。

（3）腹部透热疗法：以超短波或红外线在上腹部理疗，或行腹部电疗法，每次20分钟。

（4）体育疗法：以习练太极拳、内养功、中速行走为妥。

医生应根据患者病情任选两种或两种以上疗法，可交替运用。

5. 推拿疗法

（1）腹部按摩：以神阙穴为中心，用摩法顺时针环形按摩，手法柔和，节奏均匀，以透热为度，每次10分钟。

（2）推背捏脊：在背部两侧膀胱经自上而下反复推擦，以皮肤微红透热为度，然后再由八髎穴始，自下而上行捏脊疗法。

（3）足部按摩：取足底反射区胃、脾、肝、脑垂体、腹腔神经丛、胸部淋巴结、下身淋巴结为主要按摩区域。按摩时需根据患者的具体情况及对痛觉的敏感程度灵活掌握用力大小，每次30分钟。

6. 针灸疗法

（1）体针疗法：以内关、足三里、中脘为主穴，胃俞、肝俞、脾俞、太冲为配穴。虚证用补法，实证用泻法，留针20分钟。

（2）耳针疗法：取胃、脾、交感、内分泌、皮质下、神门穴，放置王不留行籽，嘱患者每日捏压王不留行籽3～5分钟。每2日换1次，双侧交替使用。

（3）穴位注射疗法：取双侧胃俞、脾俞、相应夹脊、内关、足三里，以及中脘穴。选用红花注射液、黄芪注射液、当归注射液、阿托品或普鲁卡因注射液注射于上述穴位，每次1~3穴。每穴2mL，隔日1次。

（4）埋线疗法：①足三里（左），胃俞透脾俞；②中脘透上脘，足三里（右）；③下脘、灵台、梁门。以上三组穴位轮流使用，用羊肠线理植，每次间隔20~30天。

（5）艾灸疗法：以中脘、足三里、胃俞、脾俞为主穴，腹中冷痛加灸神阙，恶心、呕吐加灸上脘，腹泻加灸天枢。每次20分钟。

7. 其他疗法

（1）拔罐疗法：属虚寒型胃炎患者，针灸后可在中脘、神阙穴处拔罐，每次15分钟。

（2）毫米波照射疗法：用毫米波治疗仪在左上腹部进行照射，探头距皮肤约1m，每次照射30分钟，每日照射1次。

（二）食疗药膳

临床实践证明，萎缩性胃炎患者在服药的同时，配合食疗方治疗，颇有良效。

1. 姜枣猪肚汤 猪肚150g，生姜15g，大枣20g。将猪肚放陶瓷盆内，加生姜、大枣、少许盐及水，隔水炖熟后分2次食用。此汤可治疗CAG因胃阳虚所致的吐清水等。

2. 参须石斛滋胃汤 人参须10~15g，石斛12~15g，玉竹12g，怀山药12g，乌梅3枚，大枣6枚。上药共水煎，分2次服用。主治CAG因气阴不足所致的纳少、胃脘不舒、食欲不振等。

3. 洋参灵芝香菇散 西洋参30g，灵芝、香菇各30g。上药焙干，共研细末，每服2~3g，1日2次，温开水送服。本药膳有益气滋阴、补益脾胃的功效，用于CAG食欲不振者。

4. 胡萝卜怀山内金汤 胡萝卜250g，怀山药20~30g，鸡内金10~15g。胡萝卜、怀山药洗净切块，与鸡内金同煮半小时，加红糖少许，饮汤。本药膳健脾胃、助消化，用于脾胃气虚所致的纳差、消化不良等。其尚有防恶变之功效。

5. 党参粟米茶 党参20~30g（粉碎），粟米100g。上药炒熟，加水1000mL煮，煮取500mL，当茶饮。本药膳适用于脾胃虚弱、食欲不振的胃痛，可作为CAG的辅助治疗。

6. 黄精鸡 黄精100g，鸡1只。将鸡去毛及内脏，切块，置碗中，放入黄精，加适量水，蒸熟，分数次食用。本药膳滋补肝肾、补益脾胃，用于肝肾虚者或脾胃虚者。

7. 糯米百合莲子粥 糯米100g，百合25～50g，莲子20～25g（去心），红糖适量。上药共煮粥，每日1次，连服7～15日。本药膳养胃缓痛、补心安神，用于CAG之脾胃虚弱、心脾虚或心阴不足等。

8. 威灵仙蛋汤 威灵仙30g，加水200mL，煎半小时，去渣取汁，打生鸡蛋2个，兑入药汁，加红糖5g，共煮成蛋汤。每日服1剂，连服2剂。主治CAG。

9. 益中补血粥 黄芪30g，肉桂8g，丹参15g，乳香、没药各8g，大枣4枚，薏苡仁100g。先将上药（除薏苡仁外）煎汁，再与薏苡仁共煮粥，每日1剂，分2次服。30天为1个疗程，主治CAG。

10. 猪肚煨胡椒 猪肚1只，洗净，胡椒9～15g，研末放入猪肚内，用线扎紧，文火煨炖，熟后加调味品，饮汤食肚。2～3日1次。本方温脾胃、祛寒通脉，用于CAG之胃脘冷痛症。

11. 当归生姜羊肉汤 当归15g，生姜5g，羊肉里脊300g，花椒5g。取当归、生姜，洗净羊肉里脊，切块备用。先清水炖生羊肉，至七成熟，入当归、生姜、花椒，小火炖30分钟至1小时，熟后放盐2g，出锅，喝汤食肉。本方温养脾胃阳气、散寒止痛，适用于CAG之中阳虚寒盛体质，症见胃脘冷痛、食欲不振、大便溏稀者。

12. 砂仁粥 砂仁10g，大米25g，小米25g。砂仁略洗去浮尘及杂质，装纱布袋封口，加水2000mL，煮30分钟后将药袋取出，药水备用。小米、大米洗净入锅，加药水，煮取500mL左右，分2次吃完。

13. 桑椹粥 桑椹子20g，粳米50g，蜂蜜10g，煮粥服用。本药膳适用于肝肾阴虚、精血不足、易头晕目眩的CAG。

14. 莲子粥 莲子50g，粳米100g。将上述配方洗净入锅加水，共煮成粥。莲子有清心除烦、健脾止泻作用，莲子与粳米一同煮，还能养脾涩肠，对CAG脾虚久泻的人尤为适用。

15. 山楂粥 生、炒麦芽各10g，加入500mL水煮成300mL服用。本粥适用于胃酸少、餐后腹胀的CAG。

（三）预防与护理

养成良好的饮食、生活习惯是防治CAG的关键，应做到以下几点。

1. 细嚼慢咽，减少食物对胃黏膜的刺激。
2. 饮食应有节律，忌暴饮、暴食及食无定时。

3. 注意饮食卫生，杜绝外界微生物对胃黏膜的侵害。

4. 尽量做到进食较精细、易消化、富有营养的食物。

5. 饮食清淡，少食肥、甘、厚、腻、辛辣等食物，少饮酒及浓茶。

6. 积极防治急性胃炎，彻底治疗口腔、鼻腔、咽喉部慢性感染灶。

7. 合理安排生活和工作，避免精神过度紧张、精神刺激和过度疲劳。

8. 调畅情志，远烦息怒，如《医宗金鉴·内景》曰："胃病治法……澄心息虑，从容以待真气之复常也。"

9. 时时顾护胃气，取药应"平和"，慎用开破之品；寒性胃痛，宜温服汤药，并宜在疼痛发作前服药；对热性胃痛，宜稍凉服；有呕吐或服药困难者，可多次分服；有的丸药质地较硬，则须用温水化开服用。

许文学，杨建宇，李杨，等. 中医治疗癌前病变专题讲座（七）——慢性萎缩性胃炎［J］. 中国中医药现代远程教育，2012，10（9）：112－115.

八、胆囊良性疾病

根据临床观察，胆囊癌常与胆囊良性疾患同时存在，包括胆囊结石、慢性胆囊炎、胆囊息肉、黄色肉芽肿性胆囊炎、胆囊腺肌瘤病等病症，最常见的是与胆囊结石共存。多数人认为胆囊结石的慢性刺激是重要的致病因素。Moosa 指出，"隐性结石" 5～20 年后发生胆囊癌者占 3.3%～50%。国内大宗资料报告，20%～82.6% 的胆囊癌合并胆结石，国外报告则高达 54.3%～100%。癌肿的发生与结石的大小关系密切，结石直径小于 10mm 者癌发生的概率为 1.0%，结石直径 20～22mm 者的概率为 2.4%，结石直径在 30mm 以上者的概率可高达 10%。还有人提出胆囊癌的发生可能与患者的胆总管下端和主胰管的会合连接处存在畸形有关，其畸形使胰液进入胆管内，使胆汁内的胰液浓度升高，引起胆囊的慢性炎症黏膜变化，最后发生癌变。因此，积极寻找理想的防治胆囊良性疾患方案对胆囊癌的一级预防及改善患者的生活质量有重要的现实意义。

胆囊疾患属于中医学胁痛范畴。中医学认为，肝居胁下，其经脉布于两胁，胆附于肝，其脉亦循于胁，所以，胁痛多与肝胆疾病有关。凡情志抑郁，肝气郁结，或过食肥甘，嗜酒无度，或久病体虚，忧思劳倦，或跌仆外伤等皆可导致胁痛。

胆囊癌早期无特异性临床表现，或只有慢性胆囊炎的症状，早期诊断很困难，一旦出现上腹部持续性疼痛、包块、黄疸等，病变已到晚期，其各种检查亦出现异常。因此，对于胆囊区不适或疼痛的患者，特别是 50 岁以上的中老年患者，有胆囊结石炎症息肉者，应定期进行B超检查以求早日明确诊断。

（一）中医治疗

1. 分证论治

（1）肝气郁结

［临床表现］胁胀痛，走窜不定，每因情志而增减，胸闷气短，嗳气频作，苔薄，脉弦。

［治法］疏肝理气。

［方药］①柴胡疏肝散（《景岳全书》）加减。柴胡12g，枳壳、香附、川芎各10g，白芍15g，佛手12g，青皮6g，郁金12g，甘草6g。水煎服。肝郁化火者，加牡丹皮10g，栀子12g。②中成药：金佛止痛丸，每次1瓶，每日2～3次。舒肝丸，每次1粒，每日2次。③单方验方：橘叶饮（赖天松主编《临床奇效新方》）。橘叶、柴胡、延胡索、川楝子、白芍、鸡内金各15g，川芎10g，郁金30g。水煎服。

（2）瘀血停着

［临床表现］胁肋刺痛，痛有定处，胁下或见积块，舌质紫暗，脉沉涩。

［治法］祛瘀通络。

［方药］①失笑散（《太平惠和剂局方》）合丹参饮（《医宗金鉴》）加减。当归12g，丹参20g，乳香、没药各9g，延胡索12g，郁金、柴胡各10g，三棱9g，甘草6g。水煎服。②中成药：云南白药，每次1g，每日3次。三七片，每次4片，每日3次。③单方验方：失笑散（刘国普验方）加味。五灵脂、蒲黄、郁金、三棱、当归尾各10g，枳壳12g，鸡内金9g，金钱草、绵茵陈各15g。水煎服。

（3）肝胆湿热

［临床表现］胁肋灼痛或绞痛，胸闷纳呆，口干口苦，呕恶，或发热，或黄疸，舌红，苔黄腻，脉弦滑数。

［治法］清利湿热。

［方药］①龙胆泻肝汤（《兰室秘藏》）加减。龙胆草、黄芩、柴胡各12g，栀子、木通各10g，车前子12g，绵茵陈20g，川楝子10g，广木香6g（后下），甘草6g。水煎服。若砂石阻滞胆道者，可加金钱草30g，郁金12g。②中成药：龙胆泻肝丸，每次9g，每日3次。③单方验方：虎忍雪合剂（赖天松主编《临床奇效新方》）。虎杖、忍冬藤、六月雪、绵茵陈、生地黄各15g，半枝莲30g，白茅根、板蓝根各30g。水煎服。

（4）肝阴不足

［临床表现］胁痛隐隐，遇劳加重，口干咽燥，心中烦热，头晕目眩，舌红少苔，脉弦细数。

［治法］养阴柔肝。

［方药］①一贯煎（《柳州医话》）加味。生地黄、枸杞子、沙参、麦冬、白芍、女贞子、旱莲草各15g，当归、川楝子、佛手各10g，甘草6g。水煎服。②中成药：六味地黄丸，每次9g，每日2次。③单方验方：养肝汤（胡衡甫验方）。生地黄、枸杞子、当归、沙参各12g，白芍15g，山茱萸、川楝子、炒谷芽、炒麦芽、麦冬各10g。水煎服。

2. 治黄疸简便验方 ①治胆囊疾患，症见右腹肿胀疼痛、黄疸者：茵陈蒿18g，栀子（劈）15g，大黄（去皮）6g，以水1.2L，先煮茵陈至600mL，加栀子、大黄，煮取300mL，去滓，分3次服。方出《伤寒论》茵陈蒿汤。②治胆囊疾患证属湿热黄疸：大黄、黄柏、硝石各12g，栀子9g。以水600mL，煮取200mL，去渣，纳硝，更煮取100mL，顿服。方出《金匮要略》大黄硝石汤。

3. 外治法 ①葱白20g，莱菔子15g，共捣烂后加热，外敷于痛处。②香附30g，盐适量，混合后捣烂，外敷于痛处。③冰蟾皮穴位贴敷：药用鲜蟾皮（摘除时尽量不破坏毒腺）、冰片、大蒜（以独头蒜为佳）。大蒜横切，用其截面涂擦痛点及胆俞穴，面积直径为5～6cm，再将冰片研末，均匀地撒在蟾皮表面（每个蟾皮撒冰片1g左右），然后将冰蟾皮外敷于涂有蒜汁的部位，用纱布外敷，胶布固定，日2次。

4. 针灸疗法

（1）体针疗法：实证取期门、支沟、阳陵泉、足三里、太冲，用泻法；虚证取肝俞、肾俞、期门、行间、足三里、三阴交，用平补平泻法。

（2）皮肤针疗法：用皮肤针叩打胸胁痛处，加拔火罐。

（3）耳针疗法：取患侧肝、胆、神门、胸等穴，实证用强刺激，虚证用轻刺激，留针30分钟；或埋皮内针。

（4）穴位注射疗法：疼痛难忍者可采用穴位注射疗法，用维生素B_{12} 500mg，维生素B_1 100mg，2%利多卡因3mL混合，取足三里、阳陵泉穴注射。

（二）食疗药膳

1. 宜 ①宜多吃具有抗胆管癌作用的食物：鱼翅、鸡肫、荞麦、薏苡仁、豆腐渣、猴头菇。②宜多吃具有抗感染、抗癌作用的食物：荞麦、绿豆、油菜、香椿、芋艿、葱白、苦瓜、百合、马兰头、地耳、鲤鱼、水蛇、虾、泥鳅、海蜇、黄颡鱼、针鱼。③宜食具有利胆通便作用的食物：羊蹄菜、牛蒡根、无花果、胡桃、芝麻、金针菜、海参。④食欲差宜吃杨梅、山药、薏苡仁、萝卜、塘虱、恭菜。

2. 忌 ①忌动物脂肪及油腻食物。②忌暴饮暴食、饮食过饱。③忌烟、酒及辛辣刺激性食物。④忌霉变、油煎、烟熏、腌制食物。⑤忌坚硬、黏滞不易消化食物。

3. 具体食疗 ①素馨花茶：素馨花10g，冰糖适量，用开水泡服。适用于肝气郁结型。②郁金三七花煲瘦肉：三七花15g，郁金10g，猪瘦肉100g，共煲汤，加盐调味，吃肉饮汤。适用于瘀血停着型。③鸡骨草煲瘦肉：鸡骨草30g，猪瘦肉100g，共煲汤，加盐调味，吃肉饮汤。适用于湿热型。④沙参玉竹煲老鸭：北沙参、玉竹各30g，老鸭半只，加水煲至烂熟，加盐调味服食。适用于肝阴不足型。

（三）预防与护理

1. 患者应认识各种高危因素，并应较积极地治疗各种早期胆囊疾患。

2. 肥胖指数高者胆囊癌发生率也高，肥胖者应积极减肥，控制体重。

3. 饮食调节：胆囊病变患者因胆汁排泄不畅影响食物的消化和吸收，特别是对脂肪性食物更难消化，患者常表现为纳呆、食少、腹胀、大便不调。选择易消化吸收并富有营养的食物，如新鲜水果和蔬菜，少吃或不吃高脂肪食物，禁烟酒，多饮开水。

4. 彻底治疗胆囊结石、慢性胆囊炎、胆囊息肉、黄色肉芽肿性胆囊炎、胆囊腺肌瘤病等病症。及时控制胆道系统感染，积极治疗易发生结石的相关疾病，如糖尿病、慢性肝病等，彻底治疗急性胆囊炎，避免其转为慢性。

5. 心理护理：情绪因素对疾病的发展和治疗效果及预后都有着重要影响。医护人员应鼓励患者保持乐观的心态，树立战胜疾病的信心，充分发挥机体的潜在能力，使患者能够积极配合治疗，提高效果。

6. 鼓励患者做力所能及的事，以转移不良情绪，自我调理心态，如练气功、散步、听科普知识，做到动静结合。

7. 静卧休息时应保持舒适的卧位，一般以左侧卧位、仰卧位为佳，以防胆囊部位受压。

许文学，杨建宇，李杨，等．中医治疗癌前病变专题讲座（八）——胆囊良性疾病［J］．中国中医药现代远程教育，2012，10（10）：84－85.

九、肺纤维化

特发性肺间质纤维化（简称“肺纤维化”）是大多数间质性肺病共同的病理基础过程。初期损伤之后有肺泡炎，随着炎性-免疫反应的进展，肺泡壁、气道和血管最终都会产生不可逆的肺部瘢痕（纤维化）。炎症和异常修复导致肺间质细胞增殖，产生大量的胶原和细胞外基质。肺组织的正常结构为囊性空腔所替代，这些囊性空腔有增厚的纤维组织所包绕，此为晚期的“蜂窝肺”。肺间质纤维化和“蜂窝肺”的形成，导致肺泡气体-交换单元持久性丧失。肺纤维化发展过程中肺泡塌陷是失去上皮细胞的结果，暴露的基底膜可直接接触和形成纤维组织，大量肺泡塌陷即形成密集的瘢痕，形成蜂窝样改变。蜂窝样改变是瘢痕和结构重组的一种表现。

肺纤维化属于中医学肺痿范畴。中医学认为，肺燥阴伤和肺气虚冷是病机的主要方面。临床上多见于素体阴虚燥热，或因急性感染加重者，此为虚热肺痿。虚冷肺痿多因内伤久咳、久喘等耗气伤阳，或虚热肺痿迁延日久，阴伤及阳，肺虚有寒，失于濡养。

肺纤维化多在40~50岁发病，男性多于女性。呼吸困难是肺纤维化最常见症状。轻度肺纤维化时，呼吸困难仅在剧烈活动时出现，因此常常被忽视或误诊为其他疾病。当肺纤维化进展时，在静息时也发生呼吸困难，严重的肺纤维化患者可出现进行性呼吸困难。其他症状有干咳、乏力。50%的患者有杵状指和发绀，在肺底部可闻及吸气末细小泡裂音。早期虽有呼吸困难，但X线胸片可能基本正常；中后期出现两肺中下野弥散性网状或结节状阴影，偶见胸膜腔积液，增厚或钙化。肺组织纤维化的严重后果是导致正常肺组织结构改变、功能丧失，即大量没有气体交换功能的纤维化组织代替肺泡，导致氧不能进入血液。患者表现为呼吸不畅，缺氧，酸中毒，丧失劳动力，只能靠呼吸机生存，最后衰竭、死亡。目前许多研究均证实肺纤维化与肺癌之间存在紧密联系，肺纤维化患者中肺癌的发生率明显高于普通人群，因此，积极寻找理想的防治肺纤维化方案，对肺癌的一级预防及改善肺纤维化患者的生活质量有重要的现实意义。

（一）中医治疗

1. 分证论治

（1）虚热型

［临床表现］咳吐涎沫，其质黏稠，或咳痰带血，咳声不扬，气急喘促，

口干咽燥，舌质红而干，脉虚数。

［治法］滋阴清热润肺。

［方药］①麦冬汤（《金匮要略》）加减。党参15g，麦冬12g，法半夏10g，山药18g，玉竹15g，石斛12g，甘草6g。水煎服，每日1剂。②中成药：百花定喘丸，每次1丸，每日2～3次。蛤蚧定喘丸，每次6g，每日2次。

（2）虚寒型

［临床表现］吐涎沫，质清稀、量多，口淡不渴，短气不足以息，神疲乏力，食少便溏，小便数，舌质淡，脉虚弱。

［治法］温肺益气。

［方药］①甘草干姜汤（《金匮要略》）加味。炙甘草9g，干姜12g，党参15g，白术12g，茯苓12g，黄芪12g，大枣5枚。水煎服，每日1剂。②中成药：蛇胆半夏片，每次2～4片，每日3次。③单方验方：紫河车粉（方药中等主编《实用中医内科学》）。紫河车1具，研末，每次3g，每日1～2次。

2. 中成药

（1）百花定喘丸：主要功效为清热化痰，止咳定喘。用于痰热咳喘，胸满不畅，咽干口渴。

（2）蛤蚧定喘丸：主要成分为蛤蚧、瓜蒌子、麻黄、石膏、黄芩、黄连、苦杏仁（炒）、紫苏子（炒）、紫菀、百合、麦冬、甘草等。主要功效为滋阴清肺，止咳定喘。用于虚劳久咳，年老哮喘，气短发热，胸满郁闷，自汗盗汗，不思饮食。

（3）蛇胆半夏片：主要成分为蛇胆、半夏。主要功效为祛风化痰，和胃下气。用于呕吐咳嗽，痰多气喘。

3. 分期治疗

（1）急性期：常因外感六淫诱发，以痰、瘀、热、毒等阻滞肺络最为多见。因此，解表化痰通络和清热利湿解毒、活血化痰通络为肺纤维化急性期常用之法。①解表化痰通络：肺纤维化常因外感六淫诱发、加重和恶化，尤以风寒袭肺、风热犯肺、风燥伤肺之证最为多见。“络以辛为泄”，因此，若因风寒袭肺诱发者，治以辛温解表、散寒通络，小青龙汤加减，药用炙麻黄、桂枝、白芍、干姜、细辛、五味子、制半夏、厚朴、杏仁、甘草等。若因风热犯肺诱发者，治以辛凉解表、化痰通络，银翘散加减，药用金银花、连翘、荆芥、薄荷、牛蒡子、淡豆豉、桃仁、杏仁、漏芦等。若因风燥伤肺诱发者，治以疏风清热、润燥通络，桑杏汤加减，药用桑叶、杏仁、浙贝母、南沙参、栀子、淡豆豉、蝉蜕、炙枇杷叶等。②清热利湿解毒，活血化瘀通络：肺纤维化急性期易出现痰湿内阻，郁而化热，蕴久成毒，毒瘀阻络而为肺痹。因此，清热利湿解毒、活血化瘀通络也为肺纤维化急性期常用治法。方选小陷胸汤合当归贝母苦参丸加减，药用全瓜蒌、黄芩、清半夏、当归、浙贝母、苦参、连翘、郁金、牡丹皮、丹参等；亦可选用清开灵注射液合复方丹参注射液静脉点滴，以迅速控制病情，抑制炎症渗出，改善疾病预后。

（2）慢性迁延期：络虚不荣、虚实夹杂为慢性迁延期病机特点。“大凡络虚，通补最宜”（叶天士《临证指南医案》），故通补兼施、寓通于补为肺纤维化慢性迁延期总的施治原则。①益气活血，化痰通络：肺纤维化反复发作，迁延不愈，终致气虚、血瘀、痰阻，本虚标实，虚实夹杂。气虚血瘀痰阻为肺纤维化慢性迁延期常见证候，故益气活血、化痰通络法为肺纤维化慢性迁延期的主要治法。药用党参、黄芪、赤芍、川芎、地龙、桂枝、法半夏、旋覆花、皂角刺、白芥子等。亦可选用参芪扶正注射液合川芎嗪注射液静脉点滴，以益气活血通络。②益气养阴，化瘀解毒通络：放射性肺炎及弥漫性间质性肺病长期应用糖皮质激素后易出现气阴两虚、瘀毒阻络证候。因此，益气养阴、化瘀解毒通络为其常用治法。药用太子参、沙参、麦冬、五味子、百合、当归、丹参、牡丹皮、浙贝母、海蛤壳等。亦可选用生脉注射液合脉络宁注射液或复方丹参注射液静脉点滴，以益气养阴、活血通络。③益肺肾，化痰瘀，通肺络：肺肾两虚、痰瘀阻络可谓肺痿沉疴之最终病理机转，益肺肾、化痰瘀、通肺络之法实乃治疗肺纤维化中晚期之根本法则。具体药物可选用熟地黄、当归、冬虫夏草、山茱萸、浙贝母、三棱、莪术、水蛭、丝瓜络等。

4. 单方验方

（1）肺痿（头昏眩，吐涎沫，小便频数，但不咳嗽）：炙甘草12g，炮干姜6g，水煎服。此方名“甘草干姜汤”。

（2）肺痿久嗽（恶寒发烧，骨节不适，嗽唾不止）：炙甘草9g，研细，每日取0.3g，童便调下。

（3）骨蒸肺痿：芦根、麦冬、地骨皮、生姜各30g，梧皮、茯苓各15g，水煎，分5次服，得汗即愈。

（二）食疗药膳

1. 宜

（1）多食具有增强机体免疫力、抗肺癌作用的食物，如薏苡仁、甜杏仁、菱、牡蛎、海蜇、黄鱼、海龟、蟹、鲎、蚶、海参、茯苓、山药、大枣、乌梢蛇、四季豆、香菇、核桃、甲鱼。

（2）咳嗽多痰宜吃白果、萝卜、芥菜、杏仁、橘皮、枇杷、橄榄、橘饼、海蜇、荸荠、海带、紫菜、冬瓜、丝瓜、芝麻、无花果、松子、核桃、淡菜、罗汉果、桃、橙、柚等。

（3）发热宜吃黄瓜、冬瓜、苦瓜、莴苣、茄子、发菜、百合、苋菜、荠菜、蕹菜、石花菜、马齿苋、梅、西瓜、菠萝、梨、柿、橘、柠檬、橄榄、桑椹子、荸荠、鸭、青鱼。

（4）咯血宜吃青梅、藕、甘蔗、梨、棉、海蜇、海参、莲子、菱、海带、荞麦、黑豆、豆腐、荠菜、茄子、牛奶、鲫鱼、龟、鲩鱼、乌贼、黄鱼、甲鱼、牡蛎、淡菜。

（5）减轻药物副作用的食物：鹅血、蘑菇、鲨鱼、桂圆、黄鳝、核桃、甲鱼、乌龟、猕猴桃、莼菜、金针菜、大枣、葵花籽、苹果、鲤鱼、绿豆、黄豆、赤豆、虾、蟹、泥鳅、塘鲺、鲩鱼、马哈鱼、绿茶、田螺。

2. 忌 ①忌烟、酒。②忌辛辣刺激性食物：葱、蒜、韭菜、姜、花椒、辣椒、桂皮等。③忌油煎、烧烤等热性食物。④忌油腻、黏滞生痰的食物。

（三）预防与护理

1. 禁止和控制吸烟：吸烟致肺癌的机理现在已经研究得较清楚，流行病学资料和大量的动物实验业已完全证明吸烟是导致肺癌的主要因素。笔者认为：①应立即禁烟。②国家应制定强有力的法律，宣传烟草含有致肺癌的致癌物质。③减少被动吸烟的危害。

2. 减少工业污染的危害，应从以下几个方面着手：①在粉尘污染的环境中工作者，应戴好口罩或其他防护面具以减少有害物质的吸入。②改善工作场所的通风环境，减少空气中的有害物质浓度。③改造生产的工艺流程，减少有害物质的产生。

3. 减少环境污染：大气污染是重要的致肺癌因素，尤其是其中的3,4－苯并芘、二氧化硫、一氧化氮和一氧化碳等。减少环境污染的措施有以下几方面：①限制城市机动车的发展，改进机动车的燃烧设备，减少有毒气体的排出。②研究无害能源，逐步取代或消灭有害能源。③改进室内通风设备，减少小环境中的有害物质。

4. 在精神方面，患者要保持乐观向上，不要为一些小事而闷闷不乐。

5. 饮食应富于营养，富含维生素 A、维生素 D，应多吃新鲜蔬菜和水果。

6. 未病先防，自我检查和定期检查。对于高危人群需加强自我检查和定期检查，早期及时治疗肺部病变，可控制其向肺纤维化甚至肺癌发展，防患于未然。

许文学，杨建宇，李杨，等. 中医治疗癌前病变专题讲座（九）——肺纤维化［J］. 中国中医药现代远程教育，2012，10（11）：107－108.

十、宫颈炎

宫颈炎是育龄妇女的常见病，有急性和慢性两种。急性宫颈炎常与急性子宫内膜炎或急性阴道炎同时存在，但临床慢性宫颈炎多见。本病主要表现为白带增多，为黏液或脓性黏液，有时可伴有血丝或夹有血丝。长期慢性机械性刺激是导致宫颈炎的主要诱因。性生活过频或习惯性流产、分娩及人工流产术等可损伤宫颈，导致细菌侵袭而形成炎症，或是由于化脓菌直接感染，或是用高浓度的酸性或碱性溶液冲洗阴道，或是阴道内放置或遗留异物感染所致。慢性宫颈炎多因分娩、流产或手术损伤子宫颈后，病原体侵入而引起感染。慢性宫颈炎有多种表现，如宫颈糜烂、宫颈肥大、宫颈息肉、宫颈腺体囊肿、宫颈内膜炎等，其中以宫颈糜烂最为多见。

本病属于中医学带下病等范畴。中医学认为，本病发生的病因病机主要是脏腑功能失常，湿从内生；或下阴直接感染湿毒虫邪，致使湿邪损伤任带，使任脉不固，带脉失约，湿浊下注胞中，流溢于阴窍，发为带下病。

单纯宫颈炎不会对健康构成太大的威胁，但宫颈炎所致的白带增多、腰痛、下腹坠胀等症状会影响人的情绪，并且从防癌角度来看，患宫颈糜烂的患者，宫颈癌的发生率大大高于无宫颈糜烂患者，因此提醒患者，发现宫颈糜烂时应积极到医院进行治疗。

（一）中医治疗

1. 分证论治

（1）脾虚湿困

［临床表现］带下量多，色白或淡黄，质稀薄，或如涕如唾，无臭，面色㿠白或萎黄，神疲乏力，纳少，腹胀便溏，肢肿，舌质胖，苔薄腻，脉缓弱。

［治法］健脾益气，升阳除湿。

［处方］完带汤（《傅青主女科》）。人参、白术、白芍、山药、苍术、陈皮、柴胡、黑荆芥、车前子、甘草。

［加减］若气虚重者加黄芪，血虚者加当归。

（2）肾阳失固

［临床表现］带下量多，质清稀如水，日久不止，腰酸如折，小便清长，或夜尿增多，面色晦暗，小腹和背有冷感，舌质淡，苔白，脉沉细。

［治法］温肾固任，收涩止带。

［处方］内补丸（《女科切要》）。鹿茸、菟丝子、潼蒺藜、黄芪、肉桂、桑螵蛸、肉苁蓉、制附子、白蒺藜、紫菀茸。

［加减］便溏者，去肉苁蓉，加补骨脂、肉豆蔻；小便清长或夜尿增多者，加益智仁、台乌药、覆盆子；带下如崩者，加鹿角霜、白果、巴戟天、煅牡蛎。

（3）阴虚夹湿

［临床表现］带下量少或多，色黄或赤白相兼，质稠，有气味，阴部干燥，有灼热感，或阴部瘙痒，头晕目眩，心烦易怒，口干内热，耳鸣心悸，或面部烘热，失眠腰酸，舌质红，苔少，脉细数或弦数。

［治法］滋阴益肾，清热除湿。

［处方］知柏地黄丸（《症因脉治》）加芡实、金樱子。熟地黄、山茱萸、山药、牡丹皮、茯苓、泽泻、知母、黄柏、芡实、金樱子。

［加减］兼心烦失眠者，加柏子仁、远志、麦冬；兼咽干口燥甚者，加沙参、玄参、麦冬、乌梅；兼头晕目眩者，加女贞子、旱莲草、龙骨；带下较多者，加乌贼骨。

（4）湿热下注

［临床表现］带下量多，色黄或呈脓性，质黏稠，有臭秽，或带下色白，呈豆渣样，外阴瘙痒，小便黄短，口苦口腻，胸闷纳呆，小腹作痛，舌苔黄腻，脉滑数。

［治法］清热利湿止带。

［处方］止带方（《世补斋不谢方》）。猪苓、茯苓、车前子、泽泻、茵陈、赤芍、牡丹皮、黄柏、栀子、牛膝。

［加减］带下有臭味者，加土茯苓、苦参；兼阴部瘙痒者，可加苦参、蛇床子。

2. 中成药

（1）抗宫炎片：由广东紫珠、益母草、乌药组成。每片 0.25g，口服，1 次 6 片，1 日 3 次。主要功效为清湿热，止带下。用于因慢性宫颈炎引起的湿热下注，赤白带下、宫颈糜烂、出血等症。

（2）温经白带丸：本方为温阳散寒、祛湿止带之剂，用于肾阳虚衰，脾土不得温煦，寒湿内生，下注带脉而致的带下病，症见带下色白、质清稀、量多、绵绵不断、气味腥臭，面色白或晦暗，头晕眼花，月经不调，腰酸胸闷，身体倦怠，两足跗肿，大便溏薄，小便清长等。口服，每次1丸（9g），每日2次。

3. 单方验方

①猪苓、土茯苓、赤芍、牡丹皮、败酱草各15g，栀子、泽泻、车前子（包）、川牛膝各10g，生甘草6g。水煎服，每日1剂。②党参、白术、茯苓、生薏苡仁、补骨脂、乌贼骨各15g，巴戟天、芡实各10g，炙甘草6g。水煎服，每日1剂。

4. 药物外治

（1）宫颈敷药法：①蒲公英、地丁、蚤休、黄柏各15g，黄连、黄芩、生甘草各10g，冰片0.4g，儿茶1g。上药研成细末，敷于宫颈患处，隔日1次。适用于急性宫颈炎。②双料喉风散：先擦去宫颈表面分泌物，再将药粉喷涂于患处，每周2次，10次为1个疗程。适用于急性宫颈炎及宫颈糜烂。③养阴生肌散：清洁宫颈，将药粉喷涂于患处，每周2次，10次为1个疗程。适用于宫颈糜烂。④艾叶、鲜葱各500g，捣烂，炒热用袋子装上，置外阴处，并在上面加热水袋热熨1~2小时。

（2）阴道灌洗法：①野菊花、苍术、苦参、艾叶、蛇床子各15g，百部、黄柏各10g。浓煎20mL，进行阴道灌洗，每日1次，10次为1个疗程。适用于急性宫颈炎。②蛇床子、黄柏、苦参、贯众各15g，加水煎汤，去渣，微温时冲洗阴道。

5. 按摩疗法 先把手掌搓热，然后用手掌向下推摩小腹部数次，再用手掌按摩大腿内侧数次，痛点部位多施手法，以有热感为度。最后用手掌揉腰骶部数次后，改用搓法2~3分钟，使热感传至小腹部。

（二）食疗药膳

1. 蒲公英瘦肉汤：瘦猪肉250g，蒲公英、生薏苡仁各30g。将蒲公英、生薏苡仁、猪瘦肉洗净，一起放入锅内，加清水适量，大火煮沸后，改小火煲1~2小时，调味，佐餐食用。

2. 鸡冠花瘦肉汤：鸡冠花20g，猪瘦肉100g，红枣10个。将鸡冠花、红枣（去核）、猪瘦肉洗净，一起放入砂锅，加清水适量，大火煮沸，改小火煮30分钟，调味即可，随量饮用。

3. 三妙鹌鹑汤：肥嫩鹌鹑1只（重约100g），薏苡仁30g，黄柏12g，苍术 6g。鹌鹑去毛、内脏，洗净；薏苡仁炒至微黄，去火气，备用；黄柏、苍术洗净。把全部用料放入锅内，加清水适量，大火煮沸后，小火煲约 2 小时，调味，佐餐食用。

4. 黄瓜土茯苓乌蛇汤：黄瓜 500g，土茯苓 100g，赤小豆 60g，乌蛇 250g，生姜 30g，红枣 8 个。将乌蛇剥皮，去内脏，放入开水锅内煮沸，取肉去骨；鲜黄瓜洗净。将上述用料与蛇肉一起放入锅内，加清水适量，大火煮沸后，小火煲 3 小时，调味后即可食用。每日 1 剂，5 ~7 天为 1 个疗程。

5. 白果豆腐煎：白果 10 个（去心），豆腐 100g，炖熟服食。

6. 三仁汤：白果仁 10 个，薏苡仁 50g，冬瓜仁 50g，水煎，取汤半碗，每天 1 料。

7. 藕汁鸡冠花汤：藕汁半碗，鸡冠花 30g，水煎，调红糖服，每日服 2 次。

8. 莲子枸杞汤：莲子（去心）30g，枸杞 30g，上药洗净，加水 800mL，煮熟后食药饮汤，平均每日 2 次，一般 7 ~10 日见效。

9. 鱼鳔炖猪蹄：鱼鳔 20g，猪蹄 1 只，共放砂锅内，加适量水，慢火炖烂，调味食用，每日 1 次。

10. 鸡肉白果煎：鸡肉 200g（切块），白果 10g，党参 30g，白术 10g，山药 30g，茯苓 15g，黄芪 30g，上药煮汤，去药渣，饮汤食肉。每日 1 料。

11. 扁豆止带煎：白扁豆 30g，山药 30g，红糖适量。白扁豆用米泔水浸透去皮，同山药共煮至熟，加适量红糖，每日服 2 次。

12. 胡椒鸡蛋：胡椒 7 粒，鸡蛋 1 枚，先将胡椒炒焦，研成末。将鸡蛋捅一小孔，把胡椒末填入蛋内，用厚纸将孔封固，置于火上煮熟，去壳吃，每日 2 次。

（三）预防与护理

1. 做好计划生育，避免计划外妊娠，少做或不做人工流产。
2. 注意流产后及产褥期的卫生，预防感染。
3. 慢性宫颈炎与宫颈癌有一定的关系，故应积极治疗。
4. 保持外阴清洁。
5. 尽量减少人工流产及其他妇科手术对宫颈的损伤。
6. 经期暂停宫颈上药，治疗期间禁房事。
7. 合理使用抗生素。
8. 凡月经周期过短、月经期持续较长者，应积极治疗。

9. 产后发现宫颈裂伤应及时缝合。

10. 定期妇科检查，以便及时发现宫颈炎症，及时治疗。

11. 保持心情愉快，增强抗病能力。

许文学，杨建宇，李杨，等. 中医治疗癌前病变专题讲座（十）——宫颈炎［J］. 中国中医药现代远程教育，2012，10（12）：124－126.

十一、慢性肥厚性喉炎、喉角化症、喉乳头状瘤

慢性肥厚性喉炎是以喉黏膜增厚、纤维组织增生等为特征的非特异性炎性病变，多由慢性单纯性喉炎转化而来。临床表现为喉不适、疼痛，声嘶显著而咳嗽较轻。检查可发现喉黏膜弥漫性慢性充血，可有分布不均的黏膜增厚。声带表面可呈暗红或灰蓝色，粗糙不平，可呈结节状，闭合不良。室带肥厚，可部分遮挡声带，代偿性内收。本病相当于中医学慢喉痹、慢喉喑范畴。

喉角化症为喉部淋巴组织异常角化的病症，多发生于40岁以下女性。其根本病因不清楚，可能与慢性炎症刺激或吸烟、吸入刺激性物质等有关。临床表现为喉部不适，异物感明显，角化引起声带闭合不全而声音嘶哑。主要症状是喉部异物感。若侵及声带，影响声带闭合时，可有不同程度的声嘶。喉镜检查可见喉黏膜慢性充血，表面有白色点状锥形突起，其周围有充血区，拭之可脱落，但易再生。本病相当于中医学慢乳蛾、梅核气范畴。

喉乳头状瘤为喉部常见的良性肿瘤，可能与人乳头状瘤病毒感染有关，手术后易复发、易恶变，恶变者多见于中年以上的患者，应警惕。幼儿型喉乳头瘤与病毒感染及慢性刺激有关，青春期后有自行停止生长的趋势。临床表现为进行性声音嘶哑，甚至失音。肿瘤较大者，可出现喉喘鸣，呼吸困难。成人因长期持续性呼吸困难，可发生漏斗胸。喉乳头状瘤极易复发，成人患者容易发生癌变，癌变率为3%～28.1%，因此，对成年人的乳头状瘤应当及时治疗，要及早预防。本病相当于中医学喉瘤范畴。

（一）中医治疗

1. 分证论治

（1）肺肾阴虚

［临床表现］声音低沉，讲话不能持久，甚至嘶哑，常有“清嗓”习惯，干咳少痰，口干欲饮，舌红少苔，脉细数。

［治法］滋养肺肾，利咽开音。

［处方］百合固金汤加味。百合10g，生地黄30g，熟地黄20g，玄参15g，麦冬10g，知母10g，桔梗10g，当归10g，白芍10g，生甘草10g，蝉衣6g，木蝴蝶10g。

［加减］潮热酌者，加银柴胡、青蒿、鳖甲、胡黄连；盗汗者，加乌梅、生牡蛎、浮小麦；手足心热、梦遗者，加知母、黄柏、女贞子、旱莲草、五味子；痰中带血者，加牡丹皮、白茅根、仙鹤草、藕节。

（2）气滞血瘀痰凝

［临床表现］声嘶较重，讲话费力，喉内不适，有异物感，舌质暗滞，脉涩。

［治法］行气活血化痰。

［处方］桃红四物汤加减。桃仁10g，红花5g，当归5g，川芎5g，赤芍10g，牡丹皮10g，泽兰10g，郁金10g，川贝母10g，瓜蒌仁10g，海浮石20g，山慈菇10g，桔梗10g，木蝴蝶10g，连翘10g。

［加减］反复咯血、血色暗红者，加蒲黄、藕节、仙鹤草、三七、茜草；瘀滞化热，损伤气津，见口干、舌糜者，加沙参、天花粉、生地黄、知母等；食少、乏力、气短者，加黄芪、党参、白术。

2. 中成药

（1）牛黄解毒丸：由牛黄、黄连、黄芩、黄柏、大黄、金银花、连翘等组成，炼蜜成丸，具有泻火、解毒、通便等功效。润喉含化，日3~5次，每次1~2粒。

（2）知柏地黄丸（或杞菊地黄丸）：由知母、黄柏、熟地黄、山茱萸（制）、牡丹皮、茯苓、泽泻、山药组成，具有滋补肺肾、清降虚火的功效。传统应用于阴虚火旺，见潮热盗汗、口干咽痛、耳鸣遗精、小便短赤等症。近年来经中医辨证后灵活使用，对慢性咽炎等疾病也有较好疗效。每次10g，每日3次，淡盐水送服。

（3）补中益气丸：由炙黄芪、党参、炙甘草、白术（炒）、当归、升麻、柴胡、陈皮组成，辅料为生姜、大枣，具有补中益气、利喉开音功效，适用于肺脾气虚者。每次5~10g，每日3次，温开水送服。

（4）清音丸：诃子肉300g，川贝母600g，甘草600g，百药煎600g，乌梅肉300g，天花粉300g，葛根600g，茯苓300g。每次1丸，每日3次，含化吞服。

（5）黄氏响音丸：每次20~30粒（小儿8~15粒），每日3次，饭后温开水送服。

（6）金嗓灵系列中成药：包括金嗓散结丸、金嗓利咽丸、金嗓开音丸和金嗓清音丸等。早晚各服1次（水蜜丸6~12g，大蜜丸9~18g），每日2次，10天为1个疗程。

3. 单方验方

（1）单方：①罗汉果：将罗汉果切碎，用沸水冲泡10分钟后，不拘时饮服。每日1~2次，每次1个。具有清肺化痰、止渴润喉功效，主治慢性喉炎，肺阴不足、痰热互结而出现的咽喉干燥不适、喉痛失音或咳嗽口干等。②西洋参胶囊（或西洋参茶）：每次1~2粒（或1~2包），每日2~3次，口服。具有益气生津功效，适用于气阴两虚者。

（2）验方：

验方一：党参15g，茯苓、白术、法半夏、陈皮各10g，炙甘草3g。水煎服，日1剂，服2次，20天为1个疗程。

验方二：甘草粉300g，硼砂15g，食盐15g，玄明粉30g，酸梅750g（去核）。上药共研为细末，以荸荠粉250g为糊制丸，每丸重3g。每次1~2丸，每日数次，频频含化吞服。

验方三：诃子肉300g，茯苓300g，桔梗600g，青果120g，麦冬300g，贝母600g，凤凰衣30g，瓜蒌皮300g，甘草600g，玄参300g。上药研为细粉，过筛，炼蜜为丸，每丸重3g。每服2丸，日服3次，温开水送下，或噙化。

验方四：黄芪15g，当归15g，地龙6g，桃仁10g，红花6g，生地黄15g，玄参10g，生牡蛎30g（先煎），昆布10g，海藻10g，夏枯草15g，大青叶10g，玉蝴蝶6g，桔梗6g，紫草10g。水煎服。日1剂，早晚各服1次，连用7剂。

验方五：黄连10g，芦荟15g，赤芝10g，红参5g，蜈蚣1条，冬虫夏草5g。传统中药炮制后研细末，每日服3次，每次1~2g。如吞服粉剂有困难者，可将药粉装入胶囊，每胶囊装0.5g，每次服2~4粒。

4. 药物外治

（1）超声雾化吸入：桃仁、红花、当归、赤芍、生地黄、柴胡、枳壳、桔梗、玄参、甘草。气短者加黄芩、党参；胸闷者加香附、郁金；咽干者加熟地黄、麦冬；痰多者加瓜蒌、川贝母；声带、室带肥厚者加昆布、薏苡仁、皂角刺。上药煎制后装袋，1剂药装2袋，每袋约150mL。取20mL做超声雾化吸入，每次吸入15~20分钟。其余药液口服，每日早晚各1次。

（2）中药湿敷：干蟾皮、防己、延胡索、血竭、乳香、没药、冰片、牛黄。水煎，局部湿敷，每次20~30分钟，每日1~3次。

5. 推拿疗法 患者取端坐位，术者立于患者身后。术者用右手拇指及食指、中指紧握喉体向左侧移动并固定，左手拇指轻揉、点压人迎、水突穴 30 次，手法要求轻快柔和。推拿双侧后用两手大鱼际肌做 30 次轻度向心性揉动，每次 20 分钟，每日 1 次，21 日为 1 个疗程。

6. 针灸疗法

（1）体针疗法：取天突、廉泉、扶突、合谷为主穴，配三阴交、太渊、复溜、大都，每次选 4 穴，每 2 天针 1 次。或取肺俞、肾俞、太溪、三阴交、足三里、太渊、合谷、内关等穴，每次选 4 穴，每 2 天针 1 次。

（2）耳穴疗法：选取咽喉、下屏尖、脑为主穴。肺阴不足型加肺、对屏尖，肾阴亏损型加肾、神门，胃腑积热型加胃、脾。常规消毒耳郭，待皮肤干燥后，将王不留行子用适当大小的麝香止痛膏贴于穴位上，并在药粒处按压，使患者产生痛感，致局部充血即可，并嘱患者每日按压数次。隔日 1 次，10 次为 1 个疗程。

7. 其他疗法

（1）刮痧疗法：刮拭天突、膻中、内关、天柱、身柱、膈俞、肝俞穴，每日刮拭 1 次。用拇指重力按揉其肘部曲池穴和腕外侧阳溪穴，每穴保持强烈的酸胀感 1 分钟。然后用指拨法重力推拨曲池穴附近肌肉、筋腱 1 分钟。完毕后进行另一侧上肢。施术者一手握其一侧手腕，另一手则在合谷穴做拿法，力量较重，以酸胀为宜，保持 1 分钟，两侧均进行。用一手拇指与食、中、无名指分置于其喉结两侧的人迎穴，然后做轻柔缓慢拿揉，即两边揉动的同时，又在做相对用力拿捏，时间为 3 ~ 5 分钟。

（2）烙法：应用于咽喉部有块状小淋巴滤泡，每次选用 1 ~ 3 枚，用直径小的烙铁烧红，蘸香油后，迅速烙上，每枚烙 1 ~ 3 下，隔 3 ~ 4 天烙一次，烙至接近平即可。淋巴滤泡未成块状、体积小者不宜烙之。

（3）磁疗法：用磁片贴于廉泉、天容等穴，磁片表面磁场强度为 500 ~ 1000 G，晚上贴敷，白天去除磁片，10 天为 1 个疗程。

（二）食疗药膳

1. 夏枯草茶 夏枯草 6g，放入茶杯，冲入沸水，加盖闷泡 15 分钟，代茶饮用。该茶可散郁结、润喉，适用于喉炎。

2. 薄荷杏仁茶 薄荷 6g，炒杏仁 9g，桔梗 6g，胖大海 6g。将上药放入茶杯，冲入沸水，加盖闷泡 15 分钟，代茶饮用。该茶可止咳平喘、利咽润喉、清热解毒，适用于喉炎。

3. 润喉茶 王不留行 30g，蒲公英 30g。将上药放入盛有沸水的保温瓶内，浸泡 15 分钟，倒入茶杯，代茶饮用。该茶可清热解毒、活血润喉，适用于喉炎。

4. 橄榄海蜜茶 橄榄 3g，胖大海 3 枚，绿茶 3g，蜂蜜 1 匙。先将橄榄放入清水中煮片刻，然后冲泡胖大海及绿茶，闷盖片刻，入蜂蜜调匀，徐徐饮之，代茶饮用。该茶可清热解毒、利咽润喉，适用于慢性咽喉炎，咽喉干燥不舒或声音嘶哑等属阴虚燥热证者。

5. 二绿女贞茶 绿萼梅、绿茶、橘络各 3g，女贞子 6g。先将女贞子捣碎，与前 3 味共入杯内，以沸水冲泡即可，代茶饮用。该茶可养阴利咽、行气化痰，适用于肝肾阴虚，虚火上浮，气郁痰结之咽痛不适、咽喉异物感。

6. 桑菊杏仁茶 桑叶 10g，菊花 10g，杏仁 10g，冰糖适量。将杏仁捣碎后，与桑叶、菊花、冰糖共置保温瓶中，加沸水冲泡，约盖闷 15 分钟，代茶饮用。该茶可清热疏风、化痰利咽。

7. 马鞭草绿豆蜜茶 鲜马鞭草 50g，绿豆 30g，蜂蜜 30g。将绿豆洗净沥干，新鲜马鞭草连根洗净，用线扎成 2 小捆，与绿豆一起放锅内，加水 1500mL，用小火炖 1 小时，至绿豆酥烂时离火，捞去马鞭草，趁热加入蜂蜜搅化，饮汤食豆。每日 1 剂，分 2 次服，连服数日。该茶可清热、解毒、利咽，适用于慢性咽炎之咽喉疼痛明显者。

（三）预防与护理

1. 及时治疗急性病，防止演变成慢性。

2. 防止过度用嗓，教师、文艺工作者要注意正确发声，感冒期间尤须注意。

3. 加强劳动防护，对生产过程中的有害气体、粉尘等需妥善处理。

4. 改变生活习惯，如烟、酒、辣椒嗜好及唱后冷饮，对喉部器官不利，要尽量改变此类习惯。

许文学，杨建宇，李杨，等．中医治疗癌前病变专题讲座（十一）——慢性肥厚性喉炎、喉角化症、喉乳头状瘤［J］．中国中医药现代远程教育，2012，10（13）：115－117.

十二、慢性皮肤溃疡、瘘管、长期受摩擦的瘢痕

慢性皮肤溃疡（chronic skin ulcer，CSU）又称难治性溃疡，是一种常见的难治性疾病，包括血管性溃疡、化学性溃疡、压迫性溃疡、放射性溃疡、

神经营养不良性溃疡、糖尿病性溃疡、毒蛇咬伤性溃疡、烧伤后瘢痕溃疡等。典型症状为局限性或泛发性皮损，有瘀斑或皮下结节，不规则发热，肿胀，疼痛，久则破溃，溢渗脓液，有臭味，周围皮肤有色素沉着或呈暗红色。一般认为，疮面愈合时间超过 2 周即属于慢性皮肤溃疡，超过 4 周属于慢性难愈性皮肤溃疡。随着老龄人口的增多，糖尿病性足部溃疡、血管性溃疡等慢性皮肤溃疡的发病率呈不断上升趋势，往往给患者带来肉体和精神上的双重痛苦。本病属中医学顽疮、臁疮、席疮范畴。

瘘管属于病理性盲管，是指连接体表与脏腔或脏腔和脏腔之间的一种病理性管道。本病属于中医学漏的范畴。

慢性皮肤溃疡和瘘管的发生，其内因多为机体阴阳失衡，脏腑失调，正气虚乏，经络气血瘀滞，容易受外邪入侵；外因多为六淫邪毒和特殊之毒（各种动物咬伤、药物、射线、严重烧伤等）的侵犯。顽疮久治不愈，或痈疽失治，或术后疮内残留余毒异物，引起阴阳脏腑失调，营卫气血瘀滞，邪浊阻塞经脉，“虚、瘀、腐”相互作用为患。

瘢痕是皮肤损伤愈合过程中，胶原合成代谢功能失去正常的约束控制，持续处于亢进状态，以致胶原纤维过度增生的结果，又称为结缔组织增生症，表现为隆出正常皮肤、形状不一、色红质硬的良性肿块。瘢痕长期受慢性刺激，局部营养不良和免疫功能低下，加上瘢痕缺乏弹性，瘢痕区奇痒和感觉过敏，易引起搔抓和外伤致破损，形成难以愈合的溃疡，溃疡边缘鳞状上皮反复坏死与再生易导致瘢痕癌变。中医学称本病为“蟹足肿”，其多由先天禀赋不耐，外遭金刀水火之伤，余毒未尽，郁阻肌肤，营卫不和，气滞血凝所致。

慢性皮肤溃疡、瘘管、长期受摩擦的瘢痕均病程长久，缠绵难愈，治疗困难，严重影响患者的生活和工作质量，且容易复发，久治不愈溃疡面可致鳞状上皮增生，易癌变。积极治疗慢性皮肤溃疡、瘘管、瘢痕，可预防皮肤癌的发生，而中医治疗特别是中医外治法有举足轻重的作用。

（一）中医治疗

1. 分证论治

（1）慢性皮肤溃疡

①脾虚痰凝

［临床表现］破溃流液，其味恶臭，食少纳差，或有腹胀消瘦，舌黯红，苔腻，脉滑。

［治法］健脾利湿，软坚散结。

［处方］羌活胜湿汤加减。羌活、独活、白芷、防风、川芎、白术、白芥子各10g，茯苓、薏苡仁、白花蛇舌草各30g，猪苓、紫河车、夏枯草、莪术、山慈菇各15g。

［加减］形瘦骨削者，加黄芪20g，党参15g；夜寐不宁者，加炙远志、酸枣仁、合欢皮各15g；破溃流液多者，加白鲜皮、地肤子各20g；有淋巴结转移者，加昆布、海藻各15g，或加用西黄丸、醒消丸内服。

②血瘀痰结

［临床表现］皮肤起丘疹或小结节，硬块，逐渐扩大，中央部糜烂，结黄色痂，边缘隆起，有蜡样结节，边界不清，发展缓慢；或长期保持完整之淡黄色小硬结，最终破溃。舌黯红，苔腻，脉沉滑。

［治法］活血化瘀，软坚散结。

［处方］活血逐瘀汤加减。当归、桃仁、牡丹皮、苏木、莪术、白僵蚕各10g，瓜蒌、赤白芍、海藻、野百合各15g，山慈菇20g，丹参、牡蛎、白花蛇舌草各30g。

［加减］大便溏泄者，加茯苓、党参各15g；腹胀纳呆者，加法半夏、陈皮、白术各10g；皮肤干燥或痒者，加防风10g，地肤子、金银花各20g。

③肝郁血燥

［临床表现］皮肤溃后不易收口，边缘高起，色黯红，如翻花状或菜花状，性情急躁，心烦易怒，胸胁苦满，舌边尖红或有瘀斑，舌苔薄黄或薄白，脉弦细。

［治法］疏肝理气，养血活血。

［处方］丹栀逍遥散化裁。牡丹皮、柴胡、当归、香附、三棱、莪术、桃仁、白术各10g，栀子12g，赤白芍、茯苓各15g，白花蛇舌草、草河车各30g。

［加减］出血不止者，加生蒲黄、生地榆各10g，仙鹤草30g；胸闷甚者，加厚朴、郁金各10g。

④血热湿毒

［临床表现］皮肤溃疡，流液流血，其味恶臭或为渗液所盖，久久不愈；亦有形成较深溃口，如翻花状或外突成菜花样。舌红，苔腻，脉弦滑。

［治法］清热凉血，除湿解毒。

［处方］除湿解毒汤化裁。白鲜皮20g，生薏苡仁、土茯苓、白花舌蛇草、仙鹤草各30g，大豆黄卷、栀子、牡丹皮、连翘、紫花地丁、金银花、半枝莲各15g，生甘草10g。

［加减］肿块疼痛较甚者，加延胡索15g，乳香、没药各10g；肿块坚硬者，加牡蛎、丹参各30g，昆布15g；口干苦者，加黄芩10g，竹茹15g；发热者，加柴胡10g，地骨皮30g。

（2）长期受摩擦的瘢痕

①瘀毒聚结

［临床表现］瘢痕块初起或时间不长，颜色较鲜红或紫红，质地坚硬，时有痒痛不适，口干，大便干结，小便短赤，舌红有瘀斑、瘀点，苔薄黄，脉弦。

［治法］活血化瘀，解毒散结。

［处方］血府逐瘀汤加减。桃仁12g，红花10g，当归12g，牡丹皮10g，泽泻10g，生地黄12g，赤芍12g，牛膝10g，桔梗6g，柴胡10g，枳壳10g，蒲公英10g，香附10g，甘草6g。

［加减］兼气血虚者，加党参、黄芪、丹参、何首乌；体质强壮者，加三棱、莪术、海藻；如久治效不显者，加法半夏、川贝、葶苈子。

②气虚血瘀

［临床表现］瘢痕日久不消退，颜色淡红或暗红，质地韧实，如橡胶样，无痒痛，体弱肢乏，声低懒言，面色无华，舌质淡，苔薄白，脉细涩。

［治法］益气活血，化瘀散结

［处方］人参养荣汤加减。党参30g，黄芪30g，丹参12g，茯苓12g，白术12g，赤芍12g，川芎10g，茜草根10g，青皮10g，红花10g，甘草6g。

［加减］兼血虚者，加熟地黄、制首乌、当归；瘀热者，加小蓟、白茅根、紫草；瘀血重者，加三棱、莪术、赤芍、当归。

2. 单方验方

（1）单方

①甘草15g，白糖适量。将甘草研成细末，加入白糖，搅拌均匀，外撒溃疡处，每天1次，连用7～10天即可见效。

②蟾酥软膏：蟾酥10g，溶于30mL清洗液中，加磺胺软膏40g，配成20%蟾酥软膏外敷。

③当年产蜂蜜100mL、庆大霉素32万U（4支）。将蜂蜜加入注射用庆大霉素，混匀。溃疡创面用生理盐水清洗并擦干，创面周围用酒精消毒，然后用棉签将蜂蜜制剂均匀地涂抹在溃疡面上。每日2～3次，创面暴露，连用3周。

④茶叶3g，食盐9g，加清水1000mL，煮沸，凉后由内向外清洗患处，1

日2次，5~7日即见效。

⑤新鲜土豆适量，洗净去皮，捣烂如泥，外敷患处，每日换药2~3次。

⑥猪毛适量，洗净，去掉杂质后，放在锅内炒成炭，研成细粉，装瓶内密封备用。使用时，先用生理盐水擦洗患处，待干后，将猪毛炭粉撒在溃疡面上，每日换药1次。也可用麻油与猪毛炭粉调成糊状，涂敷在患处。主治皮肤溃疡，久不收口。

⑦无肝炎病史且羊水澄清的剖腹产妇新鲜羊膜，经无菌处理后贴敷于处理干净的慢性溃疡面上，可促进创面上皮再生、肉芽生长。

（2）验方

验方一：生黄芪30g，太子参12g，白术9g，茯苓12g，姜半夏12g，薏苡仁12g，生地黄20g，当归12g，赤芍15g，丹参30g，桃仁12g，制大黄9g，皂角刺12g，水蛭9g，蜈蚣2g，白芷12g，七叶一枝花30g，白花蛇舌草30g，丝瓜络12g，桑枝12g，补骨脂15g，生甘草9g。本方可益气养阴、和营清热托毒，适用于阴虚血热者。

验方二：生黄芪30g，太子参12g，白术9g，茯苓12g，当归15g，丹参30g，川芎9g，川牛膝12g，薏苡仁12g，忍冬藤30g，丝瓜络12g，水蛭9g，桃仁12g，皂角刺12g，鹿衔草30g，全瓜蒌30g，枳实20g，火麻仁15g，肉苁蓉12g，生甘草6g。水煎服，每日1剂，早晚服用。本方可益气化瘀、健脾利湿，适用于气虚血瘀者。

验方三：苍术9g，白术9g，黄柏12g，薏苡仁12g，当归12g，赤芍15g，丹参30g，虎杖30g，白花蛇舌草30g，皂角刺12g，生黄芪15g，牛膝12g，威灵仙15g，生甘草6g。水煎服，每日1剂，早晚服用。本方可清热利湿、祛瘀通络，适用于湿热下注者。

验方四：生黄芪30g，党参12g，白术9g，茯苓12g，姜半夏12g，薏苡仁12g，当归12g，赤芍15g，川芎12g，丹参30g，水蛭9g，桃仁12g，牛膝12g，威灵仙15g，大枣10g。水煎服，每日1剂，早晚服用。本方可益气养荣、托里生肌，适用于气虚血瘀者。

验方五：夏枯草30g，白花蛇舌草30g，黄芪30g，蚤休15g，穿山甲10g，甘草10g，据症状加减。水煎服，每日1剂，早晚服用。

验方六：当归、生地黄、赤芍各12g，川芎、红花、陈皮、赤苓、黄芩、牡丹皮、三棱、莪术、大黄、桔梗、甘草各10g，金银花15g。水煎服，每日1剂，早晚服用。

3. 药物外治

（1）去腐生肌膏：主要成分为杏仁、甘草、当归、白芷、乳香、没药。

取本品适量涂于患处，或取本品涂于祛腐促愈贴（厚2～3mm）敷于患处包扎；深度溃烂形成空腔者，取祛腐促愈贴涂本品置于空腔中包扎，日1次。

（2）紫草油：先用75%酒精消毒患面（有坏死组织用30%双氧水擦洗，再用生理盐水冲洗拭干），随后涂上紫草油，每日2次，直到愈合。

（3）如意金黄散：将此药用醋调成稀糊状敷患部，每日2次。也可将如意金黄散与凡士林按2∶8制成膏剂，外敷。如溃疡或分泌物多，先清洗伤口后再用此药。

（4）马应龙麝香痔疮膏：先用75%酒精消毒局部，涂上此膏适量，外盖无菌纱布，每日或隔日换药1次。

（5）蒲公英50g，生地黄、黄芩各20g，加水煎至约500mL，无菌纱布过滤备用。首次常规用2%双氧水消毒，清洗创面，然后用中药药液清洗一遍，最后用药液浸渍无菌纱布覆盖创面3层，每日1次。

（6）复方炉甘石外用散：局部消毒后，将此药撒于患处，每日1～2次。

（7）西瓜霜粉剂：局部消毒后，将药粉敷（喷）在患处，每日1次，5～7次即可治愈。

（8）龙血竭胶囊：局部消毒后，将此药粉撒于患处，每日1～2次。

（9）复方石榴皮煎剂：桂枝30g，七叶莲60g，石榴皮300g，泽兰30g，宽筋藤60g，水蛭20g，苏木30g，田基黄30g，冰片6g。将上药加清水2000mL，煎沸后20分钟将药液倒入消毒盆内，待降温后洗患处。药液温度适宜，勿烫伤皮肤及肉芽组织。每日1～2次，每次30分钟，洗至溃疡愈合后每周仍需洗1～2次，连用2～3个月，预防复发。

（10）普济溃疡膏：植物油、血竭、藏红花、蛤蟆油、珍珠、紫草、川贝、黄连等，用生理盐水清洗创面，将普济溃疡膏用压舌板涂摊在纱布块上约2mm厚，胶布条固定。1～2天换药一次。

（11）解毒生肌散：五倍子35g，枯矾28g，冰片7g，黄连7g，白芷14g，呋喃西林粉3g。五倍子洗净，焙起球泡，黄连洗净泥土杂质。各药研极细面混合均匀，高压消毒30分钟，装瓶密封备用。外敷溃疡面，每日1次。

（12）糖芪合剂：生黄芪100g，生甘草20g，50%葡萄糖注射液160mL。将前两味药置容器内，加水500mL，浸泡1小时后，文火煎煮30分钟，去掉药渣，沉淀过滤，取药液150mL，将药液与50%的葡萄糖注射液混合，浓缩至150mL，装瓶，高压灭菌后备用。外敷溃疡面，每日1次。

（13）麝香珍珠膏：麝香5g，珍珠粉200g，血竭105g，水蛭70g，黄芪、白及、龙骨、黄连各210g，各药研极细面混合均匀，高压消毒30分钟，装瓶密封备用。外敷溃疡面，每日1次。

（14）消炎长皮膏：紫草20～40g，制乳香10～25g，地榆30～50g，制没药10～25g，虎杖30～50g，血竭10～20g，冰片1～2g，植物油200～300g。上药制成膏剂，外涂溃疡面，每日1次。

（15）甘草80～100g，苦参20～30g，紫草20～30g，麝香0.5～1g，加入500mL芝麻油中，装瓶密封备用，外敷溃疡面，每日1次。

（16）王氏生肌丹：朱砂5g，煅炉甘石15g，滑石35g，黄柏10g，冰片5g，麻油适量。将上述药物按比例及工艺程序制成极细散剂，装瓶备用。局部常规消毒后，取药粉、麻油、消毒干纱布块拌湿，视创面大小，剪药纱布块敷于患处。若创面大，分泌物多，可直接将生肌丹撒于创面，敷以干消毒纱布块保护创面，用胶布固定。每日换药1次。若分泌物较少，可隔日换药1次。

（17）鸦胆子适量。将鸦胆子除去壳皮，置乳钵中研碎如泥状，然后加入适量凡士林搅拌均匀（无须加热），制成20%～30%的软膏，放置48小时后即可涂用。敷药膏时，先将患处皮肤消毒，后将上膏涂于患处范围之内（不要触及正常皮肤），敷盖消毒纱布，约经48小时后可第1次换药，以后每隔2～3天换一次药。

（18）丹参注射液：将脱脂棉球或纱布用复方丹参注射液浸透，然后平敷于皮损处，直到药液自然干透为止。每日外敷2次，1个月为1个疗程，可连续治疗2～3个疗程。

（19）陈醋250g，五倍子90g，蜈蚣1条，蜂蜜20g，冰片0.6g。用砂锅加醋上火熬30分钟，加入蜂蜜熬至沸腾，将五倍子粉用筛子慢慢筛入，边筛边顺同一方向搅，全部筛入后用文火熬成膏状离火，加入蜈蚣和冰片，搅匀既成，装入玻璃器中。用时将药膏均匀涂在厚布上贴患处（不可用金属用具）。此膏具有破瘀软坚之功效，不可频繁使用，隔2～3天换药一次。

（20）五倍子、山豆根各适量，按1∶1比例研为细末。每次3g，1日3次口服；同时取30～50g用蜂蜜调匀后敷于患处，每隔3日换药一次，1个月为1个疗程，用药期间忌食辛辣之品。本方主治皮肤烧烫伤愈后皮损部出现的淡红色瘢痕。

（21）三七适量，研细末，以食醋调成糊状，外敷患处，每日1次，7日为1个疗程。一般连用3～5个疗程可愈。

4. 针灸疗法

（1）点刺放血疗法：皮肤溃疡创面周围皮肤常规消毒，用镊子酌量去掉疮口边缘白色锁口皮，用三棱针沿疮周瘀血处快速垂直啄刺，由内到外、由密到疏，针距1～3分，以拔至见血如球为度。每周点刺放血2次，连用数周，待疮周暗紫色瘀斑转至红色为止。点刺放血疗法毕，创面覆盖油纱条。

（2）艾灸疗法：患者取适当的体位，充分暴露患部，将患肢放于木箱上，点燃艾条一端，艾条与创面之间相距20～25cm为宜。如为躯干及其他部位的溃疡，将艾条切成小段置于艾烟熏蒸器中燃烧，艾烟熏蒸器置于创面稍下方（3～5cm），使其烟对准患处，待疮面形成一层薄黄色油膜，周围皮肤红润、湿热时，熏蒸完毕，外敷消毒敷料包扎。每天1次或2次，每次0.5～1小时，7天为1个疗程。

（3）雷火灸：选取神厥、大椎、足三里等穴，手持灸具，在距离皮肤1～5cm处施灸。本法可畅通经络，调和气血，活血散瘀，消炎镇痛，促进创面愈合。

5. 拔罐疗法 ①将病变部位常规消毒，用三棱针点刺阿是穴，用闪火法拔罐，留罐5～10分钟，以吸拔出较多脓液及瘀血为度。隔天1次。②大杼穴在膀胱经的第一侧线上。穴位消毒后，用闪火法在穴位上拔罐，留罐10～15分钟，一天1～2次，皮肤会出现紫红色瘀血。③足三里属阳明经，此经多气多血。穴位消毒后，用闪火法拔罐，留罐10～15分钟，日1～2次，皮肤会出现紫红色瘀血。④三阴交可以滋补肝脾肾、通经活络。穴位消毒后，用闪火法拔罐，留罐10～15分钟，日1～2次，皮肤会出现紫红色瘀血。

（二）食疗药膳

蒲瓜糖水：主料取鲜蒲瓜100g，蜂蜜20mL。鲜蒲瓜加水500mL共煮，煮后加蜂蜜，代茶饮。本药膳可除烦解毒，脾胃虚寒者及脚气虚肿者慎食之。

（三）预防与护理

1. 患者要树立战胜疾病的信心。积极控制治疗原发病，如糖尿病患者应控制血糖。

2. 日常生活中应该注意避免过度暴晒，避免接触过多的X线和紫外线。

3. 定期护理皮肤。对于长期卧床的患者，注意翻身拍背，加强局部皮肤的护理，防止褥疮的发生，做好皮肤的保护或远离刺激环境。

4. 早发现，早治疗，定期检查，预防皮肤溃疡癌变。

5. 治疗期间忌口，忌食辛辣类、鱼腥类、发物类、生冷类、油腻类、酸涩类食物，戒烟、戒酒。

许文学，杨建宇，李杨，等．中医治疗癌前病变专题讲座（十二）——慢性皮肤溃疡瘘管长期受摩擦的瘢痕［J］．中国中医药现代远程教育，2012，10（14）：97－100.

十三、色素痣

色素痣也称色痣、斑痣或黑痣，是由正常含有色素的痣细胞所构成的、最常见于皮肤的良性肿瘤，偶见于黏膜表面。颜色多呈深褐或墨黑色，也有没有颜色的无色痣。临床表现有多种类型，如皮内痣、交界痣、混合痣等，还有巨痣、蓝痣、幼年黑瘤等。色素痣可见于皮肤各处，面颈部、胸背为好发部位；少数发生在黏膜，如口腔、阴唇、睑结膜。本病可在出生时即已存在，或在生后早年逐渐显现。多数增长缓慢，或持续多年并无变化，但很少发生自发退变。色素痣大多属良性，有些类型在一定条件下可发生恶变，值得重视。色素痣一旦恶变，其恶性程度极高，转移率也极快，而且治疗效果不理想。

根据痣细胞在皮肤病理切片中所处的位置，本病有3种基本类型：①交界痣：位于表皮和真皮交界处。多见于手掌、足底、口唇及外生殖器部位。表面平坦或稍高，大小为1～2mm，呈淡棕、棕黑或蓝黑色。有癌变的可能，可发展为黑色素瘤。②皮内痣：存在于真皮层内。表面光滑，界线清楚，大于1mm，呈片状生长，平坦或稍隆起。颜色较深而均匀，呈浅褐、深褐或墨黑色。一般不发生癌变。③混合痣：为上述两种混合而成，一般像皮内痣，因有交界痣的成分，故也能癌变。

关于色素痣的病因有不同的说法，主要是与黑色素细胞来源有关。一种说法认为色素痣中的黑色素细胞来自神经组织，是从胚胎时期发育而来的。因为临床上已有病例可以证明，大片皮内痣患者病灶部位无痛觉存在，这可以说明与神经组织有关系。另一种说法认为它们来自上皮细胞，是普通基底细胞的一种功能性变性，也有实验证明，如果用X射线照射皮肤，可有将近50%的基底细胞发生突变，变为树突状细胞。无论哪种说法，本病对人体的影响都非常小，因为色素痣生长缓慢，正常人体上可找到很多小的色素痣，对人的生活没有影响。痣属良性肿瘤，对生命并无威胁。但在一些诱因的作用下，有些类型的痣细胞可发生恶变，成为恶性黑瘤。一旦恶变，则病程进展迅速，预后不良。临床若见到下列表现提示恶变：①病变增长或面积扩大，或面积虽无扩大，但颜色显著加深。②颜色改变，色加深，或见有淡蓝色调出现。③发生脱毛、脱痂现象；表面破损、出血，形成溃疡。④病变四周出现针头大小、称为卫星的色素斑点。⑤局部有炎症表现，同时可排除毛囊炎、表皮囊肿继发感染等情况。⑥有刺痒或疼痛症状出现。⑦黑尿。出现上述表现，及时监测和干预是非常必要的。

（一）中医治疗

1. 分证论治

（1）热毒内蕴

［临床表现］黑痣破溃，合并感染，发热烦躁，身痛肢酸，口干舌燥，大便秘结，尿短面赤，舌质红，苔黄腻，脉细弦或细数。

［治法］清热解毒，扶正祛邪。

［处方］四君子汤（《太平惠民和剂局方》）合青米绿梨汤。青黛12g，薏苡仁30g，绿豆30g，藤梨根30g，猪苓15g，黄芩10g，白茅根12g，半枝莲20g，生大黄8g，太子参15g，白术12g，茯苓15g，甘草4g，绞股蓝15g，生黄芪15g。

［加减］烦渴者，加生石膏、天花粉；神疲纳呆者，加西洋参、白术、鸡内金；高热者，加生石膏、知母；低热者，加鳖甲、青蒿、银柴胡；心悸少气、多梦少寐者，加炒酸枣仁、茯神。

（2）肝肾阴虚

［临床表现］黑痣局部溃烂，疮面污秽，气味恶臭，肿胀疼痛，或发热盗汗，或五心烦热，头晕目眩，腰膝酸软，口咽干燥，渴不喜饮，纳呆消瘦，大便燥结，小便短赤，舌质红绛，或见紫斑、瘀点，苔薄白，脉细弱或细数。

［治法］滋补肝肾，祛毒化结。

［处方］地黄白蛇汤（《肿瘤临证备要》）。生地黄20g，山茱萸10g，女贞子30g，旱莲草10g，黄精30g，当归20g，紫河车10g，土茯苓20g，猪苓20g，秦艽10g，白英20g，蛇莓20g，龙葵20g，淫羊藿10g。

［加减］毒热偏盛，身热口干者，加半枝莲、白薇；若低热、盗汗明显者，加地骨皮、鳖甲、五味子；心悸失眠者，加酸枣仁、远志；病程迁延，纳差乏力者，加白术、茯苓、党参、陈皮。

2. 单方验方

验方一：生草乌、重楼各30g。将上药用童便浸泡72小时，晒干研末，装入瓶内备用。每次2～5g，饭后温开水送服。同时，予红参10g，田七、水牛角（先煎）、生地黄、玄参、麦冬各15g，鹿角胶20g（烊）。每日1剂，水煎分3次饭前服。外用鱼腥草、石韦、骨碎补各10g，浸泡于75%乙醇100mL

中，3 日后用棉签蘸药外搽局部，次数不限。本方适用于阳虚证。

验方二：菊花、海藻、三棱、莪术、党参、黄芪、金银花、山豆根、山慈菇、漏芦、黄连各 100g，蚤休、马蔺子各 75g，制马钱子、制蜈蚣各 50g，紫草 25g，熟大黄 15g。上药共研细末，用紫石英 100g，煅红置于 2000g 黄醋水中，冷却后将其过滤，以此醋为丸，如梧桐子大。每日 3 次，每次 25～30 粒，饭后 1 小时温开水送服，禁食刺激性食物。本方适用于湿热证。

验方三：牛黄 50g，麝香 30g，冰片 40g，黄连 90g，硼砂 120g，雄黄 60g，绿豆 100g，柿霜适量。上药共为细末，炼蜜为丸，每丸重 1.5g。每次 1 丸，每日 3～4 次，噙化。20 日为 1 个疗程，连用 2～3 个疗程后停药，1 个月后再服用。本方适用于热毒炽盛证。

验方四：熟地黄 15～30g，枸杞子 15～30g，山萸肉 15g，何首乌、黄精各 30g，茯苓 15g，黑芝麻、黑豆各 30g，牡丹皮 15g，白蔹、木贼各 30g。每日 1 剂，水煎服。本方适用于肝肾两虚证。

验方五：当归、黄芪各 15g，黄芩 9g，生地黄 15g，熟地黄 9g，天冬、麦冬各 10g，天花粉 9g，红花、桃仁各 6g，川芎 10g，白芍 15g，何首乌 20g，甘草 6g。每日 1 剂，水煎服。本方适用于血虚风燥证。

3. 药物外治

（1）炉甘石、血余炭、大黄、氢氧化钠、水各适量。以上方药配制成糊膏状，用细竹签蘸药膏直接涂于痣表面，范围与色素痣相等。5～10 分钟药膏干后，可再点涂 2～3 次，待病损周围出现一明显水肿苍白圈时停止涂药，用棉签擦去药痂和腐蚀的痣组织。有报道运用本方治疗 216 例色素痣患者，结果全部获愈。

（2）矿石灰 15g（水化开，取末），浓碱水 75mL。将浓碱水浸于石灰末内，以碱水高出石灰二指为度，再以糯米 50 粒，撒于石灰上，如碱水渗下，陆续添之，泡 1 日 1 夜，冬季 2 日 1 夜，将米取出，捣烂成膏，备用。先用针挑破患部，挑少许膏点于痣上，不可太过，恐伤好肉。本方出自《医宗金鉴》，有腐蚀祛痣之功，适用于色素痣。

（3）糯米 350 粒，巴豆（取肉）5 个。用夏布包之扎之，取石灰鹅卵大一块，冲滚水 250mL 泡化，以水煮米包成饭，取出，趁热加硇砂末 3g，杵匀，仍加石灰水，研如糊，瓷罐收之备用。每用以涂痣上。本方出自《外科大成》，有腐蚀皮肉、消痣退斑之功，适用于色素痣。

（4）黑豆梗灰、荞麦秸灰、桑柴灰、矿灰、炭灰各等份。以上方药共为细末，以水 1000mL 淋取汁，将此汁再淋 2 次，慢火熬膏。每用少许，针刺破痣，敷之。本方出自《杨氏家藏方》，有祛斑美容之功，适用于色素痣。

（5）独角仙1个（不用角），红娘子1.5g（不去翅足），糯米40粒，石灰30g（风化者）。上药共为细末，以料炭灰、桑柴灰、荞麦秸灰各15g，热汤淋取400mL，熬至100mL，调上药如面糊，置瓷盒内，埋于土里5～7日取出使用。用时将黑痣刺破，用细竹签子蘸药膏点于患处。本方出自《黄帝素问宣明论方》，有腐蚀消痣之功，适用于色素痣。

（6）石灰14g，斑蝥7个。上药蘸苦竹、麻油少许，和匀，石灰搨调，然后加醋少许，搅匀，不拘多少。先用刀剔破痣，入药于内涂之。本方出自《普济方》，有腐蚀祛痣之功，适用于色素痣。

（7）矿石灰18g（以少水化开），木炭灰9g（须施于烧熟火上轻烧取白者）。以上拌匀，以水少许调令稀稠适中，盛于瓷盏中，用竹篦子摊平，然后将挑选好的糯米20～30粒，作莲蓬状插在灰中，每粒插一半入灰内，上以好纸遮盖盏口，勿令透气，候4～5日取1～2粒，看在灰内部分已化作粥浆者可应用。若未化，再候1～2日。用法：将黑痣洗净，以竹削作针，灯上燎过，其尖稍利，先用手轻轻在黑痣周围略拨动，即以竹针轻挑糯米浆汁，均匀搽布于拨动处，痣上不用涂药，须臾微赤，不痛，不作脓，3日左右即结痂。勿剥而待其自落，不留瘢痕。本方出自《杨氏家藏方》，有腐蚀除痣之功，适用于色素痣。

（8）皮硝、胆矾、五倍子各15g。以上方药浓煎取汁，以笔蘸之涂痣上，自落。本方出自《经验良方大全》，有腐蚀消痣之功，适用于色素痣。

（9）糯米100粒，石灰拇指大，巴豆3粒（去壳）。上药共研为末，入瓷瓶3日。每以竹签挑粟许，用碱水点痣上，自落。本方出自《串雅内编》，有腐蚀消痣之功，适用于色素痣。

（10）江米10g，半夏1.5g。上药共为细末，用水调成膏，用针尖挑少许涂在黑痣上，待干，剥去黑皮，如有黑色再照前点，如无则不点。本方出自《急救良方》，有腐蚀祛痣之功，适用于面部黑痣。

（11）桑柴白灰、风化石灰各500g。用新鲜威灵仙煎浓汤，将前二灰淋取汁，再熬作稠膏，瓷罐贮之。点痣处即愈，不必挑破。本方出自《瑞竹堂集验方》，有腐蚀祛痣之功，适用于色素痣。

4. 针灸疗法

火针除痣：一般采用26号15～25mm短针，用酒精灯将针尖烧红约2cm后，迅速刺入痣的中心，一刺即出。一般与皮肤相平的痣宜浅刺，进针不可深过皮下；高出皮肤的痣刺入可较深，以不刺入正常皮肤为度。如为凸出大痣可以左手持镊子夹起痣的根部，右手持针将针尖与针身前端烧红，快速沿镊子底部如拉锯式去之，去后用消毒纱布包扎，以防感染。

（二）食疗药膳

1. 人参粥 主料取人参末3g（或党参15g），冰糖适量，大米100g。上药共煮粥，常食。本方益气健脾，适用于脾气虚弱之患者。

2. 黄芪粥 黄芪50g，煎水取汁以作煮粥水，大米100g，红糖适量，陂皮末3g。上药共煮粥，常食。本方益气健脾，适用于脾气虚弱之患者。

3. 归芪蒸鸡 当归20g，黄芪100g，母鸡1只。上药共蒸熟，分次服用。本方补气生血，适用于气血不足之患者。

4. 虫草枸杞 冬虫夏草10g，枸杞子20g，瘦猪肉100g，鸡蛋250g，调料适量。上药一起炖熟，分次服用。本方补益肝肾，适用于肝肾两虚之患者。

5. 芦笋香菇汤 芦笋200g，香菇100g。上药用文火熬汤，佐餐食用。本方祛湿解毒，适用于热毒内蕴之患者。

（三）预防与护理

日常生活中，患者应尽量避免对痣的任何刺激。如见色素痣突然变黑、增大、发炎、破溃、出血、瘙痒，出现卫星痣、痣毛脱落等现象，则有恶变的可能，应及时到正规医院检查及治疗。

许文学，杨建宇，李杨，等．中医治疗癌前病变专题讲座（十三）——色素痣［J］．中国中医药现代远程教育，2012，10（15）：102－104.

十四、肠息肉

肠息肉是指黏膜表面突出到肠腔内的隆起性病变，好发于直肠及乙状结肠，是消化系统常见多发病之一。肠息肉的发病与家族遗传因素、炎症及其他慢性刺激、种族、饮食等因素有关，特别是近年来随着经济的发展、工业化程度的提高，人们的生活方式、饮食习惯发生了很大的变化。尤其是饮食结构不合理，高脂肪、高蛋白和低纤维素的饮食使胃肠道不堪重负，毒素长时间在胃肠道内蓄积，使息肉的发病率大大提高。

息肉属于中医学肠癖、肠覃、泄泻、便血等范畴。“息肉”一词，最早见于两千多年前的《黄帝内经》。《灵枢·水胀》曰：“肠覃如何？岐伯曰：寒气客于肠外，与卫气相搏，气不得荣，因有所系，癖而内着，恶气乃起，息肉乃生。”

肠息肉常隐匿起病，常见发病信号主要有以下几种：①大便带血：无痛性便血是直肠息肉的主要临床表现。②肠道刺激症状：当肠蠕动牵拉息肉时，可出现肠道刺激症状，如腹部不适、腹痛、腹泻、脓血便、里急后重等。③脱垂：息肉较大或数量较多时，由于重力的关系牵拉肠黏膜，使其逐渐与肌层分离而向下脱垂。患者排便动作牵拉及肠蠕动刺激，可使蒂基周围的黏膜层松弛，可并发直肠脱垂。临床上根据病理表现可将息肉分为腺瘤性息肉、乳头状息肉和炎性息肉等，其中腺瘤性息肉约占80%。肠息肉的癌变率与息肉的组织类型、大小有关。通常来说，腺瘤性息肉的癌变率较高，腺瘤大于2cm，癌变率就大于50%。专家指出，息肉体积较大、不带蒂的息肉、息肉呈多发性、息肉形态扁平或者呈现分叶状这样的息肉癌变可能性较大。目前大多数研究支持腺瘤样肠息肉与肠癌发病有共同的致病因素，如膳食、遗传因素及癌前状态等。息肉是目前公认的癌前病变。随着肠息肉的发病率日渐升高，癌变的概率增大。因此，积极预防和治疗肠息肉，可明显降低大肠癌的发病率。

（一）中医治疗

1. 分证论治

（1）湿热下注

［临床表现］大便黏浊带血，肛门灼热不适、下坠，伴腹痛、腹泻、腹胀，息肉表面有脓性物、糜烂，可有肿物脱出肛外，指诊有时可触及肿物，舌质红，苔黄或黄白相兼而腻，脉弦滑细。

［治法］清热利湿，理气止血。

［处方］黄连解毒汤加味。黄连10g，黄芩10g，黄柏10g，栀子8g，茯苓12g，地榆炭10g，大蓟、小蓟各10g，枳壳8g。

［加减］便秘者，加炒决明子15g。

（2）气滞血瘀

［临床表现］病久息肉明显增大，硬而痛，纳少，面黯消瘦，脉弦滑，舌质暗，苔白。

［治法］理气活血，化瘀散结。

［处方］补阳还五汤加减。生黄芪20g，全当归10g，赤芍15g，地龙6条，川芎10g，桃仁、红花各12g，牛膝10g，穿山甲8g。

［加减］腹胀、肛门下坠者，加枳实10g，木香8g。

（3）先天亏损，正虚瘀结

［临床表现］自幼出现便血，时有肿物脱出肛外，腹泻史较长，腹部隐痛，便血时多时少，倦怠懒言，舌淡苔白，脉细弱无力。

［治法］温中健脾，理气散瘀。

［处方］良附丸加味。高良姜 15g，制香附 15g，制黄芪 20g，炒枳实 8g。

［加减］便时带血者，加赤石脂 15g，血余炭 6g。

（4）寒凝结滞，阴盛阳虚

［临床表现］腹胀痛、喜暖，四肢冷而无力，腰膝酸痛，大便清冷，伴面部或下肢浮肿，小便少或清长，舌淡暗，苔白，脉沉无力。

［治法］温中散寒，理气利湿。

［处方］金匮肾气丸加减。熟地黄 15g，生地黄 15g，山药 10g，泽泻 8g，茯苓 12g，桂枝 8g，制附片 6g，山茱萸 10g，木香 10g。

［加减］腹痛者，加白芍 15g，甘草 8g。

2. 单方验方

（1）单方：三七粉口服 10g，2～3 个月为 1 个疗程。适用于便血患者。

（2）验方：

验方一：薏苡仁 60g，蒲公英 20g，茯苓 20g，败酱草 20g，莪术 15g。伴有腹泻症状者，加党参 15g，白术 15g；伴有便血症状者，上方加地榆炭 20g，仙鹤草 15g。早晚各口服 100mL，每日 1 剂，1 个月为 1 个疗程。

验方二：党参、黄芪、赤芍、桃仁、白芍、莪术、黄药子、枳壳、甘草各 9g，薏苡仁 60g（先煎）。水煎服，每日 1 剂。用于脾虚气弱，秽浊瘀血互结证。患者表现为腹痛腹胀，大便次数多，头晕目眩，食欲不振，形体消瘦，面色萎黄，苔薄，舌体小色淡，脉细弱。

验方三：丹参 30g，生地榆、凌霄花、半枝莲各 15g，桃仁、赤芍、炮山甲、皂角刺、三棱、牡丹皮、槐米、山慈菇、牛膝各 12g。水煎服，每日 1 剂。

验方四：乌梅、党参各 15g，黄连 5g，僵蚕 10g，当归、赤芍、地榆各 12g，牡蛎 24g，甘草 6g。水煎服，每日 1 剂。

验方五：乌梅炭、炙僵蚕各 60g，共焙干，研细末，调入 250mL 蜂蜜中，每日 2 次，每服 15mL。

验方六：健脾益康汤。生黄芪 15g，白花蛇舌草 15g，儿茶 3g，地肤子 10g，五味子 3g，白鲜皮 15g，炒乌梅 8g，三七粉 3g，三棱 6g，莪术 10g，甘草 6g。济生乌梅丸与四君子汤加味（乌梅 15g，僵蚕 15g，穿山甲 15g，党参

15g，茯苓15g，白术15g，甘草10g）。水煎服，每日1剂。

验方七：息肉平汤。柴胡6～18g，猫人参30～120g，炙黄芪15～60g，炙甘草6～18g。水煎服，每日1剂。

3. 药物灌肠

（1）白七散：白及、三七、苦参、大黄各适量。将各药洗净，烘干、研末过筛，每味药各分装入瓶，高温灭菌后备用。内痔和直肠息肉出血取白及5份，三七3份，苦参、大黄各1份，加适量藕粉与上药粉混匀，再用温开水调成稀糊状，冷后灌肠。此方法药源广、见效快、无毒副作用、经济，患者乐意接受，是治疗肛肠病的理想药物。

（2）六莲汤：阔叶十大功劳（木黄连）10g，半边莲15g，穿心莲9g，金莲花12g，半枝莲10g，马齿苋18g，木香8g，炒砂仁8g，甜石莲子35g，罂粟壳9g。每日1剂，2次煎成500mL，每次服140mL，每日3次。余下80mL每日分2次保留灌肠。

（3）乌梅、五倍子、五味子、牡蛎、夏枯草、浮海石、紫草各15g，水煎浓汁50mL，保留灌肠，每日1次。

（4）复方青白散：青黛、白芷、白芍、白术、白头翁、黄柏、薏苡仁各10g，煎汤或研细末用。水煎浓汁50mL保留灌肠，每日1次。

4. 针灸疗法

（1）湿热积滞，痰瘀交阻：取手、足阳明经穴为主，针用泻法。主穴取天枢、合谷、上巨虚、足三里、丰隆。随症选穴：腹痛较剧、痛引两胁者，加期门、太冲；便秘兼口干、口臭者，加曲池、支沟；以肛门灼热、里急后重为主者，加中膂俞。常规消毒进针后，施以泻法，行针2分钟，然后接通电针治疗仪，选用连续波，频率为100Hz，电流强度以患者感觉舒适为度，留针20分钟。每日1次，10次为1个疗程。疗程结束后，隔5天进行下1个疗程，连续治疗3个疗程。

（2）脾肾不足，痰瘀交阻：取俞募穴及任脉经穴为主，多用补法。处方：脾俞、肾俞、章门、关元。随症选穴：大便溏泻、夹杂黏液者，加足三里、三阴交；腹中冷痛、形寒肢冷者，加关元俞、命门；久泻不止者，加合谷、天枢；便血较多者，加隐白、血海。常规消毒进针后，施以补法，行针2分钟，然后接通电针治疗仪，选用连续波，频率为100Hz，电流强度以患者感觉舒适为度，留针20分钟。每日1次，10次为1个疗程。疗程结束后，隔5天进行下1个疗程，连续治疗3个疗程。

（二）食疗药膳

1. 菱粥 带壳菱角20个，蜂蜜1匙，糯米适量。将菱角洗净捣碎，放瓦罐内加水，先煮成半糊状，再放入适量糯米煮粥，粥熟时加蜂蜜调味服食。也可三料洗净，一同放入锅中，加水适量，大火煮沸后，改小火煲1～2小时，调味供用，佐餐食用。本方可补气益胃润肠。

2. 藕汁郁李仁蛋 郁李仁8g，鸡蛋1个，藕汁适量。将郁李仁与藕汁调匀，装入鸡蛋内，湿纸封口，蒸熟即可，佐餐食用。每日2次，每次1个。本方可活血止血、凉血，适用于大便出血者。

3. 瞿麦根汤 鲜瞿麦根60g或干根30g。先用米泔水洗净，加水适量煎成汤，代茶饮。每日1剂。本方可清热利湿。

4. 茯苓蛋壳散 茯苓30g，鸡蛋壳9g。将茯苓和鸡蛋壳熔干研成末即成。每日2次，每次1剂，用开水送下。本方可疏肝理气，适用于腹痛、腹胀明显者。

5. 桑椹猪肉汤 桑椹50g，大枣10枚，猪瘦肉适量。上三料加盐适量一起熬汤至熟，可当汤佐餐，随意食用，当日吃完。本方可补中益气，适用于下腹坠胀者。

6. 荷蒂汤 鲜荷蒂5个，如无鲜荷蒂可用干者替代，冰糖少许。先将荷蒂洗净、剪碎，加适量水煎煮1小时后取汤，加冰糖，代茶饮。每日3次。本方可清热凉血、止血，适用于大便出血不止者。

7. 鱼腥草莲子汤 鱼腥草10g，莲子肉30g。上药用水煎汤，代茶饮。每日2次，早晚服用。本方可清热燥湿、泻火解毒，适用于里急后重者。

8. 木瓜炖大肠 木瓜10g，肥猪大肠30cm。将木瓜装入洗净的大肠内，两头扎紧，炖至熟烂即成。当汤佐餐，随意食用，当日吃完。本方可清热和胃、行气止痛。

9. 水蛭海藻散 水蛭15g，海藻30g。将水蛭和海藻焙干研细末，分成10包，每日2包，用黄酒冲服。本方可逐瘀破血、清热解毒。

10. 菱薏藤汤 菱角10个，薏苡仁12g，鲜紫藤条12g。将紫藤条撕成片，再与菱角、薏苡仁一起加水煎汤，代茶饮，每日3g。本方可清热解毒、健脾渗湿。

11. 肉桂芝麻煲猪大肠 肉桂50g，黑芝麻60g，猪大肠约30mm。猪大肠洗净，将肉桂和黑芝麻装入大肠内，两头扎紧，加清水适量煮熟，去肉桂和黑芝麻，调味后即成。当汤佐餐，随意食用，当日吃完。本方可提升中气，适用于下腹坠胀、大便频者。

12. 大黄槐花蜜饮 生大黄4g，槐花30g，蜂蜜15g，绿茶2g。先将生大黄拣杂，洗净，晾干或晒干，切成片，放入砂锅，加水适量，煎煮5分钟，去渣，留汁，待用。锅中加槐花、绿茶，加清水适量，煮沸，倒入生大黄煎汁，离火，稍凉，趁温热时调入蜂蜜即成。口服，早晚2次分服。本方可清热解毒、凉血止血。

13. 马齿苋槐花粥 鲜马齿苋100g，槐花30g，粳米100g，红糖20g。先将鲜马齿苋洗净，入沸水锅中焯软，捞出，码齐，切成碎末，备用。将槐花洗净，晾干或晒干，研成极细末，待用。粳米淘洗干净，放入砂锅，加水适量，大火煮沸，改用小火煨煮成稀粥，粥将成时，兑入槐花细末，并加入马齿苋碎末及红糖，再用小火煨煮至沸，佐餐。早晚2次分服。本粥可清热凉血、清肝泻火、止血。

（三）预防与护理

1. 合理饮食 饮食清淡，多吃富含膳食纤维的粗粮、新鲜蔬菜和水果，少吃肉类、海鲜、煎炸熏烤及过于辛辣的刺激性食物，保持良好的排便习惯，还要戒烟限酒，忌食辛热、膏粱厚味之品，积极治疗肠道的慢性炎症，饮食、服药注意避免对肠道黏膜的过度刺激。

2. 适量运动 合理控制体重。

3. 未病先防 定期体检，早发现，早治疗。对于家族直系亲属中有大肠癌或肠息肉的人群，要定期到医院做肠镜检查，以便早发现、早治疗。特别是某些胃肠道息肉有明显的遗传倾向，如家族性胃肠道息肉病、黑斑－息肉综合征等。很多患者久治不愈或久拖不治，致使肠息肉迁延难愈，癌变可能性大大增加。

许文学，杨建宇，李杨，等．中医治疗癌前病变专题讲座（十四）——息肉［J］．中国中医药现代远程教育，2012，10（16）：101－103.

十五、黏膜白斑

黏膜白斑是发生在黏膜上的白色斑片，但是作为一种疾病，主要是指以角化过度和上皮增生为特点的黏膜白斑。本病多发生于40岁以上的成人，好发于口腔的下唇、牙龈、颊部及舌背黏膜，食道黏膜，女性的外阴、阴道内或宫颈处，偶见于男性的龟头或包皮两侧。某些类型具有比较特定的部位，如颗粒状白斑多见于口角区颊黏膜、皱纸状白斑多见于口底舌腹、疣状白斑多见于牙龈。早期损害为患部呈淡白色小点或细条状，无任何自觉症状，以后患处渐渐对热性饮食或咸辣食物敏感。数月后，黏膜上出现大小不等、乳皮样扁平隆起的条块状斑片，或互相融合成大片，表面往往有光泽，之后渐渐增厚变硬，紧附在黏膜上，强力刮除则引起出血。此时有瘙痒和触痛，搔抓后患部充血、肿胀、变红，轻微外伤即引起流血，严重者患处有皲裂或溃疡。颊黏膜白斑可被误认为颊黏膜扁平苔藓或念珠菌病，外阴黏膜白斑要与女阴干枯、白癜风、萎缩硬化性苔藓及念珠菌病区别，部分还应与盘性红斑狼疮进行鉴别。

黏膜白斑发生的真正原因目前尚不明了，大致认为与机械刺激、烟酒过度、不良习惯、慢性炎症等有关，部分患者发病与遗传有关，或与老年人阴部萎缩有关。中医学认为，本病的发生乃思虑过度，情志不畅，肝气郁结所致，或平素嗜食辛辣炙煿厚味，心火、肝火循经上炎，积湿生热，经脉空虚，湿热下注，由此导致口腔、阴部疾病的发生。

长期以来，皮肤病理学家一直把黏膜白斑看成是癌前期病变，并认为最终将有20%～30%发展成癌症。事实上，直到今天，医学界对于黏膜白斑的定义、范围、诊断标准及是否为癌前病变尚未形成统一的认识。但是，根据WHO及国内报道的资料显示，白斑的癌变率为3%～5%，因此，检查和监测还是必要的，毕竟癌症发生的可能性还是存在的。

（一）中医治疗

1. 分证论治

（1）湿热痰凝

［临床表现］白斑颜色偏黄而厚，可伴有局部糜烂、渗液、瘙痒，口干口臭，苔黄舌红，脉滑数。

［治法］清热利湿。

［处方］龙胆泻肝汤加减。龙胆草6g，党参12g，黄芩10g，栀子10g，泽泻10g，苍术、白术各10g，怀山药20g，知母10g，黄柏10g，紫草10g，白花蛇舌草12g，丹参10g，萆薢10g，生甘草6g。

［加减］泛恶者，加竹茹6g；脘腹胀者，加枳壳15g；尿黄者，加金钱草30g；纳差者，加焦山楂15g；口干口苦、心烦易怒者，加黄芩10g，栀子10g；失眠多梦者，加炒枣仁10g，远志10g。

（2）瘀血阻滞

［临床表现］白斑附近黏膜暗红，伴有瘀斑，舌质暗红或有瘀斑紫点，舌

下静脉充血、周围多血丝，脉弦涩或细涩。

［治法］活血化瘀。

［处方］桃红四物汤加减。桃仁 10g，红花 6g，赤芍 10g，当归 10g，丹参 10g，木香 6g，川芎 6g。

［加减］证属实热者，去白芍、熟地黄，加生地黄、赤芍、牡丹皮、栀子、黄芩、黄柏；证属虚热者，加生地黄、青蒿、银柴胡、地骨皮、龟板、女贞子；证属实寒者，加桂心、牛膝等；证属虚寒者，加吴茱萸、小茴香、艾叶、炮姜、补骨脂等；气虚者，加党参、黄芪、白术、升麻；血虚者，加阿胶、首乌、艾叶；肾虚者，加川断、桑寄生等；气滞者，加香附、柴胡、延胡索、广香、乌药、郁金、砂仁、枳壳之类。

2. 单方验方

（1）单方：生栀子 1 个，去皮，放入 20mL 冷水中搅匀，使水呈黄色，患者口含 10～20mL 栀子水 10 分钟，每日 3 次，直至痊愈。本方具有泻火除烦、清热利湿、凉血解毒功效。

（2）验方：

验方一：熟地黄 20g，山药 10g，牡丹皮 10g，泽泻 10g，山萸肉 10g，茯苓 20g，肉桂 3g，麦冬 10g，石斛 5g，半夏 10g。上述药物水煎服，每日 1 剂，日服 2 次。本方有滋补肾阴、引火归原之功效，适用于证属肾阴虚损的黏膜白斑，尤其是口腔黏膜白斑。

验方二：生甘草、炙甘草各 5g，生薏苡仁 20g，白花蛇舌草 15g，白茯苓 10g，蝉蜕 5g，牡丹皮 10g，玉竹 10g，金银花 10g，炒谷芽 10g，炒白术 10g。15 剂。上述药物水煎服，每日 1 剂，日服 1 次。本方有清利湿热、活血化瘀通络之功效，适用于湿毒内蕴之黏膜白斑。

验方三：煅石膏 9g，煅人中白 9g，青黛 3g，薄荷 1.5g，黄柏 2.1g，川黄连 1.5g，炒月石 18g，冰片 3g。将煅石膏、煅人中白、青黛各研细末和匀，再用水飞三四次，研至无声为度，晒干，再研细后，将其余 5 味各研细后和匀，瓶装封固，勿令泄气。洗漱净口腔，用药少许，吹敷患处。本方有消炎止痛、清热解毒之功效，适用于口腔黏膜白斑。

3. 药物外治

（1）黄柏 15g，苍术 15g，蛇床子 30g，苦参 30g，荆芥 12g，赤芍 6g，红花 6g，黄芪 20g。上药加水煎汤，去渣备用，待药液温度适宜时，坐浴，每日 2 次，每剂药可用 2～4 次。若患者对蛇床子、苦参、赤芍过敏，可改用白鲜皮 30g，地肤子 20g，丹参 6g；硬萎型可加莪术 10g。本方适用于肝经湿热、瘀血阻滞的外阴白斑。

（2）何首乌、生地黄、当归、赤芍、苦参、蛇床子、百部各30g。上药用纱布包好，放入盆内，加水煎煮20分钟后，加雄黄、冰片各6g，5分钟后捞出纱布包，熏洗患处15～20分钟。每日1剂，每日洗2次。一般用药14剂后可获显效。临床可结合内服药治疗外阴黏膜白斑。治疗期间需禁房事，忌食辛辣刺激性食物。

（3）玉竹50g，川椒40g，透骨草50g，土槿皮30g，艾叶60g，白矾10g。上药以适量清水煎煮，趁温热熏洗患部，每日2～3次。本方治疗外阴黏膜白斑时可结合内服药物。

（4）生姜120g，洗净连皮打碎，艾叶90g（鲜者200～250g），加水1500mL，入锅煎沸后20分钟去渣，将药液倒入盆内，患者坐在盆上令蒸气先熏阴部，待水温适宜时洗10～15分钟，每天1～2次，连洗3天可愈。本方适用于外阴黏膜白斑。

（5）雄黄、儿茶、蛇床子、苦参、秦皮、白鲜皮、土槿皮、莪术等。上药经消毒灭菌处理后，涂在宫颈白斑处。本方有消炎、去腐生肌之功效，适用于宫颈黏膜白斑。

（6）冰硼散：冰片、硼砂（煅）、朱砂、玄明粉各适量，加蜂蜜调匀，饭后涂于患处。本方适用于口腔黏膜白斑。

4. 针灸疗法

（1）针刺疗法：耳针取穴肺、神门、外生殖器区，体针取脾俞、血海、肾俞、横骨、三阴交、阴廉。对外阴白斑有一定疗效。沈秋华用自制DRA－Ⅰ型电热针仪针刺外阴病变处30分钟，同时配合会阴、曲骨、中极穴位，每日或隔日1次，15次为1个疗程，取得了良好效果。增殖型采用浅刺，萎缩型采用深刺。

（2）穴位注射疗法：丹参注射液治疗外阴白斑，取横骨、曲骨、阴阜和阿是穴。剂量为1～2mL，每4天1次，10次为1个疗程。

（二）食疗药膳

1. 丝瓜荷花响螺汤　丝瓜500g，新鲜荷花3朵，响螺片（干品）50g，生姜1片，红枣2枚，盐少许。干响螺片浸透，洗干净。丝瓜洗干净，去边皮，对半剖开，切块。荷花、生姜和红枣洗干净。荷花取瓣；生姜去皮，切片；红枣去核；瓦煲加入清水，用猛火煲至水滚后，加丝瓜、响螺片、生姜和红枣；继续用中火煲3小时，再加荷花瓣，稍滚，加盐少许调味，佐餐食用。本方可养阴清热，适用于湿毒内蕴之黏膜白斑。

2. 桃仁桂鱼汤 桃仁 6g，泽泻 10g，桂鱼 100g。桂鱼去鳞、腮、内脏，与桃仁、泽泻一起，加入葱、姜等佐料，一同炖熟，食鱼喝汤。本方可活血化瘀、除湿通窍，适用于瘀血内停之黏膜白斑。

3. 牛奶荷包蛋 鸡蛋 2 个，苹果半个，白糖 20g，牛奶 150mL。将鸡蛋打入沸水锅内煮熟，捞出放置碗内。将苹果去皮、核，切成小丁，与白糖、牛奶同放入锅中煮沸，倒入盛有荷包蛋的碗中即成，佐餐食用。本方可防治外阴黏膜白斑。

4. 南烛糯米粥 糯米 500g，南烛叶 50g，水适量。将南烛叶洗净，加入水适量，煮 30 分钟，去渣取汁，用此汁煮糯米约 4 小时，待色变黑、米烂熟即可食之，佐餐食用。本方可缓解外阴白斑的症状。

（三）预防与护理

1. 保护牙齿 对排列不齐的牙齿，尤其是与口腔黏膜有摩擦的牙齿应及早矫正，损害或有残留的牙齿应找医生及时修补。假牙安装应规整，不宜过大或歪突，从而避免对黏膜的擦伤。

2. 养成良好的卫生习惯 注意口腔清洁卫生，养成早晚刷牙、漱口的习惯，外阴保持清洁，定时清洗外阴，勤换内衣、内裤。

3. 讲究饮食卫生 戒除烟酒，少吃或不吃辛辣等刺激性食物，饮食不宜过热。

4. 治疗慢性炎症 对口腔的慢性感染病灶及阴部炎症应及时发现、及时治疗，以免贻误病情。

许文学，杨建宇，李杨，等．中医治疗癌前病变专题讲座（十五）——黏膜白斑［J］．中国中医药现代远程教育，2012，10（17）：91－93.

十六、子宫内膜不典型增生

子宫内膜不典型增生（atypical hyperplasia，AH）属子宫内膜增生的一种类型，其主要的病理学特征为腺上皮细胞出现异型性。根据增生腺体是否出现背靠背群集，分为简单性不典型增生和复杂性不典型增生；根据组织学病变程度又可分为轻度、中度、重度不典型增生。本病为子宫内膜因持久、大量的雌激素刺激发生过度增殖的病理改变，是无排卵型功能性子宫出血的一种，多发生于青春期及更年期妇女。子宫内膜不典型增生患者的主要表现为不正常阴道出血：如多囊卵巢患者常表现为月经稀少或闭经一段时间后有较多的阴道出血；更年期患者表现为月经紊乱、周期长、经量多，或呈不规则阴道出血；绝经后患者可发生绝经后阴道出血，量可多、可少。患者常合并不孕及贫血。凡有下列情况的妇女均应做进一步检查：①年轻妇女持续无排卵性功血；②绝经前后妇女不规则阴道出血；③绝经后妇女阴道出血；④绝经后妇女宫颈阴道细胞涂片中发现异常细胞。

子宫内膜不典型增生属于中医学崩漏、五色带、癥积等范畴，是由脾、肝、肾三脏功能失调，湿热瘀毒，蕴结胞宫，或肝气郁结，气滞血瘀，经络阻塞，日久积于腹中所致。

近年有学者建议将子宫内膜不典型增生及高分化腺癌统一归入内膜瘤变（endometrioid neoplasia）。在目前普遍采用的ISGP分类中，子宫内膜不典型增生属激素依赖型子宫内膜癌的癌前病变，而重度不典型增生可视为子宫内膜原位癌。因此，积极防治子宫内膜不典型增生对子宫内膜癌的一级预防及改善子宫内膜癌患者的生活质量有重要的现实意义。中医在妇科病领域有着一定的特色和优势，可根据不同的体质与病因采用不同的治法，因势利导，以达到治疗目的。

（一）中医治疗

1. 分证论治

（1）气血两虚

［临床表现］突然暴崩出血，色淡质稀，怕冷自汗，面色苍白，全身乏力，舌淡，脉细弱。

［治法］补血益气止血。

［处方］固本止崩汤加减。吉林参3g（或党参30g）（另煎），黄芪30g，制首乌10g，白术30g，阿胶15g（烊冲），鹿角胶10g（烊冲），炒枣仁10g，煅牡蛎30g（先煎），黑姜6g。

（2）脾肾两虚

［临床表现］经血紊乱，经量多或淋沥，色淡清稀，乏力纳少，腰膝软酸，苔薄，舌淡，脉细弱而沉。

［治法］健脾益肾固冲。

［处方］大补元煎加减。党参30g，怀山药12g，白芍12g，炒白术15g，熟地黄12g，杜仲10g，山茱萸9g，仙鹤草30g，陈阿胶10g（烊冲），牛角（角思）30g，炮姜炭9g，补骨脂12g。

（3）肝肾阴虚

［临床表现］崩漏日久，血色鲜红，潮热口干，手足心热，头晕腰酸，舌红，脉细数。

［治法］养阴益肾固冲。

［处方］左归丸加减。熟地黄12g，怀山药12g，枸杞子10g，山茱萸9g，菟丝子12g，龟板胶12g（烊冲），仙鹤草30g，旱莲草15g，女贞子12g，生地榆30g。

［加减］眩晕者，加夏枯草9g，煅牡蛎30g（先煎）；出血量多者，加陈阿胶10g（烊冲）；偏肾阳虚者，去生地榆，加鹿角胶12g（烊冲），锁阳10g，牛角（角思）15g。

（4）血热妄行

［临床表现］经血或崩或漏，色紫红稠，烦热口渴，下腹胀痛，尿黄，苔黄糙，舌红，脉弦数或滑数。

［治法］清热凉血固冲。

［处方］清经散加减。牡丹皮12g，地骨皮10g，大生地15g，大白芍12g，肥知母10g，黄柏9g，白及12g，生牡蛎30g（先煎），侧柏叶20g，花蕊石30g（先煎），生蒲黄10g（包煎）。

［加减］若血热伴倦怠乏力、气短懒言、心悸少寐等症，为气虚血热之象，宜加白术12g，黄芪15g，党参12g，生龙骨18g（先煎）。

（5）气滞血瘀

［临床表现］崩漏日久，色紫有块，下腹胀痛拒按，血下痛减，舌紫暗、边有瘀斑，脉弦细或涩。

［治法］理气祛瘀止血。

［处方］膈下逐瘀汤加减。当归10g，川芎9g，桃仁10g，枳壳9g，生蒲黄15g（包煎），五灵脂15g，牛角（角思）15g，牡丹皮6g，乌药9g，小蓟炭15g。

［加减］气虚乏力者，加黄芪15g，白术12g；瘀久化热者，加粉丹皮10g，旱莲草15g；热而伤阴者，加沙参15g，麦冬10g，五味子6g。

（6）暴崩致脱

［临床表现］血崩日久不止，血多色淡，质清稀，头晕乏力，胸闷气短，肢冷汗多，面色苍白，舌淡胖，脉细弱欲绝，血压偏低或低于正常。

［治法］益气回阳救脱。

［处方］参附龙牡汤加味。野山人参3g（另煎），熟附片9g，煅龙骨30g

（先煎），煅牡蛎30g（先煎），黄芪60g，炮姜5g，云南白药2g（吞服）。

［加减］舌红伤阴者，加麦冬15g，五味子9g，去熟附片；阳回后加阿胶12g（烊化）。

2. 中成药

（1）十灰丸，每服6g，日服3次。适用于血热者。

（2）固经丸，每服9g，日服3次。适用于阴虚血热者。

（3）荷叶丸，每服9g，日服3次。适用于血热或阴虚火旺者。

（4）龙胆泻肝丸，每服6g，日服2次。适用于肝胆湿热者。

（5）益母丸，每服6g，日服2次。适用于血瘀者。

（6）震灵丸，每服9g，日服2次。适用于气滞血瘀者。

（7）乌金丸，每服6g，日服3次。适用于肝气郁滞者。

（8）崩漏丸，每服6g，日服3次。适用于肝肾阴虚者。

（9）全鹿丸，每服9g，日服2次。适用于脾肾阳虚者。

（10）人参归脾丸，每服6g，日服2次。适用于脾气虚而不摄者。

（11）补中益气丸，每服6g，日服3次。适用于气虚下陷者。

（12）金匮肾气丸，每服6g，日服3次。适用于肾阳不足者。

（13）妇血宁，每服5片，日服3次。适用于月经过多者。

（14）云南白药，每服0.3g，日服3次。本病各型均可使用。

（15）归脾丸、十全大补九或补中益气丸，每日2次，每次5g，吞服。适用于气血虚弱之漏下不止及血止后调治。

（16）震灵丹，每日2~3次，每次6g，吞服。本方可止血。

（17）三七粉，血多时，4小时1次，每次3g，血止停用，血瘀者更宜。

（18）新癀片，每日3次，每次4片，饭后吞服。适用于血热者。

（19）野山人参粉，血多时，2~4小时1次，首次剂量1g，以后0.5g温水吞服。适用于暴崩血脱者。如无野山人参粉，也可用吉林人参粉，血多时首次剂量1.5~2.0g，以后每次1g，血止停用；也可用吉林人参粉1g，三七粉1g，2小时1次，吞服，血量明显减少、全身情况好转后逐渐延长服药时间和减量。

3. 单方验方

（1）单方：①益母草30g，水煎服（适用血瘀者），每日3次。②三七末3~5g，开水冲服，每日2~3次。③益母草流浸膏，每次10mL，每日3次。

（2）验方：

验方一：仙鹤草、血见愁、旱莲草各30g。水煎服，日服3次。适用于血热者。

验方二：白芍 15g，香附 12g，生、熟蒲黄各 10g。水煎服，日服 3 次。适用于气滞血瘀者。

验方三：旱莲草、女贞子各 15g，山萸肉、贯众、地榆、生地黄各 12g。水煎服，日服 3 次。适用于肾阴不足者。

验方四：赤石脂、补骨脂各等份，共为细末，每服 3g，日服 3 次。适用于肾气虚寒者。

验方五：槐米、白术各 20g，黄芪、旱莲草、乌贼骨各 30g，甘草 10g。水煎服，日服 3 次。适用于脾虚失摄者。

验方六：鹿角霜 15g，炮姜炭 10g，三七 6g。上药共为细末，每服 3g，日服 3 次。适用于脾肾阳虚者。

验方七：棕榈炭、莲房炭、血余炭各等份，共为细末，每服 5g，日服 3 次。适用于各型患者。

验方八：仙鹤草、生龙骨、生牡蛎各 50g，乌贼骨 30g。水煎服，日服 3 次。适用于各型患者。

验方九：胡桃肉 500g，黑芝麻 250g，红枣肉 250g，黄芪 200g，阿胶 250g，冰糖 150g。将上药制成膏方，病后调服。

验方十：黄芪 30g，党参 15g，仙鹤草 30g，生蒲黄 12g（包煎）。水煎服。另以三七粉 3g，分 2 次吞服。

验方十一：熟地黄 20g，山药 30g，枸杞子 15g，山茱萸 15g，菟丝子 20g，鹿胶、龟胶各 15g（烊化），党参 30g，麦冬 15g，五味子 9g，女贞子 30g，旱莲草 30g。水煎服。如阴虚火旺者，去枸杞子、党参，加太子参 30g，白芍 20g。兼有小腹痛、经血有块者，去二胶，加失笑散。本方可滋肾益阴、止血调经。适用于经乱无期，阴道出血淋沥不净或量多如崩，或崩与漏交替出现，经色鲜红，质稠，头晕耳鸣，腰膝酸软，夜尿多，心烦多梦，面部黯斑，眼眶黯，或先天发育不良，舌质偏红，苔少，脉细数。

验方十二：滋阴固气汤（《罗元恺论医集·崩漏》）。菟丝子 20g，山茱萸 15g，党参 30g，北黄芪 20g，白术 15g，炙甘草 6g，阿胶 20g（烊化），鹿角霜 10g，何首乌 20g，白芍 20g，续断 10g。水煎服，每日 1 剂。

验方十三：固肾摄血汤。熟地黄、枸杞子、山药各 12g，蒲黄炭、山茱萸各 10g，菟丝子 20g，续断、党参、北黄芪各 15g，海螵蛸 18g。水煎服，每日 1 剂。

验方十四：固本止崩汤（傅山《傅青主女科》）。党参 35g，炒白术 20g，北黄芪30g，熟地黄20g，炮姜10g，当归12g，炙甘草9g，鹿衔草15g，马鞭草15g，何首乌20g，桑寄生20g，续断15g。水煎服，每日1~2剂。本方可补气摄血、养血调经。适用于脾虚型，经血非时妄行，崩中与漏下交替反复，经色淡而质稀，可有血块，面色㿠白，气短神疲，甚则两目昏花，面浮肢肿，四肢不温，食欲不振，舌淡胖，苔白，脉细弱。

验方十五：益气固冲止崩汤（赖天松主编《临床方剂手册》）。黄芪30g，白术、醋柴胡、陈皮炭、仙鹤草、甘草各10g，党参、荆芥炭、当归、炒续断各15g，升麻4g。水煎服。

验方十六：独参汤。红参10~15g，炖服，每日1次。适用于暴崩血脱者。

验方十七：保阴煎（张介宾《景岳全书》）。生地黄、熟地黄各15g，白芍20g，山药30g，续断15g，黄芩15g，黄柏10g，甘草9g，女贞子30g，旱莲草30g，地榆30g，麦冬15g。水煎服。本方可滋阴清热、止血调经。适用于血热型，经血非时妄行，时崩时漏，淋沥不止，经色鲜红或深红，质稠或夹小血块，面赤唇红，口干渴，头晕耳鸣，或五心烦热，夜寐不宁，大便秘结，小便黄，舌红苔少，脉细数。

验方十八：失笑散（《太平惠民和剂局方》）合四乌贼骨一芦茹丸（《黄帝内经》）加减。五灵脂10g，蒲黄10g，海螵蛸20g，茜根15g，三七末3g（冲服），鹿衔草15g，马鞭草15g，益母草30g，党参30g，香附子10g。水煎服。

验方十九：化瘀理冲汤（张达旭《中医妇科验方选》）。蒲黄炭15g，大黄炭6g，花蕊石10g，三七10g，茜根10g，血余炭6g。水煎服，每日1剂。若属寒凝血瘀者，去大黄炭，加炮姜、艾炭、肉桂；若兼气滞者，加白芍、橘核；若腹内有包块或疼痛较剧者，可加三棱、莪术。

4. 针灸疗法

（1）体针疗法：出血量多者取神厥、隐白。艾灸20分钟。一般10分钟后血即见少。三阴交、足三里、阴陵泉、关元、中极、血海、肾俞、脾俞、太冲、水泉、气海。每次取3~4穴针刺，根据病机之不同选用补泻手法。

（2）耳穴疗法：子宫、内分泌、皮质下、脾、肾、肝、卵巢。每次取2~3穴针刺，或用埋针治疗。

（二）食疗药膳

1. 苎麻根粥 生苎麻根30g，炒陈皮10g，粳米、大麦仁各50g，细盐少许。先煎苎麻根、陈皮，去渣取汁，后入粳米及大麦仁煮粥，临熟放入盐少许。分2次服，每日空腹趁热食。本粥可凉血、止血、安胎。适用于血热崩漏、妊娠胎动下血，以及尿血、便血等症。

2. 红米生地粥 生地黄50g，红米100g，冰糖适量。生地黄洗净后煎取药汁，与红米加水共煮，煮沸后加入冰糖，煮成稀粥。每日早晚空腹温热食。本粥可清热生津、凉血止血。适用于血热崩漏、鼻衄及消化道出血，还可用于热病后期，阴液耗伤，低热不退，劳热骨蒸，或高热心烦，口干作渴。本粥不宜长期食用。服用期间，忌吃葱白、薤白及萝卜。

3. 三七粉粥 三七粉3g，大枣5枚，粳米100g，冰糖适量。粳米淘洗净，大枣去核洗净，与三七粉一同放入砂锅内，加水适量煮粥，待粥将成时，加入冰糖汁即成。每日2次服食。本粥可补血止血、化瘀清热。适用于崩漏下血及其他出血症。

4. 阿胶粥 阿胶30g，糯米100g，红糖适量。先将糯米煮粥，待粥将熟时，放入捣碎的阿胶，边煮边搅匀，稍煮1~2沸，加入红糖即可。每日分2次服，3~5日为1个疗程。本粥可滋阴补虚、养血止血。适用于功能失调性子宫出血，血虚引起的咳血、衄血、大便出血等。本粥连续服用可有胸满气闷感，故宜间断服用，脾胃虚弱者不宜多食。

5. 乌雄鸡粥 乌雄鸡1只，糯米100g，葱白3条，花椒、食盐适量。将鸡毛去净，除内脏，洗净、切块、煮烂，再入糯米及葱、椒、食盐煮粥。每日2次，空腹食。本粥可益气养血、止崩安胎。适用于脾虚血亏而致的暴崩下血或淋沥不净，血色淡质薄，面色㿠白或浮肿，身体倦怠，四肢不温，气短懒言等。

6. 山药山萸粥 山萸肉60g，山药30g，粳米100g，白糖适量。将山萸肉、山药煎汁去渣，加入粳米、白糖，煮成稀粥。每日分2次，早晚温热食。本粥可补肾敛精、调理冲任，适用于肾虚型崩漏。因热致病者忌服。

7. 花生衣猪瘦肉汤 花生衣100g，猪瘦肉100g，大枣20g。花生衣洗净，猪瘦肉洗净、切厚片，大枣洗净、去核。上三味同放锅内，加清水4小碗煎至2小碗，饮汤食肉。本汤可健脾止血，适用于脾虚所致崩漏者。

8. 淡菜瘦猪肉汤 淡菜（干品）100g，墨鱼骨50g，茜根30g，瘦猪肉100g。淡菜浸软洗净，茜根、墨鱼骨、猪瘦肉洗净后，连同淡菜放砂锅内，加清水5小碗，煮沸后慢火熬至2小碗，加食盐调味，饮汤食肉，1日分2~3次食完。本粥可滋阴清热、凉血止血，适用于阴虚血热之崩漏者。

9. 韭菜奶 鲜韭菜500g，牛奶200mL，白糖15g。韭菜洗净后再用冷开水浸洗，捣烂、榨汁，盛于碗内。牛奶加入白糖，煮沸搅匀，离火后放至适温，冲入韭菜汁内，趁热饮下。每日1～2次。本粥可祛瘀止血，适用于血瘀崩漏者。

（三）预防与护理

1. 本病日久属癌前病变，如在绝经年龄，可行子宫全切除术。如不愿切除子宫，则一定要密切随访，多次诊刮，随时了解内膜病变情况。

2. 保持心情舒畅，稳定情绪，营养饮食。

3. 未病先防，自我检查和定期检查。对于高危人群需加强自我检查和定期检查，及时治疗月经失调、子宫肌瘤、卵巢囊肿等妇科疾患和其他内分泌疾病。

许文学，杨建宇，李杨，等. 中医治疗癌前病变专题讲座（十六）——子宫内膜不典型增生［J］. 中国中医药现代远程教育，2012，10（18）：84－87.

十七、Barrett 食管

Barrett 食管（BE）是食管下段的鳞状上皮细胞被胃的柱状上皮细胞所取代的一种病理现象，是反流性食管炎的并发症之一。BE 本身一般不引起症状，主要表现为反流性食管炎的症状，如胃灼热、反酸、胸骨后疼痛和吞咽困难等。

Barrett 食管的形成主要与食管、胃及十二指肠反流有关，被认为是胃食管反流的严重并发症。但具体发病机制尚不完全清楚，可能是酸暴露、十二指肠内容物及胆汁反流，同时在胃蛋白酶、胰蛋白酶及脂肪酶等因子的作用下，引起食管黏膜损伤，发生炎症反应，从而启动氧化应激机制，产生大量氧自由基，氧自由基使食管鳞状上皮基底层内的上皮内干细胞发生基因突变，向腺上皮化生，形成 BE。几乎全部 Barett 食管均可认为是损伤后食管黏膜的再生过程，即发生鳞状上皮部分的柱状上皮化生，这是消化液反流进入食管并造成食管黏膜损害的最重要原因。“胃食管反流—反流性食管炎—食管柱状上皮化生/肠上皮化生（Barett 食管）—发育异常—食管腺癌”这一发病模式已经被基因分析所证实。Barrett 食管是食管腺癌的癌前病变，约10%的 BE 患者可能进展为食管腺癌。

因 Barrett 食管只是食管黏膜上皮的病理改变，而非一证，但从其常有咽部不适、胃脘堵闷、时有噎食等临床表现看，可归为中医学噎膈范畴。噎即噎塞，指吞咽之时梗噎不顺；膈为格拒，指饮食不下或食入即吐。噎虽可单独出现，但又每为膈的前驱，故往往以噎膈并称。正如张石顽《千金方衍义》所言："噎之与膈，本同一气，膈证之始，靡不由噎而成。"忧思伤脾，脾伤则气结，气结则津液不布，遂聚而为痰，痰气交阻食道；恼怒伤肝，肝伤则气郁，气郁则血停，瘀血阻滞食道；气滞、痰阻、血瘀郁结食道，饮食噎塞难下而成噎膈。本病病位在胃及食道，与肝脾相关。

（一）中医治疗

1. 分证论治

（1）肝胃气滞

［临床表现］患者平素多忧思抑郁，渐至饮食减少，咽中不适或胃中堵闷，舌暗，脉或弦或涩。

［治法］理气解郁，和胃降逆。

［处方］香砂宽中丸加减。木香 10g，香附 10g，白术 15g，陈皮 10g，白豆蔻 10g，砂仁 10g，青皮 10g，槟榔 20g，茯苓 20g，半夏 10g，厚朴 10g。

［加减］心烦口苦者，加牡丹皮 10g，栀子 10g；大便秘结者，加生大黄 10g，枳实 10g；胁肋刺痛者，加郁金 10g，乌药 10g，赤芍 10g，延胡索 15g。

（2）痰气胶阻

［临床表现］胸中如滞，饮食衰少，时而干食难下，伴头晕，气短，舌淡胖，脉多见滑象。

［治法］理气解郁，化痰散结。

［处方］轻者大半夏汤加竹沥治之，重者来复丹下之。半夏 10g，人参 20g，白蜜 30g，玄精石 20g，硝石 10g，硫黄 5g，橘皮 10g，青皮 10g，五灵脂 10g。

［加减］嗳气者，加沉香 10g，柴胡 10g；呕吐痰涎者，加旋覆花 10g，代赭石 20g；胸闷痞满者，加枳实 10g，槟榔 10g，瓜蒌 10g。

（3）瘀血积滞

［临床表现］胸中或胃脘刺痛或闷痛，或噎食或食后痛重，大便燥结如羊屎，脉多涩。

［治法］行气化瘀。

［处方］滋血润肠丸加减。当归 15g，白芍 10g，生地黄 10g，红花 10g，桃仁 10g，枳壳 10g，大黄 10g。

［加减］呕吐痰涎者，加莱菔子 20g，并予生姜汁咽服；胸膈胀痛者，加

赤芍15g，丹参30g，制乳香10g（吞服）；神疲体倦者，加党参20g，黄芪30g；服药即吐者，可先服玉枢丹。

（4）脾气虚弱

［临床表现］面色萎黄，神疲乏力，食少纳呆，胃脘痞闷不舒，脉多虚弱。

［治法］健脾益气。

［处方］补气运脾丸。人参20g，白术15g，茯苓20g，黄芪30g，砂仁10g，橘红10g，半夏10g，甘草10g。

［加减］胃脘虚痛者，加丁香10g，白豆蔻10g；若食积不化、脘腹胀满、嗳气吞酸者，加焦三仙各20g，鸡内金10g；若腹痛下痢、四肢厥冷者，加制附子10g，干姜10g。

（5）胃阴亏少

［临床表现］自觉食道干涩热痛，饥而不欲食，大便干结，小便赤，脉多细数。

［治法］滋阴养胃。

［处方］二冬二母汤加减。天冬15g，麦冬15g，知母10g，贝母15g。

［加减］若阴虚较甚，五心烦热者，加熟地黄15g，牡丹皮10g，黄柏10g；若呕吐甚者，加橘皮10g，竹茹20g，枇杷叶20g。

2. 中成药治疗

（1）增生平：主要由山豆根、拳参、北败酱、夏枯草、白鲜皮、黄药子等组成。本方具有清热解毒、化痰散结功效，抗瘤谱广，适用于消化系统肿瘤如食管癌、贲门癌、胃癌、结肠癌及癌前病变，可提高疗效，减轻放、化疗的毒副作用，防止复发和转移，有效预防消化道肿瘤的发生。1次8片，1日2次，6个月为1个疗程。

（2）复方党参片：主要由党参、丹参、当归、北沙参、金果榄等组成。本方具有活血祛瘀、健脾益气功效，适用于Barrett食管属气滞血瘀者。每日3次，每次3～4片。

（3）复方苍豆丸：主要由苍术、山豆根、绿茶组成。本方具有清热解毒、化痰散结功效，适用于食管炎、食管癌、贲门癌、胃癌及癌前病变。每日7g，每月服药3周，休息1周，连续服药2年。

（4）六味地黄丸：由熟地黄、山药、山茱萸、茯苓、泽泻、牡丹皮等组成。本方具有滋肾养阴功效，适用于食管炎、食管癌属胃阴亏少者。每次9g，每日3次。

3. 单方验方

（1）老牛涎沫，如枣核大，置水中饮之。

（2）杵头上糠，细末蜜丸，弹子大，非时含一丸，咽津。

（3）黑驴尿一盅，服之。亦有记载服白马尿者。

（4）干柿饼连蒂捣为细末，酒调服。

（5）魏灵丹：阿魏、五灵脂等份为末，狗胆汁和为丸，如绿豆大，白滚汤或姜汤下。

（二）食疗药膳

1. 枸杞乌骨鸡 枸杞子30g，乌骨鸡100g，调料适量。将枸杞子和乌骨鸡加调料煮烂，然后打成匀浆或加适量淀粉或米汤成薄糊状，煮沸即成。温服，每日多次服用。本方可补虚强身、滋阴退热，适用于体质虚弱者。

2. 蒜鲫鱼 活鲫鱼1条（约300g），大蒜适量。鱼去肠杂、留鳞，大蒜切成细块，填入鱼腹，纸包泥封，晒干。炭火烧干，研成细末即成。每日3g，每次3g，用米汤送服。本方可解毒、消肿、补虚。

3. 刀豆梨 大梨1个，刀豆49粒，红糖30g。将梨挖去核，放满刀豆，再封盖，连同剩余的刀豆同放碗中，入笼1小时，去净刀豆后即成，吃梨喝汤。本方可散结止渴。

4. 紫苏醋散 紫苏30g，醋适量。将紫苏研成细末，加水1500mL，水煮过滤取汁，加等量醋后再煮干。每日3次。本方可化痰宽中，适用于吞咽困难者。

5. 鸡蛋菊花汤 鸡蛋1个，菊花5g，藕汁适量，陈醋少许。鸡蛋液与菊花、藕汁、陈醋调匀后，隔水蒸熟后即成。温服，每日1次。本方可止血活血、消肿止痛。

6. 阿胶炖肉 阿胶6g，瘦猪肉100g，调料适量。先加水炖猪肉，熟后加阿胶炖化，加调料即成。温服，每日1次。本方可补血、活血、滋阴，适用于身体虚弱、贫血等患者。

7. 瓜蒌饼 去籽瓜蒌瓤250g，白糖100g，面粉800g。以小火煨熬瓜蒌瓤，拌匀压成馅备用。面粉做成面团，包馅后制成面饼，烙熟或蒸熟食用。经常服食。本方可清热、止咳，适用于胃食管反流性咳喘。

8. 生芦根粥 鲜芦根30g，红米50g。用清水1500mL煎煮芦根，取汁1000mL，将红米加于汁中煮粥即成。温服。本方可清热生津止呕。

（三）预防和调摄

饮食要得法，少食辛辣之品，多食流质食物或牛乳。若食荤腥，可慢火煮烂食汁，如再配合用药多可控制病情发展。避免劳累，宜常闭目静养。可吐纳导引：夜半清静之时，闭目打坐，以舌顶上腭，使津布满口，频频下咽，再意念送于丹田。《保生秘要》记载："行功宜带饥，以双手系梁，将身下坠，微纳气数口，使气冲膈盈满，两脚踏步二九一度之数，则郁膈气逆，胃口虚弱，不药而愈。"

许文学，杨建宇，李杨，等. 中医治疗癌前病变专题讲座（十七）——Barrett 食管［J］. 中国中医药现代远程教育，2012，10（19）：72-74.

临证用方

临证用方思路

一、妙选方，巧化裁，井然有序

中医治病，当先审证求因，明确病机，然后确定治则治法，再遣方选药，如果“执医方以医病，误人深矣”。孙光荣教授认为，作为中医，背诵经典和汤头歌诀是基本功，没有这种“垫底”的功夫，就无法行医。但是，疾病和证候是千变万化的，中医辨证论治的精髓就是因人、因时、因地制宜，大部分的“汤头”必须悉罗于胸中，但又要化裁于笔下，不能墨守成方。因此，临证处方之时，孙光荣教授都会根据已经确定的治则治法，按照“君、臣、佐、使”的结构形式，对选用的基本方进行重组，并随症加减用药，巧妙地用古方治疗今病。既出于古方，又高于原方，一方中的，奇效非凡。仔细揣摩，每方四至六组药为一大方，君臣佐使，井然有序；每行一组药为一小方，相互佐制，布局严谨。虽不套“汤头”，却方中有方，跃然纸上，独具风格。

以某一保产患者为例，妊娠近2个月，腰痛，有流产史。舌红，苔白腻，脉细滑。处方：生晒参15g，生北黄芪12g，漂白术10g，川杜仲15g，延胡索10g，大生地黄10g，阿胶珠10g，云茯神15g，炒酸枣仁12g，大刀豆10g，金银花10g，佩兰叶5g。7剂，每日1剂，水煎，分2次服。

初看上方，思索而不得知其原方。认真研习，方知本病与“泰山磐石饮”功能主治契合。根据“胎前宜凉，胎后宜暖”的治疗原则，孙光荣教授对其重组，加减用药而成此方。正所谓“有故无殒，亦无殒也”，意即“有病则病当之，无病则人受之”，此为保产之要则。

又如自闭症患者，谵语、嗜睡两年余，刻下症见：易怒，自语，嬉笑，月经2个月未至，口干。舌淡灰，苔少，脉细涩。处方：西洋参12g，生北黄芪7g，紫丹参10g，柏子仁10g，炒酸枣仁10g，麦冬15g，天冬15g，当归尾10g，益母草10g，润玄参10g，云茯神15g，炙远志10g，石菖蒲10g，灯心草3g，生甘草5g。7剂，每日1剂，水煎，分2次服。

细研上方，根据病史、症状及舌脉，断为阴虚血少，神志不安之证，法以滋阴养血、补心安神，方选天王补心丹，并按照益气活血、滋阴养血、补心安神的思路化裁用药，随症加减。妙在君药中加入生北芪一药，与当归尾共进，取当归补血汤益气生血之功，配合益母草活血调经，“补以通之，散以开之”，“血盈则经脉自至，源泉混混，又孰有能阻之者”（《景岳全书》）。本案充分体现了孙光荣教授重气血、调气血、畅气血之临床基本思想。

再如崩漏患者，月经淋沥不断4月余，自感心悸、腹胀，舌红、苔少，脉弦小。处方：生晒参12g，生北黄芪10g，紫丹参7g，益母草10g，阿胶珠10g，蒲公英15g，蒲黄炭15g，生地黄炭12g，地榆炭12g，杭白芍12g，云茯神15g，炒酸枣仁15g，龙眼肉10g，炙远志6g，大枣10g，灵磁石10g，大腹皮10g，生甘草5g。7剂，每日1剂，水煎，分2次服。

审证求因，本病发于瘀滞冲任，血不循经，治病求本，实乃心脾两虚，气血双亏。《丹溪心法》言：“治宜当大补气血之药，举养脾胃，微加镇坠心火之药，治其心，补阴泻阳，经自止矣。”孙光荣教授把握病证关键，以归脾汤为底，自创化裁，调理月余，终使经漏顽疾得以平复。

二、施对药，遣角药，平治权衡

中医治病如打仗，用药如用兵。孙光荣教授临床制方选药，药精量小，有如调兵遣将，知人善任，每每有运筹帷幄之中、决胜千里之外的效果。尤其是对“对药”及“角药”的运用，孙光荣教授有独到的见解及丰富的经验，彰显了一代“明医”中医药理论的深厚功力。

孙光荣教授临床之治疗原则，重点在气血，关键在升降，目的在平衡阴阳。气血调和百病消，升降畅通瘀滞散，气血活、升降顺则阴阳平衡而何病之有？因此，孙光荣教授强调临床要做到“四善于”：善于调气血，善于平升降，善于衡出入，善于致中和。孙光荣教授学医，先是研习李东垣补脾土学派之法，后又承袭朱丹溪滋阴之说，融会贯通，乃成今日重气血之临床基本思想。尤其是处方多以参、芪、丹参为君药共调气血，从上述医案已可窥见一斑。而升降出入，则是基于中医阴阳学说形成的气机消长转化形式的重要学说，升清（阳）、降浊（阴）、吐故（出）、纳新（入）是气机的基本动态。《素问·六微旨大论》说：“非出入则无以生长壮老已，非升降则无以生长化收藏。”孙光荣教授认为，论生理、病理，不管在脏腑、在经络，还是在皮肉、在筋骨，都离不开气血，离不开气机的升降出入，离不开气血平衡的稳态——“中和”。所以，孙光荣教授临证处方，在上述参、芪益气，丹参理血的基础上，每每有升降、收散、消补、寒热等相反特性的药物共舞于一方之中，组成“中和”团队（自拟“调气活血抑邪汤”），使升降相因，出入相衡，动静相合，阴阳相扣，以达用药中和，而求机体中和。因此，孙光荣教授形成了独特的对药、角药运用思路，并融于对古方的化裁中。

根据药物之间的配伍关系，孙光荣教授常用的对药、角药可以分为以下8种类型：①相互制约的对药。如金樱子与车前子合用，涩利兼施，矛盾统一。②相互辅佐的对药。此为孙光荣教授临床所多用，且同一方中往往有药性相反的其他药物制衡。诸如乌贼骨、西砂仁，广陈皮、法半夏，川郁金、佩兰叶，生薏苡仁、芡实仁，云茯神、炒酸枣仁，石菖蒲、炙远志，制首乌、明天麻，西藁本、蔓荆子，生地黄、熟地黄，麦冬、天冬，炙款冬花、炙紫菀，龙骨、牡蛎，蒲公英、金银花，川杜仲、川牛膝，全瓜蒌、薤白，北柴胡、川郁金，炒枳壳、制川厚朴，制香附、延胡索，蛇床子、百部根，浮小麦、麻黄根。③互为佐制的对药。如冬桑叶与桑白皮，前者上行，后者走下，共利肺气，孙光荣教授多用于肺热咳喘、面目浮肿、小便不利之症；又如炒枣仁与炙远志，一个酸收，一个辛开，合用则既养心肝阴血又开心气郁结，功能宁心安神、交通心肾。④相互辅佐的角药，方中往往有药性相反的药物制衡。如大腹皮、云苓皮、冬瓜皮，孙光荣教授多用于湿阻气滞、胸腹胀闷之症，并配用滋阴药物，做到利湿而不伤阴、养阴而不恋邪；再如白花蛇舌草、半枝莲、天葵子，功能清热解毒、攻邪散结，孙光荣教授常用于各种肿瘤的治疗，同时配用固护正气的药物，且不久用；其他还有海金沙、金钱草、鸡内金、炙鳖甲、山慈菇、珍珠母。⑤互为佐制的角药。如银柴胡、地骨皮、炙鳖甲，三药合用，清中有补，补中有清，功涉三焦，清退虚热之效显著。孙光荣教授临床多用于阴虚内热，肝经、胃经癥瘕积聚之证。又如川杜仲、北枸杞子、山萸肉，三味并用，阴中有阳，阳中有阴，动静结合，补肝滋肾、壮腰益精之力强。其他还有北柴胡、法半夏、淡黄芩，北杏仁、白蔻仁、生薏苡仁。⑥相互辅佐的对药，联用药性相同的药物，形成新的相互辅佐的角药。如乌贼骨、西砂仁，若联用消食开胃、涩精止遗之鸡内金，可用于食积反胃、呕吐泻痢、遗溺带下；若联用温中散寒、行气止痛之荜澄茄，则用于胃寒呕逆、脘腹冷痛、寒泻冷痢。又如云茯神、炒酸枣仁，联用养血安神的龙眼肉，或重镇安神的生龙齿、灵磁石；炙远志、石菖蒲，联用清心降火的灯心草，或开心解郁的合欢皮、川郁金。再如川杜仲、川牛膝配金毛狗，可补肝肾、强筋骨；地肤子、白鲜皮、蝉蜕衣、皂角刺，谷精草、木贼草、密蒙花、青葙子，三味成一组，分别用治瘙痒、目疾。其他还有制首乌、明天麻配石决明，西藁本、蔓荆子配粉葛根。⑦相互辅佐的对药，联用药性相反的制衡药物，形成新的互为佐制的角药。如广陈皮、法半夏，若联用滋阴润肺之麦冬，可制二药温燥之性，用治咳嗽痰少之症；而联用功擅祛痰止咳之北杏仁，则可加强止嗽化痰之力，用治咳嗽痰多之症。云茯神、炒枣仁，健脾补血安神，主收养，若联用炙远志、石菖蒲、灯心草、合欢皮、川郁金等开窍药之一，则宁心安神之力更强；而炙远志、石菖蒲，若联用云茯神、炒枣仁、龙眼肉、生龙齿、灵磁石等重镇收养药之一，功效亦增。同理，制何首乌、明天麻、石决明与西藁本、蔓荆子、粉葛根两组药，前组下沉收养，后组上升开散，孙光荣教授常三味一组，两相结合，疗效奇佳。⑧互为佐制的对药，联用另一味药物，形成新的互为佐制的角药，其中必有一味制衡之药。如桑白皮、冬桑叶、枇杷叶，后两味药均能清肺止咳，而桑白皮功专泻肺平喘，是平衡升降的关键药。另如炒枣仁、炙远志，配云茯神或石菖蒲，制衡之药分别为炙远志、炒枣仁。

孙光荣教授临床组方用药，常施对药，或相互辅佐，或相互制约，或互为佐制；时遣角药，三味一行，相须相使，相畏相杀，有机组合，三足鼎立，互为犄角。细研之，个中蕴含着深厚的中医基础理论和中药配伍原则。孙光荣教授常说，中医临床无论以何种方法辨证论治，气血、津液、脏腑、六经、表里、寒热、虚实、顺逆、生死，都离不开阴阳这一总纲。而临证用药，不论寒热温凉，抑或辛甘酸苦咸，无论升降浮沉，抑或补泻散收，毋论脏腑归经，抑或七情配伍，同样不离阴阳之宗旨。但归根结底，阴阳最终还是离不开气血，这是因为“人之所有者，血与气耳”（《素问·调经论》）。而气血之间的“中和”关系非常密切，“气为血之帅，血为气之母”，“中和”是气血调和的稳态，是机体阴阳平衡的常态。如果说“阴阳平衡”是机体稳态哲学层面的概念，那么“中和”就是人体健康的精气神状态的具体描述，是中医临证诊疗及遣方施药所追求的最高境界。因此，孙光荣教授临床辨证处方选药，总是“谨察阴阳所在而调之，以平为期”，审诊疗之中和，致机体之中和。而对药、角药的使用，最能体现补偏救弊、协调阴阳之治疗目的和“调之使平”“平治于权衡”的治疗原则，最能凸显孙光荣教授的“中和”学术思想。若引进几何学的基本原理来表述，则能明确地看到使用对药、角药的理论基础——阴阳恒动平衡。双者为对，或佐或制（两个点一条连线，以连线中点为圆心，过两端点有且只有一圆）；三味成角，相互佐制（三点两两相连，形成最稳定的三角形，过三顶点有且只有一个外接圆）。用治疾病，缘于阴阳交合，相互感召，互根互用，而使人体保持动态平衡。示意如图1。

类型①：相互制约的对药（一阴一阳）
类型③：互为佐制的对药（一阴一阳）

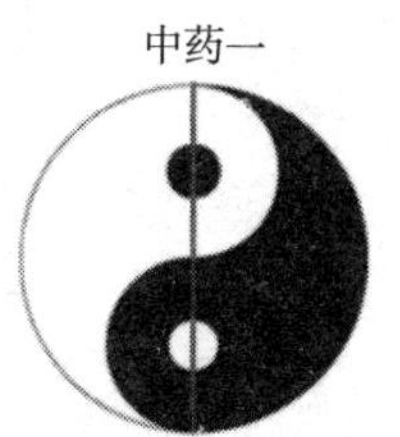

类型②：相互辅佐的对药（二阴/二阳）

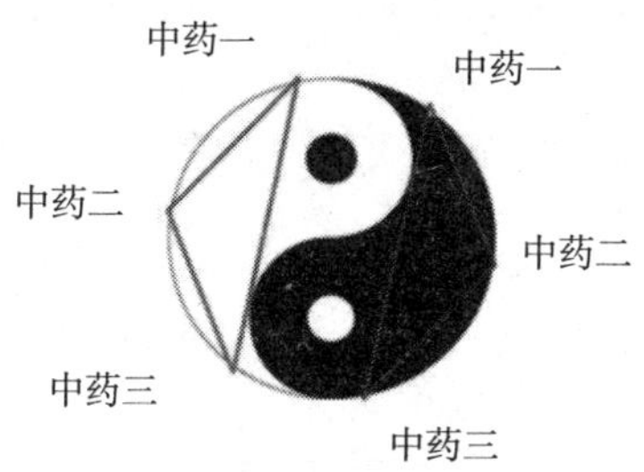

类型④⑥：相互辅佐的角药（三阴/三阳）

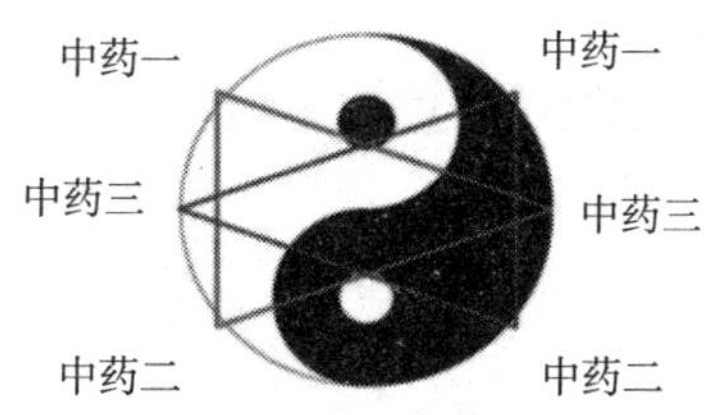

类型⑤⑦⑧：互为佐制的角药（一阴二阳/二阴一阳）

图1　阴阳恒动平衡

翁俊雄，杨建宇，李彦知，等．孙光荣教授临床组方思路探析［J］．中国中医药现代远程教育，2011，9（21）：17－19.

经方化裁

一、小柴胡汤（《伤寒论》）

歌诀：小柴胡汤和解功，半夏人参甘草从，更用黄芩加姜枣，少阳百病此为宗。

1. 原方组成 柴胡半斤，黄芩、人参、甘草（炙）、生姜（切）各三两，大枣十二枚（擘），半夏半升（洗）。以水一斗二升，煮取六升，去滓，再煎取三升，温服一升，一日三次。

2. 应用大旨

［宜］中气，中焦，中和。

［忌］大汗，大吐，大泻。

［经方要义］

方剂分类：和解剂。

针对病证：往来寒热，胸胁苦满，喜呕不欲饮食，心烦口苦，咽干，目眩，寒热发作有时。

配伍特点：扶正祛邪兼顾（人参、大枣、甘草扶正，其余祛邪）；一清一散并行（柴胡、黄芩）。

选方提要：少阳证，但见一证便是，不必悉俱。

［应用精义］

曹颖甫《伤寒发微》：柴胡以散表寒，黄芩以清里热。湿甚生痰，则胸胁满，故用生姜、生半夏以除之。中气虚则不欲食，故用人参、炙甘草以和之。此小柴胡汤之大旨也。

吴谦等《医宗金鉴》：邪传少阳唯宜和解，汗、吐、下三法皆在所禁……故立和解一法，既以柴胡解少阳在经之表寒，黄芩解少阳在腑之里热，犹恐在里之太阴，正气一虚，在经之少阳，邪气乘之，故以姜、枣、人参和中而预壮里气，使里不受邪而和，还表以作解也。

《伤寒论》：有柴胡证，但见一证便是，不必悉具。

3. 化裁方之扶正祛邪中和汤（基本方）

［处方组成］君：生晒参10g，生北芪15g，紫丹参10g（益气活血）。臣：

北柴胡12g，广郁金12g，制香附12g（疏肝解郁）。佐：法半夏10g，广陈皮10g，淡黄芩10g（清热化痰）。使：大枣10g，生姜片10g，生甘草5g（补引纠和——补益、引导、纠偏、调和）。

［适应证］脉象：弦，弦细，弦滑，沉弦。舌象：舌质红，淡红；舌苔黄，微黄，黄白而稍腻。症状：发热，持续低热，寒热往来；心烦胸满，欲呕，呕吐，口苦，萎靡不振，懒言，不思食。

［适应证加减举例］①急、慢性胆囊炎：去制香附、淡黄芩，加蒲公英15g，海金沙15g，金钱草15g。②厌食症：去制香附、淡黄芩，加鸡内金6g，谷芽、麦芽各15g；津少咽干，加金石斛15g。③抑郁症：去制香附、淡黄芩，加炙远志10g，石菖蒲10g；舌苔白腻，再加佩兰叶6g。④急性肝损害：去制香附，加田基黄15g，蒲公英15g，鸡骨草15g；中焦痞格，再加隔山消10g。

二、小建中汤（《伤寒论》）

歌诀：小建中汤芍药多，桂姜甘草大枣和，更加饴糖补中脏，虚劳腹冷服之瘥。

1. 原方组成 桂枝三两（去皮），甘草二两（炙），大枣十二枚（擘），芍药六两，生姜三两（切），胶饴一升。以水七升，煮取三升，去滓，纳饴，更上微火消解。温服一升，一日三次。

2. 应用大旨

［宜］面色无华，手足烦热，腹冷痛而喜按（中焦阳气不足，阴血不足，虚劳里急）。

［忌］发热，湿热呕吐，里实阳亢。

［经方要义］

方剂分类：温里剂。

针对病证：腹中时痛，畏寒肢冷，心中悸动，面色无华，手足烦热，咽干口燥。

配伍特点：辛（桂枝）甘（饴糖、炙甘草）酸（倍芍药）化阴。

选方提要：中焦虚寒，气血不足。

［应用精义］

方有执《伤寒论条辨》：小建中汤者，桂枝汤倍芍药而加饴糖也。倍芍药者，酸以收阴，阴收则阳归附也。加饴糖者，甘以润土，土润则万物生也。建，定法也，定法唯中，不偏不党，王道荡荡，其斯之谓乎？

柯韵伯《伤寒来苏集》：此方安内攘外，泻中兼补，故名曰“建”。外症未除，尚资姜、桂以散表，不全主“中”，故曰“小”。所谓“中”者有二：一曰“心中”，一曰“腹中”。

吴崑《医方考》：呕家不可用建中，为其甘也，则夫腹痛而兼呕者，又非建中所宜也。

3. 化裁方之健中和胃汤

［处方组成］君：太子参15g，生北芪15g，紫丹参10g（益气活血）。臣：川桂枝6g，杭白芍12g，广橘络6g（敛阴引阳）。佐：炒白术10g，大枣10g，生姜片10g（健脾和胃）。使：鲜饴糖20g，生甘草5g（补引纠和）。

［适应证］脉象：虚，虚细，虚细且涩，弦细，芤。舌象：舌质红，暗红，淡紫；舌苔白，微白，白腻。症状：气短，心悸，手足烦热，腹痛喜按，小便自利或频数。

［适应证加减举例］①胃溃疡：呃逆、欲呕者，去鲜饴糖、生甘草，加乌贼骨12g，西砂仁4g，延胡索10g；喜食寒者，再去川桂枝，加瓦楞子10g；喜食热者，再改川桂枝为高良姜10g。②血小板减少性紫癜：去川桂枝、鲜饴糖，加淡紫草10g，芡实仁15g，白鲜皮10g，生地炭10g。③再生障碍性贫血：加真阿胶10g，鹿角胶10g，全当归12g。④痛经（腹冷者）：加制香附10g，延胡索10g，吴茱萸10g；月经愆期者，再加益母草10g；月经先期者，再加大生地10g。

三、甘麦大枣汤（《金匮要略》）

歌诀：金匮甘麦大枣汤，人患脏躁喜悲伤，精神恍惚常欲哭，养心安神效力彰。

1. 原方组成　甘草三两，小麦一升，大枣十枚。以水六升，煮取三升，分三次温服。

2. 应用大旨

［宜］精神恍惚，心烦难寐，常悲欲哭，言行失常（心阴受损，肝气失和）。

［忌］真寒真热，大吐大泻。

［经方要义］

方剂分类：安神剂。

针对病证：精神恍惚，睡眠不安，悲伤欲哭，言行失常，呵欠频作。

配伍特点：甘润平补，养心疏肝。

选方提要：心气、心血两亏。

［应用精义］

莫枚士《经方例释》：此为诸清心方之祖，不独脏躁宜之。凡盗汗、自汗等可用。《素问》：麦为心谷。《千金》曰：麦养心气。《千金》有加甘竹根、麦冬二味，治产后虚烦及气短者，名竹根汤。又竹叶汤、竹茹汤，并以此方为主，加入竹及麦冬、姜、苓，治产后烦。夫悲伤欲哭，数申欠，亦烦象也。

尾台榕堂《类聚方广义》：孀妇室女，平素忧郁无聊、夜夜不眠等人，多发此证。发则恶寒发热，战栗错语，心神恍惚，坐卧不安，悲泣不已，服此方立效。又癫痫、狂病，与前证类似者，亦有奇验。

3. 化裁方之安神定志汤

［处方组成］君：西党参10g，生北芪10g，紫丹参7g（益气活血）。臣：干小麦15g，大枣10g，生甘草5g（养心柔肝）。佐：云茯神10g，炒枣仁10g，川郁金10g（安神开郁）。使：灯心草3g（补引纠和）。

［适应证］脉象：细数，细数无力，细数且涩。舌象：舌质淡红；舌苔白薄，或苔少，或少津。症状：精神恍惚，五心烦热，潮热阵阵，呵欠连连，虚汗淋漓，悲伤欲哭，难寐多梦，言行异常。

［适应证加减举例］①抑郁症：加炙远志10g，石菖蒲10g；月经愆期或停经者，加益母草、制香附各12g。②狂躁症：加合欢皮10g，灵磁石5g，石决明20g。③更年期综合征：加银柴胡12g，地骨皮10g，炙鳖甲15g；盗汗甚剧者，再加浮小麦15g，麻黄根10g。④网瘾症：加炙远志10g，石菖蒲10g，合欢皮10g，灵磁石5g。

四、理中丸（《伤寒论》）

歌诀：理中汤主理中乡，半夏人参术黑姜，呕利腹痛阴寒盛，或加附子总回阳。

1. 原方组成 人参、干姜、甘草（炙）、白术各三两。过筛，蜜和为丸，如鸡子黄许大，以沸汤数合和一丸，研碎，温服之。日三服，夜二服。

2. 应用大旨

［宜］心下痞硬，呕吐，下利，腹满痛，四肢清冷（中焦虚寒）。

［忌］虚热，湿热。

［经方要义］

方剂分类：温里剂。

针对病证：脘腹绵绵作痛，畏寒肢冷，脘痞，呕吐，便溏，胸痹病后多生涎唾，小儿慢惊，便血，吐血，衄血。

配伍特点：温（干姜）、燥（白术）、补（人参）并用。

选方提要：中焦（脾胃）虚寒。

［应用精义］

成无己《伤寒明理论》：心肺在膈之上为阳，肾肝在膈之下为阴，此上下脏也。脾胃应土，处在中州，在五脏曰孤脏，属三焦曰中焦，自三焦独治在中，一有不调，此丸专治，故名曰理中丸。

柯韵伯《伤寒来苏集》：太阴病，以吐利、腹满痛为提纲证，是遍及三焦。然吐虽属上而由于腹满，利虽属下而亦由于腹满，皆因中焦不治以致之也。其来有三：有因表虚而风寒自外入者，有因下虚而寒湿自下上者，有因饮食生冷而寒邪由中发者，总不出于虚寒。

3. 化裁经验方之益气温中汤（基本方）

［处方组成］君：生晒参10g，生北芪15g，紫丹参7g（益气活血）。臣：老干姜10g，上肉桂5g，炙甘草12g（温中散寒）。佐：炒白术10g，炒六曲15g，谷、麦芽各15g（健中开胃）。使：大枣10g（补引纠和）。

［适应证］脉象：沉，沉弦，沉迟，沉细，结代。舌象：舌质淡红且薄，有齿痕；舌苔薄白或花剥。症状：身形高瘦，面色萎黄或苍白，四肢倦怠，手足不温，心下有振水声，畏寒怕冷，口水、痰液、鼻涕、尿液、白带多，喜呕喜唾，不思饮食，大便溏稀。

［适应证加减举例］①慢性胃肠炎：加焦三仙各15g，车前子10g。②胸痹（胸闷甚、不思饮食者）：去上肉桂，加川桂枝6g，全瓜蒌10g，薤白头10g。③妊娠恶阻：紫丹参改3g，加白蔻仁6g，紫苏茎10g。④结肠癌：生北芪改20g，加山慈菇15g，嫩龙葵15g，菝葜根15g；大便结，再加火麻仁12g。

五、射干麻黄汤（《金匮要略》）

歌诀：喉中咳逆水鸡声，三两干辛款菀行，夏味半升枣七粒，姜麻四两破坚城。

1. 原方组成　射干三两，麻黄四两，生姜四两，细辛三两，紫菀三两，款冬花三两，大枣七枚，半夏半升，五味子半升。

2. 应用大旨

［宜］咳喘上气，痰鸣如蛙（肺失清肃，气机上逆）。

［忌］咽干痰少。

［经方要义］

方剂分类：祛痰剂。

针对病证：咳喘，喉中痰鸣辘辘，咳吐不利。

配伍特点：合力祛邪，三管齐下。降逆、止咳、清痰、泻火、利咽（射干、紫菀、冬花、五味子），发表（轻度）、散邪（麻黄、生姜），燥湿逐饮（半夏、细辛、大枣）

选方提要：小青龙汤、越婢汤之兼证。

［应用精义］

张路玉《张氏医通》：上气而作水鸡声，乃是痰碍其气，风寒入肺之一验，故于小青龙方中，除桂心之热、芍药之收、甘草之缓，而加射干、紫菀、款冬、大枣。专以麻黄、细辛发表，射干、五味子下气，款冬、紫菀润燥，半夏、生姜开痰，四法萃于一方，分解其邪，大枣运行脾津、和药性也。

胡希恕《经方传真》：射干、紫菀、冬花、五味子均主咳逆上气，而射干尤长于清痰泻火，以利咽喉。麻黄、生姜发表散邪。半夏、细辛、大枣降逆逐饮。故亦是外邪内饮而致咳逆之治剂，与小青龙汤所主大致相同，而侧重于上气痰鸣者。

3. 化裁经验方之化痰降逆汤

［处方组成］君：西洋参 7g，生北芪 7g，紫丹参 7g（益气活血）。臣：炙麻绒 10g，北细辛 5g，生姜片 5g（表散风寒）。佐：漂射干 10g，清紫菀 10g，款冬花 10g（降逆定喘）。使：法半夏 7g，五味子 3g，大枣 10g（化痰和中）。

［适应证］脉象：弦大，浮大，滑数，浮而稍数。舌象：舌质暗红，舌苔白或白腻。症状：咳喘不已，呼吸短促，痰鸣如蛙，痰白而稀。

［适应证加减举例］①支气管哮喘（新感风寒发作者）：加荆芥穗 10g，矮地茶 10g，蒲公英 12g。②小儿百日咳：上方剂量酌减，加百部根 7g。③老年慢性支气管炎（兼见便结者）：加矮地茶 10g，麦冬 12g；清紫菀改炙紫菀，款冬花改炙冬花。

六、白头翁汤（《伤寒论》）

歌诀：白头翁治热毒痢，黄连黄柏佐秦皮，清热解毒并凉血，赤多白少脓血医。

1. 原方组成 白头翁二两，黄柏三两，黄连三两，秦皮三两。以水七升，煮取二升，去滓，温服一升；不愈，更服一升。

2. 应用大旨

［宜］下痢脓血，腹痛，肛灼，里急后重（热毒深入血分，下迫大肠，伤津）。

［忌］咽干痰少，毒痢初起。

［经方要义］

方剂分类：清热剂。

对病证：下痢，赤多白少，腹痛，里急后重，肛门灼热，渴欲饮水。

配伍特点：清热（白头翁）、收涩（秦皮）兼施。

选方提要：热毒深陷血分。

［应用精义］

柯韵伯《伤寒来苏集》：四味皆苦寒除湿胜热之品也。白头翁临风偏静，长于祛风，盖脏腑之火，静则治，动则病，动则生风，风生热也，故取其静以镇之。秦皮木小而高，得清阳之气，佐白头升阳，协连、柏而清火，此热利下重之剂。

吴谦等《医宗金鉴》：厥阴下利，属于寒者，厥而不渴，下利清谷；属于热者，消渴下利，下利便脓血也。此热利下重，乃火郁湿蒸，秽气奔逼广肠，魄门重滞而难出，即《内经》所云：暴注下迫者是也。君白头翁，寒而苦辛；臣秦皮，寒而苦涩，寒能胜热，苦能燥湿，辛以散火之郁，涩以收下重之利也；佐黄连清上焦之火，则渴可止；使黄柏泄下焦之热，则利自除也。

3. 化裁经验方之清热利肠汤

［处方组成］君：西洋参 7g，生北芪 7g，紫丹参 7g（益气活血）。臣：白头翁 12g，川黄连 12g，川黄柏 12g（清热凉血）。佐：苦秦皮 10g，蒲公英 10g，金银花 10g（解毒止痢）。使：车前子 10g，生甘草 5g（化痰和中）。

［适应证］脉象：弦数，细数。舌象：舌质红，舌苔黄厚或腻。症状：泻下脓血，里急后重，腹痛肛灼，渴欲饮水。

［适应证加减举例］①阿米巴痢疾：加鸦胆子（桂圆肉包裹，吞服）。②急性结膜炎：去苦秦皮，加谷精草 10g。③痢疾（重型）：若外有表邪，恶寒发热者，加葛根、连翘；里急后重较甚者，加木香、槟榔、枳壳：脓血多者，加赤芍、牡丹皮、地榆；夹有食滞者，加焦山楂、枳实。

七、苓桂术甘汤（《金匮要略》）

歌诀：苓桂术甘痰饮方，健脾化饮又温阳，脾阳不足痰饮停，胸胁支满悸眩尝。

1. 原方组成 茯苓四两，桂枝、白术各三两，甘草二两。上四味，以水六升，煮取三升，分温三服。

2. 应用大旨

［宜］胸胁胀满，目眩，心悸，心下痞闷，气短咳嗽（脾阳不足，痰饮内停）。

［忌］阴虚津少，咳痰黏稠。

［经方要义］

方剂分类：祛湿剂。

针对病证：胸胁支满，短气而咳，目眩心悸，脉弦滑，苔白滑。

配伍特点：甘淡为主，辛温为辅，温阳化饮。

选方提要：中阳不足，痰饮内停（“病痰饮者，温药和之”）。

［应用精义］

吴谦等《医宗金鉴》：《灵枢》谓心包络之脉动则病胸胁支满者，谓痰饮积于心包，其病则必若是也。目眩者，痰饮阻其胸中之阳，不能布精于上也。茯苓淡渗，逐饮出下窍，因利而去，故用以为君。桂枝通阳输水走皮毛，从汗而解，故以为臣。白术燥湿，佐茯苓消痰以除支满。甘草补中，佐桂枝建土以制水邪也。

尤在泾《金匮要略心典》：痰饮，阴邪也，为有形，以形碍虚则满，以阴冒阳则眩。苓桂术甘温中祛湿，痰饮之良剂，是即所谓温药也。盖痰饮为结邪，温则易散，内属脾胃，温则能运耳。

3. 化裁经验方之涤痰镇眩汤

［处方组成］君：生晒参10g，生北芪10g，紫丹参10g（益气活血）。臣：云茯苓15g，炒白术10g，化橘红6g（逐饮燥湿）。佐：川桂枝10g，炮干姜10g，车前子6g（通阳利水）。使：大枣10g，炙甘草5g（健脾和中）。

［适应证］脉象：弦滑，细滑。舌象：舌质淡红，苔白滑。症状：胸胁支满，目眩心悸，气短咳嗽。

［适应证加减举例］①高血压眩晕（形肥）：加石决明20g，川杜仲12g，川牛膝12g。②脑震荡后遗症（眩晕）：加煅龙骨15g，煅牡蛎15g。③心包积液：去炮干姜，云茯苓改云茯神12g，加炒枣仁10g。④二尖瓣右下叶腱索断裂并下垂：去炮干姜，云茯苓改云茯神12g，加炒枣仁10g，川续断12g，干鹿筋6g。

八、肾气丸（《金匮要略》）

歌诀：金匮肾气治肾虚，地黄怀药及山萸，丹皮苓泽加附桂，阴中引阳功最殊。

1. 原方组成 干地黄八两，薯蓣四两，山茱萸四两，泽泻三两，茯苓二两，牡丹皮三两，桂枝、附子（炮）各一两。上为末，炼蜜和丸梧子大。每服十五丸，加至二十五丸，酒送下，一日二次。

2. 应用大旨

［宜］腰痛脚软，或脚肿，腰以下冷，阳痿，早泄，小便不利，消渴（肾阳不足，痰饮内停）。

［忌］阴虚阳亢。

［经方要义］

方剂分类：补益（阳）剂。

针对病证：腰痛脚软，身半以下常有冷感，痰饮水肿，消渴，小便不利或反多，阳痿，早泄。

配伍特点：阴（补阴药）阳（补阳药）并补，补（干地黄、山萸肉、怀山药为三补）泻（泽泻、牡丹皮、茯苓为三泻）兼施。

选方提要：肾阳不足（“益火之源，以消阴翳”）。

［应用精义］

张璐《千金方衍义》：本方为治虚劳不足，水火不交，下元亏损之首方。专用附、桂蒸发津气于上，地黄滋培阴血于下，萸肉涩肝肾之精，山药补黄庭之气，牡丹皮散不归经之血，茯苓守五脏之气，泽泻通膀胱之气化。

王履《医经溯洄集》：八味丸以地黄为君，而以余药佐之，非止为补血之剂，盖兼补气也。气者，血之母，东垣所谓阳旺则能生阴血者，此也。夫其用地黄为君者，大补血虚不足与补肾也。用诸药佐之者，山药之强阴益气；山茱萸之强阴益精而壮元气；白茯苓之补阳长阴而益气；牡丹皮之泻阴火，而治神志不足；泽泻之养五脏，益气力，起阴气，而补虚损五劳，桂、附立补下焦火也。由此观之，则余之所谓兼补气者，非臆说也。

3. 化裁经验方之益肾振阳汤

［处方组成］君：生晒参10g，生北芪10g，紫丹参10g（益气活血）。臣：干地黄15g，怀山药10g，山萸肉10g（滋补脾肾）。佐：炒泽泻10g，牡丹皮10g，云茯苓10g（渗湿利水）。使：炮附子6g，上肉桂6g，炙甘草5g（阴中引阳）。

［适应证］脉象：虚，虚细，左尺尤虚细无力。舌象：舌胖淡，苔白或苔少。症状：腰痛，脚软或脚肿，腰以下冷，下肢及足部冰凉，阳痿，早泄，小便不利，消渴。

［适应证加减举例］①慢性肾炎：加刀豆子 12g，川杜仲 12g，冬瓜皮 10g，车前子 10g。②糖尿病：加玉米须 10g，干荷叶 10g。③阳痿：加鹿角胶 10g，菟丝子 10g，川杜仲 10g。④早泄：加龟板胶 10g，川杜仲 10g。⑤老年性痴呆：去炮附子、上肉桂，加巴戟天 10g，炙远志 6g，石菖蒲 6g。

九、酸枣仁汤（《金匮要略》）

歌诀：酸枣仁汤安神方，川芎知草茯苓襄，养血除烦清虚热，安然入睡神自安。

1. 原方组成 酸枣仁二升，甘草一两，知母二两，茯苓二两，川芎二两。以水八升，煮酸枣仁，得六升，纳诸药，煮取三升，分温三服。

2. 应用大旨

［宜］虚烦难寐，心悸盗汗，头目眩晕，咽干口燥（禀赋薄弱，气血两虚，功能衰退）。

［忌］实证。

［经方要义］

方剂分类：滋养安神剂。

针对病证：虚劳虚烦不得眠，盗汗，咽干，口燥。

配伍特点：三兼——标本兼治、养清兼顾、补泻兼施。

选方提要：肝血不足，心神失养。

［应用精义］

喻昌《医门法律》：虚劳虚烦，为心肾不交之病，肾水不上交心火，心火无制，故烦而不得眠，不独夏月为然矣。方用酸枣仁为君，而兼知母之滋肾为佐，茯苓、甘草调和其间，芎入血分，而解心火之躁烦也。

尤在泾《金匮要略心典》：虚劳之人，肝气不荣，则魂不得藏，魂不得藏故不得眠。酸枣仁补肝敛气，宜以为君。而魂既不归容必有浊痰燥火乘间而袭其舍者，烦之所由作也。故以知母、甘草清热滋燥，茯苓、川芎行气除痰，皆所以求肝之治，而宅其魂也。

3. 化裁经验方之益气活血安神汤

［处方组成］君：西洋参 7g，生北芪 7g，紫丹参 7g（益气活血）。臣：酸枣仁 15g，云茯神 12g，龙眼肉 10g（养心安神）。佐：肥知母 10g，正川芎 6g，郁金 10g（滋阴疏肝）。使：生甘草 5g（调和诸药）。

［适应证］脉象：弦细，细数，虚细无力。舌象：舌淡红，苔薄白或苔少。症状：五心烦热，心神不安，盗汗或自汗，咽干口燥，头晕目眩。

［适应证加减举例］①更年期综合征：加干小麦 15g，大枣 10g，灯心草 3g。②顽固性盗汗：加浮小麦 15g，麻黄根 10g。③焦虑性神经症：加莲子心 10g，灯心草 3g。④顽固性室性早搏：加麦冬 10g，五味子 3g，灵磁石 5g。

十、安宫牛黄丸（《温病条辨》）

歌诀：安宫牛黄开窍方，芩连栀郁朱雄黄，犀角真珠冰麝箔，热闭心包功效良。

1. 原方组成 牛黄一两，郁金一两，犀角（用代用品）一两，黄连一两，朱砂一两，梅片二钱五分，麝香二钱五分，真珠五钱，山栀一两，雄黄一两，金箔衣，黄芩一两。上为极细末，炼老蜜为丸，每丸一钱，金箔为衣，蜡护。脉虚者人参汤下，脉实者银花、薄荷汤下。每服一丸……大人病重体实者，日再服，甚至日三服；小儿服半丸，不知再服半丸。

2. 应用大旨

［宜］高热神昏，手足厥冷（禀赋薄弱，气血两虚，功能衰退）。

［忌］寒厥。

［经方要义］

方剂分类：开窍剂（凉开）。

针对病证：高热，烦躁，谵语，昏迷。

配伍特点：五法齐备——清热，泻火，凉血，解毒，开窍。

选方提要：温热邪毒，内陷心包。

［适应证］脉象：洪大，弦紧有力，数而有力。舌象：舌深红，暗红，绛；苔黄燥，黄厚。症状：高热神昏，烦躁谵语，语言謇涩或不语，饮不解渴。

［适应证加减举例］①中风昏迷：金银花 10g，薄荷叶 5g，煎汤送服 1 丸，日 2 丸。②小儿高热惊厥：金银花 10g，连翘壳 10g，煎汤送服半丸，日 1 丸。③肝昏迷、尿毒症（垂危）：蒲公英 15g，土茯苓 30g，煎汤送服 1 丸，日 2 丸。

李彦知．孙光荣经方歌诀及化裁心得［A］．中华中医药学会科普分会．2013 中医中药健康行第八届全国中医药科普高峰论坛文集［C］．中华中医药学会科普分会，2013：10.

十一、麻黄连翘赤小豆汤（《伤寒论》）

1. 原方组成 麻黄二两（去节），赤小豆一升，连轺二两，杏仁四十个

（去皮尖），大枣十二枚，生梓白皮一升，生姜二两（切），甘草二两（炙）。

已上八味，以潦水一斗，先煮麻黄，再沸，去上沫，纳诸药，煮取三升，分温三服，半日服尽。

2. 方解 方中麻黄解表、利尿消肿，《神农本草经》言“麻黄味苦，温。主伤寒头痛，发表出汗，去邪热气”，独麻黄一味，使邪分消上下两路。杏仁味甘温，宣肺以解表。麻黄配杏仁，加强辛温宣发之功。《素问·至真要大论》言：“诸痛痒疮，皆属于心（火）。”连翘入肺、心经，味苦寒，具有清心火、祛湿热之效；梓白皮苦寒利湿，若湿下行则热解，现代多用桑白皮代替；赤小豆利湿兼活血。用此三药旨在清热利湿，但若弃麻黄、杏仁之解表不用，则湿热之邪亦难以消散。生姜、大枣、甘草调和诸药。以上诸药，以潦水煎煮，医家成无己曾言此意在“取其水味薄，则不助湿气”。《伤寒缵论·卷下·正方》云：“伤寒瘀热在里，身必发黄者……故宜此汤以取微汗也。”此说可谓鞭辟入里，颇合仲景立方发汗治湿之要旨。外感不解，邪气郁闭，致内里湿热不透；而单纯湿热之气弥漫至表，同样可致表邪不宣，导致湿热进一步加重。凡湿热蕴于表者皆可使用，非独表证兼湿热者所用。

3. 麻黄连翘赤小豆汤化裁方治疗疮疡病 笔者运用孙光荣学术思想对此经方进行加减化裁，命名为“麻黄连翘赤小豆化裁方”（基本方含麻黄、连翘、赤小豆、桑白皮、苦杏仁、茯神、酸枣仁、甘草等），治疗带状疱疹、疖肿、荨麻疹等中医外科病、皮肤病，临床疗效显著。

（1）带状疱疹：某男，43 岁。因“左侧胸部簇集性疱疹”就诊。

患者在外院诊断为带状疱疹，经抗病毒及营养神经等治疗后未见明显好转。症见：左侧胸部簇集性疱疹，疱液清澈，部分破溃，未感疼痛，舌红苔黄微腻，脉弦浮。自诉 1 周前曾患上呼吸道感染。辅助检查：血常规示白细胞、淋巴细胞均增多。中医辨证：外感表邪，湿热蕴郁。该病为外感表邪，加上脾失健运，湿热郁于里，倡导“火郁发之”，以“麻黄连翘赤小豆化裁方”加减。

处方：麻黄 10g，连翘 15g，赤小豆 30g，桑白皮 30g，苦杏仁 10g，太子参 15g，玄参 15g，五味子 5g，麦冬 10g，黄芪 15g，石斛 10g，葛根 15g，茯神 15g，酸枣仁 15g，灯心草 10g，甘草 5g，金银花 10g，蒲公英 10g，大枣 10g，半夏 10g，黄芩 10g，党参 10g，鸡内金 10g。3 剂，水煎服，并予大黄面、青黛绿茶水调敷于患处。

前后调理 1 周余，疱疹结痂脱落，病愈，遗留少许瘢痕。

（2）疖肿：某男，40 岁。因“疖肿 2 年余”就诊。

该患者疖肿连续不断，此起彼伏，其大者如覆杯，脓根盘紧，小者如枣核。曾多次于外院就诊，予清热解毒汤剂口服，效果不佳。询问患者，自诉近半个月在家中曾间断发热，体温 38℃左右，疖肿处触之疼痛，部分可见脓头，舌红苔黄，脉弦。中医辨证：湿热蕴表。予“麻黄连翘赤小豆化裁方”加减，使“郁热之气从外而解，火毒之邪从下而消”。

处方：麻黄 10g，连翘 15g，赤小豆 30g，桑白皮 30g，苦杏仁 10g，茯神 15g，酸枣仁 15g，金银花 30g，蒲公英 10g，当归 15g，玄参 15g，甘草 5g。

服药半个月疖肿相继消退，皮肤光滑平整。

（3）痈：某男，86 岁。因“间断发热 1 周”就诊。

患者入院时发热恶寒，体温最高达 39℃，全身皮肤可见大小不一的红肿结节，尤以四肢为多，触之疼痛，右侧肩背部红肿漫遍，边界模糊，如碗口大，皮下有波动感，便秘，舌红，苔黄，脉滑数。患者曾于当地医院间断使用抗生素治疗。考虑其年老力衰，正气不足，入院当晚予火针、火罐拔毒外出，防止脓毒入里化热，拔出脓血 200mL，体温降至 37.8～38℃。因其有恶寒表证，次日予“麻黄连翘赤小豆化裁方”加减解表，兼升阳举陷、透毒外出，“表解则可攻里”。

处方：麻黄 10g，连翘 15g，赤小豆 30g，桑白皮 30g，苦杏仁 10g，茯神 15g，酸枣仁 15g，金银花 30g，蒲公英 10g，生石膏 30g，柴胡 10g，黄芩 10g，甘草 5g。

服药 3 剂，热退身凉，继予四妙勇安汤口服，以清热解毒。金银花 90g，玄参 60g，当归 60g，生甘草 30g，继服中药 3 剂，前后调理 1 周出院。

（4）荨麻疹：某女，30 岁。因“间断性荨麻疹 2 年余”就诊。

患者长期服用氯雷他定等西药进行抗过敏治疗，皮肤常有瘙痒感，就诊时以一指从上至下划过上臂皮肤，即刻可见一红线突起，所划之处即现条索状皮疹、水疱，久难消退，伴有轻微瘙痒感，微恶风寒，口苦，胸中烦热，小便短赤，舌红，苔白略腻，脉弦浮。检查：嗜酸性粒细胞百分比 13.2%。中医辨证：风湿客表，郁而化热。予“麻黄连翘赤小豆化裁方”加减。

处方：麻黄 10g，连翘 15g，赤小豆 30g，桑白皮 30g，苦杏仁 10g，茯神 15g，酸枣仁 15g，金银花 30g，蒲公英 10g，蝉蜕 10g，僵蚕 10g，甘草 5g。

间断调理 2 个月，基本痊愈，皮肤无瘙痒感，皮肤划痕症阴性。

（5）银屑病：某男，60 岁。因“皮肤瘙痒（银屑病）10 年”就诊。

患者四肢皮疹连续不断，此起彼伏，外院诊断为银屑病。曾多次于外院就诊，予清热解毒、燥湿止痒汤剂口服，效果不佳。现四肢外侧皮肤可见片状皮疹，伴皮肤增厚、角化、脱屑，瘙痒难耐，眠差，便秘，舌红苔黄，脉弦。中医辨证：湿热蕴表。予“麻黄连翘赤小豆化裁方”加减，使“郁热之气从外而解，火毒之邪从下而消”。

处方：麻黄 10g，连翘 15g，赤小豆 30g，桑白皮 30g，苦杏仁 10g，茯神 15g，酸枣仁 15g，桑叶 10g，蒲公英 10g，生大黄 10g，甘草 5g。另予大黄水煎外洗，每日 2 次。

3 天后患者皮肤瘙痒明显减轻，继续调理 2 个月，四肢皮疹相继消退。

（6）痤疮：某女，30 岁。因“颜面皮疹 1 年”就诊。

患者颜面皮疹连续不断，月经前后加重，部分皮疹盘根紧硬，按之疼痛，有乳白色脓头，此起彼伏，外院诊断为“痤疮”“月经疹”。曾多次于外院就诊，予清热解毒通便汤剂口服，效果不佳。现颜面点、片状皮疹，伴轻微瘙痒，眠差，舌红苔黄，脉弦。中医辨证：湿热蕴表。予“麻黄连翘赤小豆化裁方”加减，使“郁热之气从外而解，火毒之邪从下而消”。

处方：麻黄 10g，连翘 15g，赤小豆 30g，桑白皮 30g，苦杏仁 10g，茯神 15g，酸枣仁 15g，桑叶 10g，蒲公英 10g，生大黄 10g，甘草 5g。

治疗 14 天，患者颜面皮疹基本消退，继续调理 2 个月，随访未再复发。

4. 临床体会 《伤寒论》中麻黄连翘赤小豆汤为治疗外邪阻于经络、湿热蕴郁于内所致黄疸的有效方剂。孙光荣教授经过多年临床经验，对于麻黄连翘赤小豆汤的应用不局限于仲景的阳黄理论，认为凡是病机符合的疾病皆可化裁使用。孙光荣教授认为，疾病临床表现繁杂，然只要不为表象所惑，始终抓住湿热火毒蕴于肌表的核心病机，辨证论治，则临证处方必可取效。

现代研究证明，麻黄连翘赤小豆汤能够保护肥大细胞，减少组胺的释放，从而具有抗变态反应的作用，这为临床运用麻黄连翘赤小豆汤治疗皮肤疾病提供了现代佐证。在治疗湿热蕴表的皮肤病时，运用孙光荣教授学术思想，以麻黄连翘赤小豆汤为基础方，在临床中灵活加减运用，并加入孙光荣教授平素常用对药以加强功效。例如蒲公英、金银花二者皆寒凉之品，却可清热养阴，两药配伍，则清热解毒之力倍增，湿热邪毒可速消，而气阴不伤；若配伍蝉蜕、僵蚕平其升降，更可清热解毒兼疏风解表。

《素问・至真要大论》曰：“诸痛痒疮，皆属于心（火）。”孙光荣教授认为，疮疡类疾病均与心火有关，而心主神明，故清心火的同时需加安神之品，方中茯神、酸枣仁乃宁心安神之品。皮肤瘙痒症患者入睡后瘙痒症状可减轻，日间加重；若心烦意乱或者失眠时，皮肤瘙痒症状则会加重。故孙光荣教授治疗皮肤瘙痒症在清心降火的同时注重心之神明，常配伍安心养神中药，如茯神、酸枣仁、珍珠母、灯心草、龙眼肉。茯神、酸枣仁为相互辅佐的对药，配伍龙眼肉可健脾、补血安神，若加用灯心草可清心安神，形成新的互为佐制的三联药组，则宁心安神之力更强。《素问·汤液醪醴论》言："平治于权衡，去菀陈莝，开鬼门，洁净府。"孙光荣教授认为，邪气有三通，麻黄连翘赤小豆汤祛邪于汗及小便，若在原方基础上加入大黄、龙葵等清热通便之品，使邪自后便得出，乃肺与大肠表里同治也。清代医家薛生白《湿热病篇》言："湿热证数日峻，汗出热不除，或痉忽头痛不止者，营液大亏。"郁热日久，湿从热化，热邪炽盛，易灼伤阴液，孙光荣教授治疗此证，常用益气养阴之品如生脉饮以调气血、益气阴，常用药物有太子参、玄参、五味子、麦冬、生黄芪等。

刘巧巧，曹柏龙，王志楠，等．运用孙光荣中和医派学术思想化裁麻黄连翘赤小豆汤治疗疮疡病［J］．中国中医药现代远程教育，2017，15（2）：66－68.

临证用药

对 药

一、龙骨、牡蛎

龙骨味甘，性微寒，归心、肝二经；牡蛎味咸，性微寒，归肝、肾二经。二者均有平肝潜阳、收敛固涩之功。龙骨尤善镇静安神，牡蛎长于软坚散结。临床常常相须为用，以治疗多种病证。以龙骨、牡蛎为主药，配伍于不同的方剂中，用以治疗眩晕、心悸、带下、不寐等病，均能取得较好疗效。此对药孙光荣教授最常用，还可用在妇科外洗方中。

1. 治眩晕，重用龙骨、牡蛎 重镇平肝，以潜浮阳，配以滋阴养液、清泻肝火之药，使肝有所养，肝阳得潜，肝火得泻，则眩晕自止。药用龙骨、牡蛎、夏枯草、龙胆、栀子、黄芩、沙参、麦冬、玉竹、川牛膝、木通、生地黄、泽泻、甘草。

2. 治心悸，镇惊定悸助化源 《丹溪心法·惊悸怔忡》指出："怔忡者血虚、血少者多。"故重用龙骨、牡蛎，镇惊定悸，与养血益气、升发清阳之药为伍，使化源充、气血足，则心有所养，心神得安而心悸诸症可平。药用龙骨、牡蛎、党参、黄芪、当归、白芍、熟地黄、大枣、桂枝、升麻、柴胡、陈皮、甘草。

3. 治带下，收敛固涩调任带 带下为病，与脾、肾二脏功能失调及湿热（毒）、热毒关系密切。重用龙骨、牡蛎收敛固涩以止带。诸药合用，使脾气健、清阳升、湿邪除，任、带二脉得固而收全功。药用党参、薏苡仁、芡实、白芍、白术、茯苓、山药、陈皮、苍术、柴胡、甘草、龙骨、牡蛎。

4. 治不寐，镇静安神藏心神 不寐临证不外虚实两端。虚证多属阴血不足，责之心、脾、肝、肾；实证多为肝郁化火，食滞痰浊，胃腑不和。不寐多因心血亏虚，血不养心，心不藏神而致。故重用龙骨、牡蛎镇静安神，更与益气养血药同伍，使气充血足，心有所养，神有所藏，则心神自宁，睡眠安稳。药用龙骨、牡蛎、党参、黄芪、茯苓、白术、白芍、当归、山药、鸡血藤、熟地黄、五味子、麦芽、甘草。

二、杜仲、川牛膝

杜仲味甘，性温，归肝、肾经；补肝肾，强筋骨，安胎。牛膝味苦、甘，性酸，归肝、肾经；补肝肾，强筋骨，活血通络，引火（血）下行，利水通淋。两药同入肝、肾经，均有补肝肾、强筋骨之用，且肝主筋，肾主骨，肾充则骨强，肝充则筋健。杜仲主走下气分，长于补益肾气；牛膝主下血分，偏于益血通脉。二药为对，气血同调，肝肾同补，筋骨均滋，相须为用，相互促进，则补肝肾、强筋骨的功效加强。二药合用，可治肝肾不足导致的腰膝酸软、下肢无力等症。

三、蔓荆子、藁本

蔓荆子味苦、辛，性凉，归肝、胃、膀胱经。蔓荆子体质轻浮，入肺经，上行宣散，故能清利头目、解表疏风、通窍止痛，主治头面之风证，且入血分而能养血和肝、凉血散风。藁本味辛，性温，归肺、膀胱经。西藁本性味俱升，善达颠顶，擅治风寒侵犯的太阳证，症见颠顶痛甚者。二药合用，祛风止痛效果增强。孙光荣教授用此对药治疗高血压头痛屡获良效，尤其是蔓荆子，孙光荣教授认为此药有补脑之功，值得深入探讨。

四、白茅根、车前子

白茅根味甘，性寒，归肺、胃、膀胱经；凉血止血，利尿通淋，兼能生津止渴。车前子味甘，性微寒，归肝、肾、肺、小肠经；清热利尿，渗湿通淋。二药合用，质淡味薄，渗利清热而无损正伤阴之弊。本对药甘寒滑利、利尿通淋，兼能凉血止血，为治热淋、血尿、水肿之要药，对湿热伤阴所致者尤为有效。

五、石菖蒲、郁金

石菖蒲味辛、苦，性温，归心、胃经；芳香入心开窍，涤痰醒脑，去湿开胃。郁金味辛、苦，性寒，归肝、心、肺经；活血祛瘀，行气解郁，清心开窍。二药合用，共奏开窍解郁、痰瘀并祛之功，用于痰热蒙蔽清窍之神志昏迷、惊痫、癫狂，气滞血瘀之胸痹心痛、脘腹胀满。

1. 治神昏 本对药常用来治疗痰浊蒙蔽清窍及热入心包之神昏谵语、惊狂、癫痫诸症，多与竹沥、竹叶、栀子等同用。

2. 治痫证、癫狂 常与远志、胆南星、僵蚕、全蝎、琥珀、龙齿等同用。

3. 治惊怔 惊怔乃痰瘀凝滞，神明被蒙，饮浊攻心犯胆动肝所致，二药配合远志、胆南星，可痰瘀并祛。

4. 治胸痹心痛 治心绞痛因气虚而致者，用香砂六君汤加石菖蒲、郁金，以健脾益气、行气止痛。

5. 开诸窍 本对药可通利胆窍以排石退黄，开精窍治射精障碍，利湿泻浊开窍治疗膀胱开阖失司之排尿不畅、尿闭，开胃窍治呕吐不进食。

六、天麻、石决明

明天麻味甘，性平，归肝经；息风祛痰止痉，既能辛散外风，也能平息内风，辛润不燥，通和血脉，为风药中之润剂。石决明味咸，性寒，归肝经；偏于平肝，其质重，有一定的补肝作用。二药合用，平肝祛风，清肝通络止痛。

七、金樱子、车前子

金樱子味酸、甘、涩，性平，归肾、膀胱、大肠经；重于收涩，为固精缩尿、涩肠止泻常用药。车前子味甘，性微寒，归肝、肾、肺、小肠经；清热利尿，渗湿通淋。

八、小茴香、荔枝核

小茴香味辛，性温，归肝、肾、脾、胃经；温肾暖肝，散寒行气，止痛疗疝。荔枝核味辛、微苦，性温，归肝、胃经；行气散结，散寒止痛。二药合用，行气破滞，可加强消疝止痛之效。

九、枳壳、厚朴

枳壳味苦、辛，性凉，归肺、脾、大肠经；长于破泄胃肠结气，以消积导滞除痞为主，实证或虚中夹实者均可配伍应用。厚朴味苦、辛，性温，归脾、胃、肺、大肠经；善散寒湿，偏于行气，以散满除胀为主。两药同用可散满消痞，主治胃腑实邪积滞、腹满胀疼痛、大便不畅等症。

十、山药、薏苡仁

山药味甘，性平，归脾、肺、肾经；补气健脾，补肺养阴，补肾固精，生津止渴。薏苡仁味甘，性凉，归脾、胃、肺经；健脾渗湿，利下焦之湿热。两药合用，加强健脾之功。

十一、郁金、佩兰

郁金味辛、苦，性寒，归肝、心、肺经；活血祛瘀，行气解郁，清心开窍。佩兰味辛，性平，归脾、胃、肺经；气香辛平，醒脾化湿之功较强，并有一定的利水作用。孙光荣教授擅用此对药祛湿解郁，化厚腻之舌苔。

十二、桑寄生、何首乌

桑寄生味苦、甘，性平，归肝、肾经；补肝肾，强筋骨，祛风湿，安胎元。何首乌味苦、甘、涩，性微温，归肝、肾经；补益肝肾，益精血，壮筋骨。两药合用，加强补益肝肾、强筋健骨之功。何首乌深得孙光荣教授喜爱，作为补益药屡屡出现在其处方中，用量多在12g左右。

十三、陈皮、半夏

陈皮味苦、辛，性温，归肺、脾经；理气健脾，燥湿化痰。半夏味辛，性温，归脾、胃、肺经；和胃降逆，燥湿化痰。二药合用，相互促进，使脾运复常则湿痰去，气机通畅则痞满除，胃气和降则呕恶止。本对药化痰湿之力强，善治湿痰，凡外感风寒或中焦湿痰上犯导致肺气不利，出现咳嗽痰多、胸闷等症皆可使用，可作为化痰的基本方随证加味，治一切痰嗽证。众多止咳化痰的方剂均含此对药。

十四、茯神、炒酸枣仁

茯神味甘、淡，性平，归心、脾经；宁心，安神，利水。酸枣仁味甘、酸，性平，归肝、胆、心经；养心肝阴血而安神。二药合用，相互促进，宁心养阴安神之功增强。孙光荣教授用此对药治失眠，尤其是烦不得眠，疗效甚好。

十五、蒲公英、金银花

蒲公英味甘、微苦，性寒，归肝、胃经；清热解毒，消肿散结。金银花味甘，性寒，归肺、心、胃经；清热解毒，疏散风热。两药配伍，消痈散结，治疗热毒壅结于肌肉所致的痈肿疮毒、高热不退；对乳痈有良效，能解毒散结通乳。此对药深为孙光荣教授喜爱，临床常用。

十六、谷精草、密蒙花

谷精草味辛、甘，性平，归肝、肺经；疏散风热，明目退翳。密蒙花味甘、性微寒，归肝、胆经；清热养肝，明目退翳。谷精草甘平走上焦，直达颠顶，善于疏散头部风热，而无寒凉遏抑之弊，其明目退翳之功优于菊花，长于治风热外袭，风重于热之目不明实证。密蒙花甘以补血，寒以清热，养血明目，专在治本，目得血则能视，与谷精草之偏治风热不同。两药合用，标本同治，明目退翳。孙光荣教授多用来治目疾，也用于高血压的治疗。

十七、炒酸枣仁、制远志

酸枣仁味甘、酸，性平，归肝、胆、心经；养心肝阴血而安神。远志味苦、辛，性温，归心、肾、肺经；能开心气郁结，交通心肾而安神益智。二药合用，即滋养阴血，又交通心肾，宁心安神作用增强，用于肝血不足，心肾不交之失眠、惊悸胆怯、健忘。孙光荣教授常用此对药，用量大多在12g左右。

1. 治失眠、惊悸怔忡 对心肝血虚兼胆气虚怯所致者尤为适宜，可配伍白芍、何首乌、龙眼肉等。其中，属心脾两虚、气血不足者，常配伍人参、黄芪、白术、当归、龙眼肉等益气健脾、养血补心药；属心肾不足、阴虚血少者，可配伍熟地黄、天冬、柏子仁等药，如天王补心丹。

2. 治肾虚健忘 可配伍熟地黄，麦冬。

十八、熟地黄、生地黄

熟地黄味甘，性微温，归肝、肾经；滋补阴血，为填精补髓之品。生地黄味甘、苦，性寒，归心、肝、肾经；清热凉血，养阴生津。二药合用，阴血兼顾，共奏养阴补血、清热凉血之效。熟地黄配生地黄为阴血双补之品，可用于阴虚血少精亏诸症，症见骨蒸潮热、头晕失眠、崩中漏下、月经不调等。孙光荣教授在癌症化疗患者的调理时，多会用此对药。

十九、乳香、没药

乳香味辛、苦，微温，归心、肝、脾经；芳香走窜，行气活血，消肿止痛，生肌，偏入气分。没药味苦，性平，归肝、脾、心、肾经；散瘀活血，消肿定痛，生肌，偏入血分。两药性味相近，气味芳香，辛散走窜，相须为用，相互促进，活血止痛，消肿生肌作用相得益彰，为治疮疡痈肿、乳痈的常用对药。孙光荣教授在治疗癌症、乳腺增生病时常用此对药。

二十、九节菖蒲、磁石

九节菖蒲味辛，性温，归心、胃经；芳香化浊，行气开窍，以入心为主。

磁石味辛，性寒，归肝、肾二经；益肾养肝，聪耳明目，平肝潜阳，重镇安神，以入肾为主。两药合用，交通心肾，一镇一开，益肾平肝，聪耳明目，开窍效果明显。肝肾阴虚者仍要配合六味地黄丸等以培本。孙光荣教授用此对药治疗失眠和耳鸣疗效甚好。

二十一、墨旱莲、女贞子

墨旱莲味甘、酸，性寒，归肝、肾经；入肾补精，能益下而荣上，强阴而黑发，凉血止血。女贞子味甘、苦，性凉，归肝、肾经；补肾滋阴，养肝明目，性质平和，为清补之品。两药皆入肝、肾经，然女贞子性平和，取效慢，兼能退虚热；而墨旱莲则味酸且寒性偏大，功擅凉血止血。二药为对，补肝肾，滋阴精，乌须发，顺应阴阳，相须为用，相互促进，相辅相成，功力倍增，可治肝肾阴虚之头晕目眩、腰膝酸软、须发早白等症。此对药孙光荣教授常用，剂量多为10～15g。

杨建宇，奕珊，李彦知，等．孙光荣教授常用对药经验浅析［J］．中国中医药现代远程教育，2011，9（1）：10－12.

角药（三联药组）

所谓“角药”，是指以中医基本理论为基础，以辨证论治为前提，以中药气味、性能、归经、七情为配伍原则，三味中药联合使用、系统配伍、配成一组，三足鼎立，互为掎角。这种配伍比起“药对”，作用更复杂一些，名之曰“角药”，又名“三联药组”。初看“角药”像是由三组“药对”组成，但实际上它的组方意义远比“药对”广泛深厚。“角药”介于中药与方剂之间，在方剂中起主要或辅助作用，或独立成方。其在配伍应用中颇多巧妙，在临床应用中可起到减毒增效的作用，对于认识药物的性能功效也很有帮助。

“角药”一词，看来陌生，但临床医师却在自觉不自觉地运用此药物配伍规律进行着长期的医疗临床实践。简单地讲，它是三种中药的有机组合应用，而非简单的药物。

一、角药（三联药组）配伍特色

孙光荣教授认为，三联药组的基本思想是秉承中国传统文化追求阴阳平衡的理念和天地人三才的思想。“三联药组”配伍灵活多变，是在总结前人用药经验的基础上进行升华和创新而形成的。如三联药组中有相当一部分是以传统的药对、古方作为基础，源于传统而优于传统。

“三联药组”注重药物功效的相须、相使、相畏、相杀，以药物的四气五味、升降浮沉。三药相互协作、制约，形成一个特定的功能单元。临证处方时，可参照古方的组方思路，按君、臣、佐、使的架构来组方，并根据具体的病情化裁应用。孙光荣教授强调，对古方重在取其思路，强调用其法，而不拘泥其方药。古方中的药物如果适合病情需要者则径取而用之，可不必另行化裁。如不符合病情，则依法配制新的三联药组。如法半夏、广陈皮具有化痰、祛湿功能，配以佩兰叶则清化湿热，可用于湿热中阻；配以麦冬，则化痰清热，用于咳嗽痰黏难以咳出者。再如乌贼骨、砂仁能保护和修复胃黏膜，是孙光荣教授治疗胃病的专药，配广橘络则可治胃脘胀满，加鸡内金则增强消化能力，提高食欲。

二、常用角药（三联药组）

（一）常用药物

1. 人参、黄芪、丹参

人参，性味甘、微苦，性平，归脾、肺、心经。功能大补元气，复脉固脱，补脾益肺，生津，安神。用于体虚欲脱，肢冷脉微，脾虚食少，肺虚喘咳，津伤口渴，内热消渴，久病虚羸，惊悸失眠，阳痿宫冷，心力衰竭，心源性休克。

黄芪，味甘，性温，归肺、脾经。功能补气固表，利尿排毒，排脓，敛疮生肌。用于气虚乏力，食少便溏，中气下陷，久泻脱肛，便血崩漏，表虚自汗，气虚水肿，痈疽难溃，久溃不敛，血虚萎黄，内热消渴，慢性肾炎蛋白尿，糖尿病。

丹参，味苦，性微寒，归心、心包、肝经。功能活血祛瘀，调经止痛，养血安神，凉血消痈。用于妇女月经不调，痛经，经闭，产后瘀滞腹痛，心腹疼痛，癥瘕积聚，热痹肿痛，跌打损伤，热入营血，烦躁不安，心烦失眠，痈疮肿毒等。

此三联药组，功能益气活血。适用于气血不足、气虚血瘀等证。人参、黄芪补气，入气分，主补，主升。丹参活血，走血分，主泻，主降。三药虽主要为调理气血而设，但攻补同施，升降出入俱备。

2. 紫苏叶、蒲公英、鱼腥草

紫苏叶，出自《药性论》，别名“苏叶”（《本草经集注》），为唇形科植物紫苏的干燥叶（或带嫩枝）。味辛，性温，归肺、脾经。功能发表，散寒，理气，和营。用于感冒风寒，恶寒发热，咳嗽，气喘，胸腹胀满，妊娠呕吐，胎动不安，解鱼蟹毒。本品芳香气烈，孙光荣教授多用此药治疗风寒感冒、胃气不和、湿邪内阻，外用坐浴以去除白带之腥味。

蒲公英，出自《新修本草》，为菊科植物蒲公英、碱地蒲公英或同属数种植物的干燥全草。味苦、甘，性寒，归肝、胃经。功能清热解毒，消肿散结，利尿通淋。用于感冒发热，咽痛，疔疮肿毒，乳痈，瘰疬，目赤，肺痈，肠痈，胃炎，胆囊炎，湿热黄疸，热淋涩痛。

鱼腥草，出自《履巉岩本草》，即《名医别录》中之“蕺”，为三白草科植物蕺菜的干燥地上部分。味辛，性微寒，归肺经。功能清热解毒，消痈排脓，利尿通淋。用于肺痈吐脓，肺炎，痰热喘咳，热痢，热淋，白带，痈肿疮毒，痔疮，脱肛，湿疹，秃疮，疥癣。鱼腥草在阴干后，不但没有腥气，而且微有芳香，在加水煎汁时则挥发出一种类似肉桂的香气，也有类似红茶的味道，芳香而稍有涩味。因此，白带腥味严重时，孙光荣教授常以此药外用以避秽。

此三联药组，气味芳香，功能芳香避秽、清热利湿，孙光荣教授多用于临床症见白带有腥味、外阴灼热等的患者。用于治疗白带有腥味时，多煎汤坐浴，同时视腥味之轻重而灵活应用此药组。如腥味较轻，则单用苏叶；腥味较重，则三药联合应用；若腥味再不除，可在此药组基础上再加檀香木。

3. 石决明、杜仲、牛膝

石决明，味咸，性平，归肝、肾经。功能平肝潜阳，清肝明目。用于风阳上扰，头痛眩晕，惊搐，骨蒸劳热，青盲内障等。

杜仲，味甘，性温，归肝、肾经。功能补肝肾，强筋骨，安胎。用于腰脊酸痛，足膝痿弱，小便余沥，阴下湿痒，胎漏欲堕，胎动不安，高血压等。

牛膝，味苦、酸，性平，归肝、肾经。功能补肝肾，强筋骨，活血通经，引火下行，利尿通淋。用于腰膝酸痛，下肢痿软；血滞经闭，痛经，产后血瘀腹痛，癥瘕，胞衣不下；热淋，血淋；跌打损伤；痈肿恶疮；咽喉肿痛等。

此三联药组，功能滋补肝肾、平肝潜阳，资下以制上。适用于上实下虚之肝肾不足、肝阳上亢证，症见头痛、头晕、头胀、耳鸣、脑鸣、面红目赤、急躁易怒、腰膝酸软等。

4. 陈皮、半夏、黄芩

陈皮，味苦、辛，性温，归肺、脾经。功能理气健脾，燥湿化痰。用于胸脘胀满，食少吐泻，咳嗽痰多等。

半夏，其炮制有法半夏、清半夏、姜半夏等不同。本品味辛，性温，有毒，归脾、胃、肺经。功能燥湿化痰，降逆止呕，消痞散结。用于湿痰冷饮，呕吐，反胃，咳喘痰多，胸膈胀满，痰饮眩悸，风痰眩晕，痰厥头痛，头晕不眠，梅核气等。生用外治痈肿痰核。

黄芩，味苦，性寒，归肺、胆、脾、大肠、小肠经。功能清热燥湿，泻火解毒，止血，安胎。用于湿温、暑温，胸闷呕恶，湿热痞满，泻痢，黄疸，肺热咳嗽，高热烦渴，血热吐衄，痈肿疮毒，胎动不安等。

此三联药组，温燥之陈皮、半夏，配以苦寒之黄芩，功能清热化痰。适用于痰热阻肺或胆热痰扰，症见发热咳嗽、喘息痰鸣、胸膈满闷、咳黄稠痰或痰中带血、胸胁作痛、舌红苔黄腻、脉滑数等。

5. 水蛭、土鳖虫、肉桂

水蛭，味咸、苦，性平，有小毒，归肝经。功能破血逐瘀，通经。用于蓄血，癥瘕，积聚，干血成痨，跌扑损伤，目赤痛，云翳。

土鳖虫，味咸，性寒，有小毒，归肝经。功能破瘀血，续筋骨。用于跌打损伤，筋伤骨折，血瘀经闭，产后瘀阻腹痛，癥瘕痞块。

肉桂，味辛、甘，性大热，归肾、脾、心、肝经。功能补火助阳，引火归原，散寒止痛，活血通经。用于阳痿，宫冷，腰膝冷痛，肾虚作喘，阳虚眩晕，目赤咽痛，心腹冷痛，虚寒吐泻，寒疝，奔豚，闭经，痛经。除传统应用外，因肉桂气味芳香浓烈，孙光荣教授常用之以矫正某些药物的特殊气味，如矫正水蛭的土腥气味。用于矫味时，肉桂用量多为1g。

此三联药组，功能破血散结、逐瘀通经。适用于瘀血留滞之肿块不散、血瘀经闭、脑中风后遗症之半身不遂等。本三联药组中，水蛭、土鳖虫为主要组成，肉桂为矫正水蛭之腥味而设。

6. 茯神、炒酸枣仁、灯心草

茯神，味甘、淡，性平，归心、脾经。功能宁心，安神，利水。用于心虚惊悸，健忘，失眠，惊痫，小便不利。

炒酸枣仁，味甘、酸，性平，归肝、胆、心经。功能养肝，宁心，安神，敛汗。用于虚烦不眠，惊悸多梦，体虚多汗，津伤口渴。

灯心草，味甘、淡，性微寒。功能利水通淋，清心降火。用于淋病、水肿，小便不利，尿少涩痛，湿热黄疸，心烦不寐，小儿夜啼，喉痹，口舌生疮及创伤等。孙光荣教授认为，心经有热，热扰心神所致失眠患者，在养心安神的同时，要稍佐清心之品，并引药入心经才能提高疗效。心火轻者，用灯心草以清心火，并引药入心经。

此三联药组，功能清心安神，用于心经热盛之失眠、多梦、惊悸等。其中，茯神、炒酸枣仁为孙光荣教授治疗失眠惊悸的基本对药，灯心草清心火、入心经，为引经报使之药。

7. 生晒参、生北芪、紫丹参

生晒参大补元气，补益脾肺，生津止渴，宁神益智。

生北芪有益气固表、敛汗固脱、托疮生肌、利水消肿之功效。

紫丹参活血调经，祛瘀止痛，凉血消痈，清心除烦，养血安神。《滇南本草》谓："丹参，味微苦，性微寒，色赤，入心经。补心，生血，养心，定志，安神宁心，健忘怔忡，惊悸不寐，生新血，去瘀血，安生胎，落死胎。一味可抵四物汤补血之功。"

三药合用，气血共调，共奏补气健脾、养血活血之功。这三味药孙光荣教授几乎方方不离，时常变化的是三味药用量之比例和用药量之大小，最大量也很少超过15g，彰显了孙光荣教授“重气血、调气血、畅气血”之基本临床思想。

8. 云茯神、炒枣仁、炙远志

云茯神宁心、安神、利水，用于心虚惊悸、健忘、失眠、惊痫、小便不利。

炒枣仁养肝、宁心、安神、敛汗，治疗虚烦不眠、惊悸怔忡、烦渴、虚汗。

远志安神益智、祛痰、消肿，用于心肾不交引起的失眠多梦、健忘惊悸、神志恍惚、咳痰不爽、疮疡肿毒、乳房肿痛。

三味药配伍，安神宁心功效更强，又能健脾益肾、消肿祛痰。孙光荣教授临床常用剂量多为10g左右。

9. 川杜仲、北枸杞、山萸肉

杜仲补肝肾、强筋骨、安胎，主治腰脊酸疼、足膝痿弱、小便余沥、阴下湿痒、胎漏欲堕、胎动不安、高血压。《神农本草经》曰：“主腰脊痛，补中益精气，坚筋骨，强志，除阴下痒湿，小便余沥。”

北枸杞补肾益精、养肝明目、补血安神、生津止渴、润肺止咳，主治肝肾阴亏、腰膝酸软、头晕、目眩、目昏多泪、虚劳咳嗽、消渴、遗精。

山萸肉补益肝肾、涩精固脱，用于眩晕耳鸣、腰膝酸痛、阳痿遗精、遗尿、尿频、崩漏带下、大汗虚脱、内热消渴。

此三味中药均有补肝肾、壮腰益精作用，孙光荣教授合而用之，阴中有阳，阳中有阴，动静结合，技艺高超，构思巧妙。孙光荣教授临床此三味药常用量多为12g左右。

10. 菊花、白芷、川芎

菊花平肝祛风清热、平肝明目，用于风热感冒、头痛眩晕、目赤肿痛、眼目昏花。

白芷疏风散寒、燥湿、消肿、止痛，主治头痛、眉棱骨痛、齿痛、鼻渊、寒湿腹痛、肠风痔漏、赤白带下、痈疽疮疡、皮肤燥痒、疥癣。

川芎活血祛瘀、辛香善升，能上行头目颠顶，具有祛风止痛作用，可行血中之气，祛血中之风，为临床治疗外感头痛、头风头痛之要药。

三药相合，祛风止痛明目之效更强。孙光荣教授用此三药治疗神经性疾病疗效甚好，高血压、情志性疾病也时有运用。孙光荣教授对此三味药用量很小，大多在10g以下。

11. 蛇床子、炙百部、蛇舌草

蛇床子，出自《神农本草经》，为伞形科植物蛇床的干燥成熟果实。味辛、苦，性温，有小毒，归肾经。功能温肾壮阳，燥湿，祛风，杀虫。用于男子阳痿、阴囊湿痒，女子带下阴痒、宫冷不孕，湿痹腰痛；外用治疗疥癣湿疮，外阴湿疹，妇人阴痒。《本草新编》载："蛇床子，功用颇奇，内外俱可施治，而外治尤良。"

百部，出自《本草经集注》，为百部科植物直立百部、蔓生百部或对叶百部的燥块根。味甘、苦，性微温，归肺经，有小毒。功能润肺下气止咳，杀虫。用于新久咳嗽，肺痨咳嗽，百日咳；外用治疗阴痒，头虱，体虱，蛔虫、蛲虫病，皮肤疥癣、湿疹。

白花蛇舌草，出自《广西中药志》，为茜草科耳草属植物白花蛇舌草的全草。味甘、淡，性凉，入胃、大肠、小肠经。功能清热解毒，利湿消肿，活血止痛。用于肿瘤，盆腔炎，附件炎，肠痈（阑尾炎），疮疖肿毒，湿热黄疸，小便不利等；外用治疗疮疖痈肿，毒蛇咬伤。

此三联药组，相反相成，多煎汤外用，功能杀虫止痒。适用于各种类型阴道炎、宫颈炎、盆腔炎等生殖系统疾患所致的白带增多（无论寒湿、湿热）、外阴瘙痒等症，亦可用于湿疹、痒疮、疥癣等。

12. 煅龙骨、煅牡蛎、生薏苡仁

龙骨，出自《神农本草经》，为古代哺乳动物如象类、犀牛类、三趾马等的骨骼化石。煅龙骨即将刷净的龙骨放坩埚内或其他容器中煅至红透，取出晾凉，碾碎即可。味甘、涩，性平，入心、肝、肾、大肠经。功能镇惊安神，敛汗固精，止血涩肠，生肌敛疮。用于惊痫癫狂，怔忡健忘，失眠多梦，自汗盗汗，遗精淋浊，吐、衄、便血，崩漏带下，泻痢脱肛；外用治疗疮疡久溃不敛。

牡蛎，出自《神农本草经》，为牡蛎科动物长牡蛎、大连湾牡蛎或近江牡蛎的贝壳。煅牡蛎，即将洗净的牡蛎置无烟炉火上煅至灰白色，取出放凉，碾碎。味咸，性微寒，归肝、胆、肾经。功能重镇安神，潜阳补阴，软坚散结。用于惊悸失眠，眩晕耳鸣，瘰疬痰核，癥瘕痞块。煅牡蛎收敛固涩，还可用于自汗盗汗、遗精崩带、胃痛吞酸。

薏苡仁，出自《神农本草经》，为禾本科植物薏苡的种仁，别名薏米（《药品化义》）、薏仁（《本草新编》）、苡仁（《临证指南》）、苡米（《本草求原》）。味甘、淡，性凉，归脾、胃、肺经。功能健脾补肺，清热利湿。用于泄泻，湿痹，筋脉拘挛、屈伸不利，水肿，脚气，肺痿，肺痈，肠痈，淋浊，白带。

此三联药组，功能收敛固涩利湿。适用于日久不愈之白带绵绵不止。白带无论质地清稀抑或黏稠，均可应用。方中可加入芡实，以增强收敛固涩之功。

13. 川萆薢、车前子、蒲公英

萆薢，出自《神农本草经》，为薯蓣科植物粉背薯蓣、叉蕊薯蓣、山萆薢或纤细薯蓣等的块茎。味苦，性平，归肝、胃、膀胱经。功能祛风湿，利湿浊。用于带下，膏淋，白浊，疮疡，湿疹，风湿痹痛。

车前子，出自《神农本草经》，为车前科植物车前或平车前的干燥成熟种子。味甘，性微寒，归肝、肾、肺、小肠、膀胱经。功能清热利尿，渗湿通淋，明目，祛痰。用于带下，尿血，小便不通，水肿胀满，热淋涩痛，淋浊，暑湿泄泻，咳嗽多痰，湿痹，目赤障翳。

蒲公英，见前文。

此三联药组，功能分清泌浊、利湿清热。适用于带下增多、色黄质黏或有腥味、外阴灼热等湿热下注、热毒蕴结属实证者。带下病属虚证者亦可配伍用之。

14. 白鲜皮、地肤子、蝉蜕

白鲜皮，出自《药性论》，《神农本草经》谓之“白鲜”，为芸香科植物白鲜的干燥根皮。味苦、咸，性寒，归脾、胃、膀胱经。功能清热燥湿，祛风止痒，解毒。用于湿热疮毒，黄水淋漓，湿疹，风疹，皮肤痒疹，疥癣疮癞，风湿热痹，黄疸尿赤。《神农本草经》谓此药可“主女子阴中肿痛”。孙光荣教授治疗各类黏膜病变时，方中常配伍白鲜皮。

地肤子，出自《神农本草经》，为藜科植物地肤的干燥成熟果实。味辛、苦，性寒，归肾、膀胱经。功能清热利湿，祛风止痒。用于阴痒，带下，小便涩痛，风疹，湿疹，皮肤瘙痒。

蝉蜕，出自《药性论》，为蝉科昆虫黑蚱的幼虫羽化时脱落的皮壳。味甘，性寒，归肺、肝经。功能散风除热，利咽，透疹，退翳，解痉。用于风热感冒，咽痛，喑哑，风疹瘙痒，麻疹不透，目赤翳障，惊风抽搐，破伤风。

此三联药组多煎汤外用，功能利湿清热、祛风止痒。适用于带下病症见外阴瘙痒、灼热者。

15. 金银花、蒲公英、半枝莲

金银花、蒲公英，见前文。

半枝莲，出自《江苏省植物药材志》。味辛，性凉。功能清热解毒，止血，利尿消肿。用于热毒痈肿，咽喉肿痛，肺痈，肠痈，瘰疬，毒蛇咬伤，各种出血，水肿，腹水及癌症（如肺癌、肠胃道癌症、子宫颈癌等）。

此三联药组，功能清热解毒散结。适用于带下病属湿热下注、热毒蕴结等实证，或相关肿瘤引起的带下异常。症见带下量多，或色黄，或黄绿如脓，或赤白相兼，或夹有血丝，或五色杂下，异味明显，或伴外阴瘙痒、肿胀等。临床上，如因相关肿瘤引起白带增多者，可加入山慈菇、菝葜根等；带下中夹血丝者，可加白茅根。

（二）常用方剂

1. 小陷胸汤——黄连、半夏、瓜蒌 由黄连、半夏、瓜蒌组成的小陷胸汤，原方出自医圣仲景之手，具有清热化痰、宽胸散结之功。方中瓜蒌清热化痰，通胸膈之痹；黄连泄热降火，除心下之痞；半夏降逆消痞，除心下之结，与黄连合用，一辛一苦，辛开苦降，得瓜蒌则清热涤痰，其散结开痞之功益著。本方三药，缺一则偏缺，缺黄连则苦降泄热之力不足，缺半夏辛开化痰降逆之力损，缺瓜蒌则利气润下之力弱。吴鞠通对本方十分赞赏，并在此基础上加枳实，名小陷胸汤加枳实汤。

2. 茵陈蒿汤——茵陈、栀子、大黄 由茵陈、栀子、大黄组成的茵陈蒿汤，具有清热利湿退黄之功。三味均为苦寒药，寒能清热，苦能燥湿。其中茵陈疏肝利胆，为清热除湿退黄之药；栀子能除烦清热，清泄三焦而通调水道，导湿热下行，引湿热从小便而出；大黄泻热除瘀，通利大便，推陈致新，使湿热壅遏瘀滞之邪下泻。三药合用，成为治疗湿热黄疸（热重于湿）的一组著名“角药”。

3. 甘麦大枣汤——甘草、小麦、大枣 由甘草、小麦、大枣组成的甘麦大枣汤，具有养心安神、和中缓急，又补脾气之功。方中甘草甘缓和中，养心以缓急迫；小麦养心宁神；大枣补益脾气，缓肝急并治心虚。三味甘药配伍，具有甘缓滋补、柔肝缓急、宁心安神之效。《补正》云：“三药和平，养胃，生津化血，津水下达于脏，则脏不躁而悲伤太息诸症自去矣。”正所谓：“甘麦大枣汤，脏躁服之康。”

4. 四苓散、胃苓散——猪苓、茯苓、泽泻 猪苓、茯苓、泽泻为利水渗湿之主药。猪苓利水渗湿，治小便不利、水肿、泄泻、淋浊、带下；茯苓具有渗湿利水、健脾和胃、宁心安神的功效，可治小便不利、水肿胀满、痰饮咳逆、呕逆、恶阻、泄泻、遗精、淋浊、惊悸、健忘等症；泽泻利水、渗湿、泄热，治疗小便不利、水肿胀满、呕吐、泻痢、痰饮、脚气、淋病、尿血。《医方考》云：“猪苓质枯轻清之象也，能渗上焦之湿；茯苓味甘，中宫之性也，能渗中焦之湿；泽泻味咸，润下之性也，能渗下焦之湿。”三药为主，加白术、桂枝增温阳化气之功，名五苓散；加清热养胃之滑石、阿胶名猪苓汤；若将五苓散与茵陈蒿相伍，则名茵陈五苓散，是治疗湿热黄疸的一张名方。后世的四苓散、胃苓散皆有本组“角药”并起主导作用。

5. 小柴胡汤——柴胡、黄芩、半夏 柴胡、黄芩、半夏为小柴胡汤主药。方中柴胡疏肝解郁，与黄芩苦寒同用，清散肝胆郁滞；柴胡配半夏，疏肝和胃，治肝气犯胃之呕恶；黄芩和半夏能调和肠胃。三药同用，具有宣通上焦、下行津液、和顺胃气之功效。三药不仅是小柴胡汤的主药，而且还是柴胡剂类方中不可缺少的一组“角药”。后世的柴平汤、柴胡四物汤、柴胡陷胸汤、柴胡枳橘汤，皆由此三味为主药。著名中医学家刘渡舟教授，在三味药的基础上加茵陈、土茯苓、凤尾草、草河车，名为柴胡解毒汤，主治肝胆湿热，久之成毒，蕴郁不解而见肝区疼痛、厌油喜素、多呕、体瘦少气、小便黄短、舌苔厚腻。

6. 三仁汤——杏仁、白蔻仁、薏苡仁 杏仁、白蔻仁、薏苡仁为三仁汤主药。方中杏仁宣利上焦肺气，盖肺主一身之气，气化则湿亦化；白蔻仁芳香化湿，行气宽中；薏苡仁甘淡性寒，渗利湿热而健脾。三仁相合，宣上畅中渗下，使气畅湿行，暑热清解，脾气健旺，三焦通畅，诸症自除。三仁汤是治疗湿温初起，邪在气分，湿重于热的常用方剂。另外，此三味药还是藿朴夏苓汤的主药。

7. 三子养亲汤——白芥子、苏子、莱菔子 由白芥子、苏子、莱菔子组成的三子养亲汤，具有降气快膈、化痰消食的功效。本方原为老人气实痰盛之证而设，方中白芥子温肺利气，快膈消痰；苏子降气行痰，止咳平喘；莱菔子消食导滞，行气祛痰。三药均能行气，皆属治痰理气之常用药，合而用之，可使气顺痰消，食积得化，咳喘得平。临床应用时，观其何证居多，则以何药为君，其效尤佳。张秉成《成方便读》说：“三者皆治痰之药，而又能于治痰之中各逞其长。食消气顺，喘咳自宁，而诸证自愈矣，又在用者之的宜耳。”

8. 增液汤——玄参、麦冬、生地黄 由玄参、麦冬、生地黄组成的增液汤，具有滋阴清热、润燥通便之功。方中以玄参咸寒润下为君，伍以麦冬之甘寒滋润，生地黄之滋阴壮水。三者均属质润多汁之品，合用共奏滋阴清热、润燥通便之功。《温病条辨》曰：“麦冬主治心腹结气，伤中伤饱，胃络脉绝，羸瘦短气，亦系能补能润能通之品，故以为之佐。生地亦主寒热积聚，逐血痹，用细者，取其补而不腻，兼能走络也。三者合用，作增水行舟之计，故汤名增液，但非重用不为功。”吴瑭说：“阳明温病，无上焦证，数日不大便，当下之，若其人阴素虚，不可行承气者，增液汤主之。”

9. 生脉散——人参、麦冬、五味子 由人参、麦冬、五味子组成的生脉散，具有益气生津、敛阴止汗之功效。汗为心液，若汗出过多，易亏心阴。气为肺所主，故自汗过多必耗气，亦即损肺。本方以人参甘平补肺，大扶元气为君；以麦冬甘寒养阴生津，清虚热而除烦为臣；五味子酸收敛肺止汗为佐使。吴谦说：“夫暑热伤肺，肺伤则气亦伤矣。故气短、倦怠而喘咳也。肺主皮毛，肺伤则失其卫护，故汗出也。热伤元气，气伤则不能生津，故口渴也。是方君人参以补气，即所以补肺。臣麦冬以清气，即所以清肺。佐五味以敛气，即所以敛肺。”吴崑云：“一补、一清、一敛，养气之道备矣。名曰生脉，以脉得气则充，失气则弱。”李杲谓：“夏月服生脉饮，加黄芪、甘草，名生脉保元汤，令人气力涌出；更加当归、白芍，名人参饮子，治气虚喘咳，吐血、衄血，亦虚火可补之例也。”

10. 四逆汤——附子、干姜、炙甘草 由附子、干姜、炙甘草组成的四逆汤，具有回阳救逆之功效，主治四肢厥逆，恶寒蜷卧，呕吐不渴，腹痛下利，神衰欲寐，舌苔白滑，脉象微细。《素问·厥论》曰：“阳气衰于下，则为寒厥。”《素问·至真要大论》曰：“寒淫于内，治以甘热，佐以苦辛，以咸泻之，以辛润之，以苦坚之。”“寒淫所胜，平以辛热，佐以苦甘，以咸泻之。”用大辛大热之附子为君药。附子纯阳有毒，为补益先天命门真火之第一要剂，通行十二经，生用尤能迅达内外以温阳逐寒。干姜温中焦之阳而除里寒，助附子伸发阳气，为臣药。生附子有大毒，与干姜同用，其性峻烈，故又用益气温中之炙甘草为佐药，既能解毒，又能缓解姜、附辛烈之性，合而回阳救逆，又不致有暴散之虞，故方名“四逆”。此三味药，若加重干姜用量，则为通脉四逆汤。此外，这三味药还是四逆加人参汤、回阳救急汤的主药。

11. 玉屏风散——防风、黄芪、白术 由防风、黄芪、白术组成的玉屏风散，具有益气固表止汗的功效，主治表虚自汗，易感风寒。方中黄芪益气固表，为君药；白术健脾益气，助黄芪以加强益气固表之功，为臣药。二药合用，使气旺表实，则汗不能外泄，邪不易内侵，更配以防风走表祛风并御风邪，为佐使药。黄芪得防风，固表而不留邪；防风得黄芪，祛邪而不伤正。补中有散，散中有补。此角药孙光荣教授处方中并不多见，但在治疗气虚感冒时，常会在例行“角药”之后加防风、白术。

12. 三妙丸——黄柏、苍术、牛膝 由黄柏、苍术、牛膝组成的三妙丸，具有清热燥湿祛风、补肝肾的功效，专治下焦湿热所致的两脚麻木、麻痛、痿软无力。方中黄柏苦寒，寒以清热，苦以燥湿，且偏入下焦；苍术苦温，善能燥湿。二药相伍，合成清热燥湿之效。牛膝能祛风湿、补肝肾，且引药下行。三药相合，清热燥湿之力更强，下焦湿热得清。此三味药，孙光荣教授临证并不局限用于两下肢麻木、疼痛，而重在病机对证，值得细玩。

13. 泻心汤——大黄、黄芩、黄连 由大黄、黄芩、黄连组成的泻心汤，具有泻火解毒、燥湿泻痞的功效，主治邪火内炽、迫血妄行，如吐血、衄血等症。方中大黄泻下攻积，清热泻火，凉血解毒，逐瘀通经。黄芩清肺热，泻上焦之火。黄连清热燥湿，泻火解毒，泻心火，兼泻中焦之火，用于湿热痞满、呕吐、泻痢、黄疸、高热神昏、心火亢盛、心烦不寐、血热吐衄、目赤吞酸、牙痛、消渴、痈肿疔疮，外治湿疹、湿疮、耳道流脓。三药相伍，火热得泻，三焦通利。

14. 黄连香薷饮——黄连、香薷、厚朴 由黄连、香薷、厚朴组成的黄连香薷饮，具有清暑化湿的功效，主治冒暑、腹痛水泻、恶心。黄连清热燥湿、泻火解毒，泻心火，兼泻中焦之火，用于湿热痞满、呕吐、泻痢、黄疸、高热神昏、心火亢盛、心烦不寐、血热吐衄、目赤吞酸、牙痛、消渴、痈肿疔疮，外治湿疹、湿疮、耳道流脓；香薷发汗解暑、行水散湿、温胃调中，用于夏月感寒饮冷、头痛发热、恶寒无汗、胸痞腹痛、呕吐腹泻、水肿、脚气；厚朴温中、下气、燥湿、消痰，用于胸腹痞满胀痛、反胃、呕吐、宿食不消、痰饮喘咳、寒湿泻痢。三药相配，燥湿除满、行气止呕作用更强。孙光荣教授在临床中，时有香薷仅用数克而见奇效者。

15. 大黄附子汤——大黄、附子、细辛 由大黄、附子、细辛组成的大黄附子汤，具有温阳散寒、泻结行滞之效，治疗寒积里实之腹痛便秘、胁下偏痛、发热、手足厥逆等症。大黄泻下攻积，清热泻火，凉血解毒，逐瘀通经；附子辛热，温阳以祛寒；佐以细辛除寒散结，更借大黄之荡涤肠胃、泻除积滞。大黄、附子、细辛相配，变苦寒为温下，效殊意远。孙光荣教授临床很少用大剂量药，对于大辛大热之附子，尤为慎重，多在 10g 以下，与当今动辄几十克甚而成斤用附子的风气形成强烈反差。

16. 二至丸——女贞子、旱莲草、天花粉 女贞子补益肝肾、清虚热、明目，主治头昏目眩、腰膝酸软、遗精、耳鸣、须发早白、骨蒸潮热、目暗不明；旱莲草凉血止血、补益肝肾，主治肝肾阴虚之头晕目眩、头发早白等症，以及阴虚血热而致的各种出血，如咯血、吐血、尿血、便血、崩漏、齿鼻衄血；天花粉清热生津、消肿排脓，用于热病烦渴、肺热燥咳、内热消渴、疮疡肿毒。女贞子配旱莲草组成的二至丸，养阴益精，凉血止血，补肝肾养阴血而不滋腻，为平补肝肾之剂。《医方集解》曰："旱莲草、女贞子，补腰膝，壮筋骨，强肾阴，乌须发，治疗阴虚血虚头晕。”再伍以天花粉清热生津，滋阴除热之力更强。三药合用，共奏补肝肾、养阴血、滋阴清热生津之功。

三、角药（三联药组）临床应用

（一）变应性血管炎

1. 确定病因，辨证求证 变应性血管炎属于血管炎症坏死性疾病，发病原因暂未明确，临床认为其发生与感染、药物变态、血清病变等因素相关。变应性血管炎会累及真皮上部血管，致使皮肤出现血管坏死，情况严重时，病情会累及其他内脏，严重威胁患者的生存质量。本病临床表现复杂，多发生于足踝与小腿位置，皮损为多形性，呈对称性分布状，多伴随显著的皮肤损害，有结节、丘疹、瘀斑、紫癜等。从中医角度而言，变应性血管炎属于“梅核火丹”“瓜藤缠”等范畴。孙光荣教授认为，肾为人体先天之本，脾胃则属于后天之本，变应性血管炎的发生与肾精不足密切相关。同时，孙光荣教授认为，本病发病原因包括遗传、气滞、血瘀、毒聚、痰凝等，在治疗方式上应该以益气活血、疏肝解郁、清热解毒、行气化痰为主，在药物组方上宜采用丹参、生黄芪、西洋参为君，猫爪草、山慈菇、半枝莲为臣。

2. 抓住重点，对症治疗 变应性血管炎的临床表现十分复杂，疾病多见于患者小腿与足踝位置，临床表现在皮肤上，患者有烧灼感或者瘙痒感，皮肤局部会出现破溃、疼痛与肿胀感。孙光荣教授认为，皮肤瘙痒的发病机理主要为湿毒、风热，可以使用白花蛇舌草、地肤子、白鲜皮等清热祛风药物进行治疗。若患者局部肿胀疼痛感显著，可以配伍乳香、延胡索等行气活血药物。

3. 内外兼治，分段用药 变应性血管炎的发生是由于五脏之毒所导致，因此，治疗根本应该解决患者五脏六腑之毒。若症状显著，且不存在红肿热痛，可以采用分期辨证法进行治疗，使用药物外敷可以达到理想的治疗效果；若患者病情处于初级阶段，未形成脓肿且皮肤未出现破溃，可以用大黄粉敷于患处，有活血消肿之效；若患者局部红肿情况显著，则说明热毒已形成，此时宜采用托毒排脓法，用大黄粉调和芝麻油外敷，有化腐生肌、排脓脱毒之效；对于脓毒已完全排尽，但是不长皮肤的患者，可以采用大黄粉外撒法，大黄粉有生肌敛疮之效。

4. 四诊合参，明确细微 变应性血管炎的症状是多种多样的，发病原因也极为复杂，孙光荣教授认为，应该采用辨证施治的方式，将四诊合参法应用到治疗中，无论采用何种治疗方法，都必须要明确细微，才能够真正符合临床治疗要求，达到指导临床用药的目的。在治疗变应性血管炎时，需要先将外感、遗传、并发症等因素排除，明晰发病原理，根据具体的触诊、面诊、舌诊、脉诊等信息来判断患者的发病原因，采取针对性的治疗方式。

5. 补引纠偏，调和用药 变应性血管炎病因复杂，证候多变，药物庞杂，必有不和之处。孙光荣教授认为用药虽多，不可杂乱，必须“胸中有大法，笔下无死方”。而诸症蜂起，必须针对兼症以药物补处方之不足，用引经药物使其归于病所，纠药物之毒副，调和诸药。然补引纠和诸药剂量不可过大，量大则喧宾夺主，于治病无益。只需“四两拨千斤”，轻轻一拨，使诸药归于中和即可。

6. 病例分析 患者女，52 岁。因“双下肢皮疹破溃 1 个月”于 2012 年 4 月 11 日来诊。

患者 1 个月前不明原因下肢膝关节以下皮肤出现红色丘疹，伴痒痛感，未予重视。之后斑疹逐渐扩大融合成片，下肢红肿，瘙痒疼痛，搔抓后皮疹破溃，部分流脓，结痂，铜锈样，有臭味，于当地综合医院皮肤科诊断为“变应性血管炎”，予输液抗感染治疗，夫西地酸膏、康复新液等外用治疗，病情控制未发展，为求中西医结合治疗收住我院。既往有糖尿病、高血压病史。否认肝炎、结核等传染病史及药物过敏史。皮肤科会诊检查：双小腿及足背不规则形浅溃疡，表面覆盖黄色渗液，周边散在卫星状暗红色丘疹，局部皮肤轻度肿胀。实验室检查：血常规大致正常。尿常规示白细胞 6～8 个/高倍视野，蛋白及潜血阴性；乙肝表面抗原阴性。生化：钾 3.21mmol/L，肌酐 41μmol/L，谷丙转氨酶 16U/L，血脂正常。糖化血红蛋白 1.44%，血沉 49mm/h，C 反应蛋白 24.25mg/L。胸部心电图示：窦性心律，T 波低平。腹部 B 超示：脂肪肝，胆囊、脾、胰、肾未见异常。下肢血管超声：双侧股总、股浅动脉内膜不光滑伴散在光斑形成。胸片：两肺纹理增粗。下肢分泌物培养：铜绿假单胞菌、紫色色杆菌，对头孢呋辛钠耐药，对头孢哌酮舒巴坦、左氧氟沙星敏感。诊断：变应性血管炎。治疗：入院后予敏感抗生素静滴，使用胰岛素控制血糖。

君药（益气活血）：西洋参 10g，生黄芪 10g，紫丹参 15g。

臣药（清热解毒）：山慈菇 15g，猫爪草 15g，半枝莲 15g。

佐药（解毒止痒）：蒲公英 15g，地肤子 15g，白花蛇舌草 15g。

使药（行气止痛）：延胡索 15g，炙乳香 10g，炙没药 10g。

补引纠和：连翘 10g，鸡内金 15g，紫苏叶 10g，生甘草 6g。

水煎服，每日1剂。

经患者知情同意后，入院当日选取皮肤溃疡及丘疹脓痂病情较重之左下肢，外用大黄粉以芝麻油调敷创口，绷带包裹。次日可见左下肢痂皮溃烂，皮损处大量脓液流出，左下肢红肿明显减轻。遂改为绿茶水调敷大黄抹左下肢，1~2日换药1次。皮肤溃疡及丘疹脓痂病情较轻之右下肢，始终采用西药换药治疗。4月20日，患者病情较轻之右下肢皮肤破溃减轻，分泌物减少，仍有疼痛，复查下肢分泌物培养无细菌生长。而病情较重之左侧下肢创口已经无分泌物，无红肿，无疼痛，疗效优于使用西药换药之右下肢。遂改为左下肢干大黄粉创面撒敷，无菌纱布绷带包裹，1~2日换药1次，之后可见创口均结痂，以无菌镊子揭去痂皮，可见结痂下新生皮肤生长良好。至4月29日，病情较重、采用中药换药之左下肢血管炎已经痊愈，遗留瘢痕。病情较轻、采用西药换药之右下肢，其破溃处皮肤生长缓慢，部分创口不收。遂将右下肢换药之西药停止，改为中药大黄粉外敷。5月1日，右下肢皮肤破损处创口大多结痂，换药数日痊愈。

（二）早期糖尿病肾病

1. 临床资料 92例患者均为2012年8月~2013年4月在北京中医药大学东直门医院东区门诊及住院治疗的早期糖尿病肾病患者，年龄（55.13±12.35）岁，按随机数字表法分为对照组42例和治疗组50例。对照组中男27例，女15例；年龄（55.95±13.04）岁；病程（11.20±6.50）年。治疗组中男21例，女29例；年龄（54.47±11.77）岁；病程（10.35±5.30）年。2组患者年龄、病程、空腹血糖（FPG）、糖化血红蛋白（HbAlc）、尿白蛋白排泄率（UAER）等基线资料比较，差异无统计学意义（$P>0.05$），具有可比性。

糖尿病诊断标准：参照《22个专业95个病种中医诊疗方案》中2型糖尿病的诊断标准。FPG≥7.0 mmol/L，或糖耐量试验（OGTT）中服糖2小时血糖（2hPG）≥11.1 mmol/L，或随机血糖≥11.1 mmol/L。

早期糖尿病肾病诊断标准：参照《22个专业95个病种中医诊疗方案》中糖尿病肾病早中期诊疗方案。①有确切的糖尿病史；②3个月内连续尿检查3次UAER，均为20~200μg/min，且可排除其他引起UAER增加原因者。

纳入标准：符合上述诊断标准；年龄20~70岁；糖尿病病程≤20年，生活可基本自理；患者知情同意，清醒、安静状态下完成相关检查；HbAlc 7.0%~13.0%，FPG 4.4~13.3 mmol/L，2hPG 4.4~16.7 mmol/L；3个月内连续尿检查3次UAER，均为20～200μg/min；血液中肌酐、尿素氮均在正常范围，并排除其他疾病所致的尿白蛋白升高。

排除标准：所有病例均在治疗前行血常规和心、脑、肝功能等检测，排除严重心、脑、肝等并发症，糖尿病酮症，感染，过敏，肿瘤及其他肾脏疾患。

2. 治疗与观察方法

（1）治疗方法：2组患者均予优质低蛋白糖尿病饮食，嘱适当运动，并口服格列齐特缓释片60～90mg，每日1次；或瑞格列奈1～2mg，每日3次，控制血糖，根据血糖调整剂量。治疗组在此基础上运用孙光荣教授“三联药组”学术思想给予中药干预，即依照药物联合配伍产生的功效形成君、臣、佐、使，辨证用药。太子参15g，黄芪15g，丹参15g，益气活血为君药；山慈菇15g，猫爪草15g，半枝莲15g，清热解毒为臣药；杜仲15g，川牛膝15g，芡实15g，滋补肝肾为佐药；玉米须10g，白茅根15g，车前子10g，清利湿热为使药；生山楂10g，干荷叶10g，甘草5g，补引纠和，补药味之不足，引药达病所，纠药性之过偏，调药归于中和。水煎服，每日1剂，分2次口服。连续治疗12周后评定疗效。

（2）观察指标：2组患者分别于治疗前后检测FPG、HbAlc、24小时尿白蛋白，计算UAER。

（3）统计学方法：采用SPSS17.0统计软件进行统计学处理，组内比较采用配对资料t检验，组间比较采用独立样本t检验，$P<0.05$为差异有统计学意义。

3. 结果 治疗12周后，2组FPG，HbAlc、UAER均显著下降，治疗前后比较差异均有统计学意义（$P<0.05$）；治疗后2组间FPG、HbAlc比较差异均无统计学意义（$P>0.05$），2组间UAER比较差异有统计学意义（$P<0.05$）。

4. 讨论 糖尿病肾病属于中医学消渴、水肿等范畴，也可称为消渴病肾病。早期糖尿病肾病起病隐匿，易被忽视，尿白蛋白是早期糖尿病肾病的重要诊断指标，同时也是观察疗效和判断预后的评价指标。研究表明，气虚血瘀贯穿于消渴病的始终。也有学者提出，从中医学整体病机分析，糖尿病肾病的特点是本虚标实，本虚为肝肾亏虚、封藏失固、精微下注，标实为血瘀、热毒、痰浊等，故治疗当以益气活血、滋补肝肾、清热解毒为法。本研究运用孙光荣教授“三联药组”学术思想治疗早期糖尿病肾病，通过观察92例患者UAER、FPG，HbAlc发现，治疗后治疗组UAER明显低于对照组（$P<$

0.05)，而 FPG 与 HbAlc 与对照组比较差异无统计学意义（$P>0.05$），提示运用孙光荣教授“三联药组”学术思想治疗早期糖尿病肾病，可明显降低尿白蛋白，该作用可能是独立于降血糖以外的因素。

孙光荣教授将消渴病肾病的病因总结为遗传、抑郁、气滞、血瘀、痰凝、毒聚，其治疗以益气活血、清热解毒为大法，佐以滋补肝肾、化痰降浊之品。以太子参、黄芪、丹参等益气活血为君，以山慈菇、猫爪草、半枝莲等清热解毒为臣。孙光荣教授认为，人体百病皆离不开调理气血，除却心肺之疾病，百病皆从肝、脾、肾三脏调理入手。因肾为先天之本，脾胃为后天之本，消渴病肾病多因先天肾精不足，后天脾胃虚弱，饮食失于节制，纵欲过度，损伤气血；或湿热痰浊滞留脾胃，血脉瘀滞，久则为热毒，发于三焦，而成消渴病。西医治疗常采取饮食控制、运动治疗、药物干预及健康宣传教育的综合管理模式；中医治疗药物庞杂，必有不和之处。孙光荣教授认为用药虽多，不可杂乱，必须“胸中有大法，笔下无死方”，故创立了依照药物功效区分君、臣、佐、使，按照“三联药组”思路进行辨证用药的新型处方模式。针对消渴病诸症，补引纠偏，调和用药。只有这样才能符合临床实际，真正指导临床辨证论治及组方用药。

薛武更，孙光荣．国医大师孙光荣运用“三联药组”治疗带下病经验撷菁［J］．湖南中医杂志，2017，33（3）：19－21.

杨建宇，孙文政，李彦知，等．孙光荣教授临床善用“角药”经验点滴［J］．中国中医药现代远程教育，2011，9（2）：23－25.

刘勤建．孙光荣教授“三联药对”组方思想在变应性血管炎中的应用［J］．中医临床研究，2014，6（30）：1－2.

曹柏龙，苗桂珍，朱学敏，等．运用孙光荣教授“三联药对”组方思想治疗变应性血管炎初探［J］．中国中医药现代远程教育，2012，10（23）：8－9.

曹柏龙，孙光荣．运用孙光荣“三联药对”组方学术思想治疗早期糖尿病肾病的临床观察［J］．北京中医药，2014，33（1）：10－12.

其他用药思考

一、人参与“中和”学术思想

国医大师孙光荣教授是当代著名中医临床学家和文献学家，国家级非物质文化遗产“北京同仁堂”代表人物中医药大师之一，也是中医药现代远程教育创始人，享受国务院特殊津贴待遇。孙光荣教授现研习、奉献中医药事业60余载，善于调气血、平升降、衡出入、和阴阳，博采众长，继往开来，其开创的“中和”学术医派尚中贵和，持中守一，极大地促进了当代中医药事业的健康发展。在“中和”学术思想的指导下，孙光荣教授以阴阳为总纲、以气血为基础、以神形为主线，运用“中和辨证－中和处方－中和用药”法，创立了“入门九方”，九方里每方皆有参，或人参，或西洋参，或党参，或太子参。诸参虽有区别，但以人参为主，下面以对人参的应用为例具体分析孙光荣教授的“中和”学术思想。

1. 人参药性之辨 《神农本草经》中人参位列上品，载其“气味甘微寒，无毒。主补五脏，安精神，定魂魄，止惊悸，除邪气，开心，明目，益智。久服轻身延年”。临床上一般认为人参有以下作用：一是大补元气，用于气虚欲脱证；二是补脏腑之气，对肺、心、脾、肾之气均有补益作用；三是生津止渴，用于气津两伤病证（一般认为人参七分属阳，三分属阴）；四是安神益智，用于虚证尤以气虚为主引起的心神不宁等。

如上所述，今人对人参的作用大抵归纳为补气、养阴、补脏腑之虚、安神。一般认为人参有气阴双补的作用，但以补气为主，气属阳，所以人参是一味温补药。

然古人对人参属阴性抑或阳性是有争议的。如陈修园认为《神农本草经》关于人参的经文中，无一字言及温补回阳。陈修园以仲景方为例，认为张仲景用人参以救津液，治疗汗、吐、下等致阴伤之证，而于四逆汤等回阳方中绝不用人参，恐其阴柔反缓姜附回阳之功，以证人参为养阴之品，而非温补之药。因此，要更准确、更贴近临床实效地理解人参的作用，需要师法医圣张仲景对人参的应用。

2. 仲景之用人参 医圣张仲景可谓擅用人参者，在《伤寒论》中共有21首方剂用到了人参，一说23首（因甘草泻心汤在《伤寒论》中书载无人参，而《金匮要略·百合狐惑阴阳毒病脉证并治》中载有人参；通脉四逆汤加减方中提到人参的加减）。其中最能体现仲景用人参之意的当属小柴胡汤，小柴胡汤是大家所熟知的和解少阳的经典方剂。少阳为三阳之枢，一般认为柴胡、黄芩为方中和解少阳的主药，其实不然，柴胡、黄芩是解少阳郁热之药，少阳既为枢，必有阴阳之出入。少阳藏于肝，与厥阴相感，肝气上达与胆气下降则为和，若反和为乖，阴阳出入不得相适，则见寒热往来。观少阳脉证，不全在里，亦不全在表，往来寒热，是邪位于半表半里之间、正邪相争在外的表现；胸胁苦满并非真满，是邪入少阳之位，少阳之脉循胸胁，故属半表；默默不欲饮食，心烦喜呕，非真不能食，非真呕，是属半里，属无形。所以少阳证终归在半表半里之间。柴胡、黄芩专清少阳之热，仅此二味似难堪和解大位。柴胡入少阳经，引阳外出而和外，若里不足，中气亏虚，则恐邪入于里，故以人参补中气而和里，使正胜邪却，邪不犯内。又观仲景柴胡汤证后加减可知，人参具有温补兼养阴液之效，所以人参一药具有阴阳两性，可担当和中之大任。如原文说："若胸中烦而不呕者，去半夏、人参……若渴者，去半夏，加人参，合前成四两半"；"若不渴，外有微热者，去人参……若咳者，去人参、大枣、生姜……"胸中烦去人参，"烦"是有热之表现，去人参是恐其助热增"烦"，足证人参有温补之性。渴者去半夏，把人参增加至四两，是因为渴为元气不足而津液不生，故去辛温之半夏，加入人参以益气而生津液。外有微热但不渴，是因为里未伤而表邪未解，故不可温补其中，而去人参加桂枝辛散解外。咳嗽，在少阳证是为少阳相火犯肺，故去人参之温补。综上可知，人参和中，兼具阴阳二性，可温补元气，亦可生津液。

观仲景书中用参诸方，不外和中之意。如桂枝人参汤，补中气而强本，以助驱邪气外出。干姜黄芩黄连人参汤，因其证寒热兼具，并为补中祛邪而设，同时又防芩连苦寒败胃伤阴；桂枝去芍药生姜新加人参汤，用于发汗后脉沉迟，内外皆虚，方中人参补益中气，助桂枝通血脉而奏和中发表之效；厚朴生姜甘草半夏人参汤，为发汗后腹胀满而设，汗后正气亏虚邪气盛实，所以用生姜、厚朴等药散邪以外，务必以人参补中益气以和中助驱邪外出；干姜黄连黄芩人参汤，治伤寒误用吐下引起的寒邪格热于上焦、食入即吐，取干姜散上焦之寒，芩、连清心下之热，用人参调其寒热以通格逆之气而至和平，又人参兼具阴阳二性，能于姜、芩、连之中和其寒热之药性。总之，仲景方中人参总取其阴阳兼具之特性，温补与滋阴兼顾，寒热相济。其用参以和经络（少阳证），和脏腑，和寒热，和药性，可谓善用参者。

3. 入门九方之人参 孙光荣教授入门九方每方必用参，下面以入门九方之孙氏扶正祛邪中和汤为例阐其临床应用。方剂组成：生晒参10g，黄芪15g，紫丹参7g，北柴胡12g，川郁金12g，制香附12g，法半夏10g，广陈皮10g，淡黄芩10g，大枣10g，生姜片10g，甘草5g。

在《素问·阴阳别论》中有“和本曰和”四个字，孙光荣教授的“扶正祛邪中和汤”正是发扬了《内经》中这一理念。“和本曰和”前一个“和”字作调和解，后一个“和”字作平和解，“本”字在这里即阴阳事物之本，这四字句意可表述为：调和机体内部脏腑阴阳的根本，才能使之达到和谐的状态。孙光荣教授倡导“中和”学术思想正是对此“和本曰和”理念的发扬，在辨证论治过程中重点关注“正”“邪”的消长与机体平衡，扶正祛邪可谓是治疗大法，正安则邪去。

孙氏扶正祛邪中和汤由《伤寒论》之“小柴胡汤”加减化裁而成。小柴胡汤和解少阳，原方中柴胡取其推陈致新、和解少阳之用，可谓方中君药，但徐灵胎在《医学源流论》中云小柴胡汤妙在人参。《中藏经·上下不宁论第九》中言及“脾病者上下不宁”，孙光荣教授一生与《中藏经》结缘甚深，对其有着极为深刻的理解。依五行来论，脾属土，心属火，肺属金，而火生土，土生金。所以脾土下生肺子，而上有心母，又“心者，血也，属阴，肺者，气也，属阳”，若是脾病则会出现上下不宁——“脾病则上母不宁，母不宁则为阴不足也，阴不足则发热。又脾病则下子不宁，子不宁则为阳不足也，阳不足则发寒”。人参味甘、入脾土，安脾土，方能使“上静－中和－下畅”。人参阴阳并理而偏于阳，用之可安脾土，使全方既可防邪陷入太阴，又可助中气以祛邪。《金匮要略》中有“见肝之病，知肝传脾”的认识，这里的人参之用亦有此深意。方中生晒参、黄芪、紫丹参益气活血为君药，北柴胡、川郁金、制香附疏肝解郁为臣药，法半夏、广陈皮、淡黄芩清热化痰为佐药，大枣、生姜片、甘草益气生津、调和诸药为使药。凡与气、血、痰、热相关的疾病，均可以此方加减。

《周易》里有言“中以运四维”，这是强调天地间“中”的重要性，而对应到人体，也应以脾胃为中，以运四维。中和医派善用人参以和中，重视阴阳调和而无偏颇之嫌。孙光荣教授曾指出“气血中和则百病消”，气机升降出入的枢纽在中州脾胃，脾土安则气血中和，气血中和才能真正做到补虚，乃至实现补肾、填髓的效果。中和医派认为脾土需安，培补当以气血流通为贵，气属阳，血属阴，气血流畅，阴阳调和则无病，气血中和则百病消。入门九方中均有人参、黄芪、丹参构成益气活血的三联药组，黄芪为补益脾气的要药，丹参一味可抵四物汤，补血活血之功甚殊，配合安中之人参，共奏补气健脾、养血活血之功。这三味药孙光荣教授常变的是药量比例和用药量大小，最大量很少超过15g，足证取此是流通血气，以通为补，达到“气血中和则百病消”的目的，彰显了孙光荣教授“重气血、调气血、畅气血”之基本临床思想，反映出他“扶正祛邪益中和、存正抑邪助中和、护正防邪固中和”的学术观点。

中医传统文化的核心是讲中正、合作、和谐的“中和”学术思想，“调畅中和”是每个中和医派学子的最高临床追求，路漫漫其修远兮，吾将上下而求索。

贾先红，孙光荣．以人参的应用理解孙光荣教授“中和”学术思想［J］．光明中医，2017，32（21）：3049－3051.

二、原生中药材新晃龙脑研发战略

原生中药材是指首先发现、原始出产的道地中药材，具有三大特征：①在无界定的时限（有史以来，绝种以来）中，在界定的全境（全县、全省、全国、全洲、全世界）内，首先发现的可用作中药的植物、动物、矿物；②非移植、非改良（如嫁接）、非转基因的原始出产的可用作中药的植物、动物、矿物；③本地所产的该品种中药材是同一品种中药材中最早发现、最佳质量的品种，相对于同一品种具有明显的可供鉴别的特征。“新晃龙脑”是20世纪后期在我国境内最先发现、在湖南新晃原始出产、具有形状和香味特征并填补了我国有史以来出产天然龙脑空白的中药材，它获得了林业部确定为“新植物品种”的明文保护，堪称原生中药材的代表性品种。

原生中药材具有原地原产、品种纯正、质量可靠、资源稀少、特色鲜明、疗效确切的共性，是重要的医疗保健资源，也是重要的战略资源，必须加以保护、培植、研发、利用，以确保原生中药材生生不息、源源不断，能够持续、广泛地应用于临床，造福于全人类。因此，孙光荣教授对原生中药材“新晃龙脑”的研发提出如下的思考与建议，供同道参考。

（一）“新晃龙脑”研发的指导思想

对“新晃龙脑”的研发要以国家、行业、地区“十二五”规划为指南，明确自身定位，发挥既有优势；要以文化宣传为引导，以学术研究为支撑，以定向销售、网络销售、多级销售为途径，提高产品质量，提高销售效率，提升企业品牌；要树立科学发展观，力争为促进中医药事业发展和促进全民健康做出新的重大贡献。

（二）“新晃龙脑”研发的三项定位

1. 产业定位 《中共中央关于制定十二五规划的建议》明确提出，“坚持中西医并重，支持中医药事业发展，积极防治重大传染病、慢性病、职业病、地方病和精神疾病”，要“发展现代产业体系，提高产业核心竞争力，培育发展战略性新兴产业”，要“坚持自主创新、重点跨越、支撑发展、引领未来的方针”，“发挥国家重大科技专项的引领支撑作用，实施产业创新发展工程，加强财税金融政策支持，推动高技术产业做强做大”。龙脑是广泛适用于防治重大传染病、慢性病、职业病、地方病和精神疾病的重要中药；而“新晃龙脑”是国家保护的新植物品种，是中药开发的新材料，是新晃发展的新资源；“新晃龙脑”的研发具有自主创新的知识产权，是可以做强做大、发挥引领支撑作用的产业创新发展工程。

因此，“新晃龙脑”开发的产业定位可以是我国中药自主创新的资源主导型、中医临床广谱适用型产业。

2. 学术定位 龙脑香为龙脑香科植物龙脑香树的结晶。龙脑香树的树干多裂缝，可析出片状结晶，洁白如冰，又如梅花瓣，故又有冰片、梅片诸名。

关于“龙脑”之名，早在南北朝《本草经集注》的龙骨条下陶弘景注中即已提及，但是古生物的化石却非本品，属异物同名。业内所指龙脑是植物树脂的结晶。由于龙脑香树干多裂缝，且有片状结晶，颇似龙鳞，故以“龙”名之；又因呈白色结晶状物在本草中多称为“脑”（如樟脑、薄荷脑之类），故由其形态定名为“龙脑”。

龙脑最早可见于《大唐西域记·卷十》（玄奘，646 年成书）：“羯布罗香树，松身异叶……初采既湿，尚未有香，木干之后，循理而析，其中有香，状如云母，色如冰雪，此所谓龙脑香也。”其后，唐代《新修本草》（659 年）、《酉阳杂俎》（863 年）也有较详细描述。如《新修本草》的“树形似杉木，言婆律膏，是树根下清脂，龙脑是根中干脂，子似豆蔻，皮有错甲，香似龙脑，味辛，尤下恶气，消食散胀满，香人口，旧云出婆律国”等。

以往获取龙脑的方法都离不开“刨树根、切树干”，对原生植物破坏严重，始终不成规模，满足不了人类健康的需要。“新晃龙脑”则无论在植物品种和提取方法上都有创新：首先是发现并采用无性繁殖法培育了一种富含右旋龙脑的植物新品种——龙脑樟，并已获国家保护，其有效成分含在植物的枝叶中；其次是获取龙脑的方法以水蒸气蒸馏枝叶提取，不动树根，因此可以培育出成规模的原料林，而提取的右旋龙脑纯度可达99%以上。这既是“新晃龙脑”的创造，又是上天的恩赐与人类的福音。

关于冰片的药效，历代医家都有论述。

李时珍《本草纲目》云：“别名梅片、梅花片、龙脑片。辛、苦，微寒。入心、脾、肺经。开窍醒神，清热止痛。治神昏痉厥，各种疮疡，咽喉肿痛，目赤翳障，耳，带下。入丸、散，不宜入煎剂。外用适量。孕妇慎用。”

缪希雍《本草经疏》云：“冰片，其香为百药之冠……主心腹邪气及风湿积聚也……《别录》又主妇人难产者取其善走，开通关窍之力耳。”

倪朱谟《本草汇言》云：“冰片，开窍辟邪之药也，性善走窜，启发壅闭，开达诸窍，无往不通，然芳香之气能辟一切邪恶……故《唐本草》主暴赤时眼，肿痛羞明，或喉痹痈胀，水浆不通，或脑风头痛，鼻瘜鼻渊，或外痔肿痛，血水淋漓，或交骨不分，胎产难下，或风毒入骨，麻痛拘挛，或痘毒内闭，烦闷不出。此药辛香芳烈，善散善通，为效极捷，一切卒暴气闭，痰结神昏之病，非此不能治也。”

张景岳《本草正》云：“味微甘，大辛，敷用者其凉如冰，而气雄力锐……善散气，散血，散火，散滞，通窍，辟恶，逐心腹邪气。”

综合前贤经验，龙脑治疗疾病主要用于：①中风、小儿抽搐、抑郁症等神昏痉厥（“凉开”）；②目赤翳障；③咽喉肿痛、牙痛；④中耳炎、耳聋；⑤各种疮疡、各种瘙痒、各种虫叮蚊咬；⑥难产；⑦白带；⑧慢性鼻窦炎、鼻息肉；⑨心绞痛；⑩各种需要通透、开窍的配方。

龙脑保健主要用于：①防大疫；②抗疲劳（醒神）；③益智（开窍）；④洁净（芳香辟秽、洁齿、洁腋、洁阴）；⑤各种需要预防气滞、血瘀的配方。

因此，“新晃龙脑”开发的学术定位是通透、开窍、辟秽、洁净的预防、医疗、保健配方的广谱型、精粹型中药材。

3. 市场定位 龙脑无论研制成为何种形式的产品，都具有高效、速效的特点，也有不宜久用的弱点（可通过研究逐步克服）。因此，龙脑的市场开发建议走以下4条路径：

（1）高精路径：研制适用于内科、妇科、儿科、骨伤科等疑难重病的制剂，主要采用传统配方，走“准”字号的路子，高标准、高质量、高价格。可以与中国中医科学院、北京中医药大学等单位联合开发。

（2）防疫路径：进入21世纪之后，我国及世界众多国家和地区先后爆发了“非典”和“禽流感”等新型大疫，在抢救、系统治疗、康复的过程中，中医凸显了其特色和优势。事实证明，在疾病预防领域中医具有独特的优势，既有“治未病”学术思想的有效指导，又有多样化的预防方药和技术。龙脑具有辟秽功能，可以有助于研制气雾剂、喷洒剂、洗剂等适用于重大传染疾病的预防和大灾之后防大疫的制剂，建议与中日友好医院、中山医科大学、北京中医药大学、中国中医科学院等单位联合开发。走“健”字号或“消”字号路径，大生产、大范围批量销售，用于大规模地预防传染病，也可用于地震、水灾等大灾之后防大疫。

（3）养生路径：研制适用于健身、减肥、驻颜、明目等制剂，主要采用最新有效配方，走“妆”字号的路子。要标准精细、质量精美、价格精准，可以与中国中医科学院、北京中医药大学等单位联合开发。

（4）科普路径：制订能够配合国家中医药管理局“十二五”开展的“全国中医药文化科普巡讲”和“全国中医药专科专病名家临床经验巡讲”活动方案，主动争取将夜郎文化、龙脑传奇、龙脑专病防治技术等内容融入上述专题巡讲，让龙脑开发在国家中医药管理局支持下走向专业、走向临床、走向高端，走进农村、走进社区、走进家庭。

因此，龙脑开发的市场定位可以是“三向”（面向中医医院、中药企业、美容健身企业的高消费群体）的高端客户和“三进”（进农村、社区、家庭）的普通客户。

（三）龙脑研发的四大建设

湖南省新晃县龙脑开发有限责任公司由于具有企业发展的良好政策环境、优秀的人脉背景、雄厚的资金投入、近20年探索前进的基础，其获得重大进展与收益毋庸置疑。但是按照一般中药企业抛物线式的发展规律，在大销售之前一般会遇到发展的战略思维瓶颈，这就是定位、产品、营销三个方面的思路问题。因此建议抓紧、抓好四大建设。

1. 智库建设 龙脑研发是一个巨大、复杂的系统工程，涉及中药企业的重大自主创新，需要各方面专家的智慧和力量的支撑与协同作战，因此应慎重遴选管理、专业、宣传指导、研制、设备、营销等各路人才，诚邀之后组成智库，为龙脑研发服务。如可以采用常聘制和论坛制两种形式组成智库团队。在这个团队指导下，自然就可以加强企业本身的人才梯队建设。

2. 产品建设 在现有“龙脑液”等产品的基础上，针对上述研制路径，建议开发高端和普通两类产品。例如“天王补心丹”“益气聪明丹”“鼻必净”等高端产品；“孔圣枕中丹”（孔圣枕）、“美人香洁囊”（端午香囊）、“岁岁平安龙脑香”、“岁岁平安龙脑灯”（空气清洁燃剂）、“龙脑辟秽灭活喷雾剂”等普通产品。

3. 文化建设 在现有基础上，一方面依靠当地政府，将龙脑文化融入夜郎文化；一方面依靠国家中医药管理局、中华中医药学会，将龙脑文化融入中医药文化。

4. 网络建设 在现有基础上，制订切实可行的营销方案，组建营销队伍。一方面要有市场销售的领军人物，采用中心辐射的方法，建立营销团队网络；另一方面设计和建立“龙脑”网站。

孙光荣．关于原生中药材新晃龙脑研发战略的思考［J］．中国药物经济学，2011（2）：78－81.

临证医案

一、冠心病

案1 马某，男，74岁。2010年6月25日初诊。

患者胸闷气短（有房颤病史），下肢水肿，口干，腹胀。舌质红，苔中心黄腻，脉细涩。

处方：西洋参10g，生北芪12g，紫丹参10g，五味子3g，麦冬12g，法半夏7g，广陈皮7g，云茯苓15g，炒酸枣仁15g，佩兰叶6g，冬瓜皮10g，车前子10g，路路通10g，北枸杞15g，甘草5g。7剂，水煎内服，每日1剂。

2010年9月10日二诊：房颤，胆结石并息肉，服前方后腹胀减轻，仍气喘，浮肿，舌绛，苔黄腻、中心干，脉叁伍不调。

处方：西洋参10g，生北芪10g，紫丹参10g，五味子3g，麦冬12g，款冬花6g，蜜紫菀6g，大腹皮12g，冬瓜皮10g，车前子10g，赤小豆10g，云茯神15g，炒酸枣仁15g，川牛膝15g，川杜仲15g，甘草5g，海金沙10g。7剂，水煎内服，每日1剂。

按语：胸痹主要病机在心脉闭阻，但肾为五脏之本、阴阳之根，《景岳全书·传忠录下》提出："然命门为元气之根，为水火之宅，五脏之阴气非此不能滋，五脏之阳气非此不能发。"心肾相交，心之阴阳气血总赖肾精气资生，心本乎肾。在生理上，肾主气、化水，若肾气亏虚，气化无权，则表现为水液代谢紊乱，出现水肿等。本例患者，虽以胸闷、气短、脉叁伍不调等为主症，但孙光荣教授紧紧抓住心肾不交、肾为之根的概念，益气养阴安神与调肾利湿并举，在调补心肾的同时给邪气以出路，收效满意。孙光荣教授认为，老年人对药物的适应性、耐受性个体差异很大，但老年人脏腑虚衰、气血不足是共性，因此用药宜慎、剂量宜小。中医治疗老年病必须在整体调节、辨证论治和因人而异的思想指导下，充分考虑到老年人生理病理特点、用药原则进行治疗。

张跃双，李明玉．中医大师孙光荣教授中和医派诊疗老年病学术经验点滴［J］．光明中医，2014，29（3）：461－464.

案2 侯某，男，81岁。2014年3月7日初诊。

患者胸闷气喘，动则尤甚已2个月有余，加重1周。由轮椅推入病房。住院号：201400471。2014年元月感冒后，开始咳嗽气短，胸闷气喘，下肢浮肿，常心悸。1周前症状加重，动则心悸，心下及胸胁胀满，咳吐泡沫清稀痰，难以平卧，时头汗出，冷汗淋漓，双下肢凹陷性水肿，纳差，少尿。舌淡胖，苔水滑，脉沉无力。查体：端坐呼吸，面色白，口唇轻度发绀，颈静脉怒张，心率100次/分，律齐，两肺满布细湿啰音，X线DR片示：双胸腔积液（约800mL）。经结核病防治所检查排除结核性胸膜炎。既往有糖尿病、冠心病、高血压病史。西药服用呋塞米片、单硝酸异山梨酯片等药。诊断：心力衰竭Ⅱ度、心源性胸腔积液。中医根据舌脉症诊为喘证，辨证为阳虚水泛、气虚血瘀证。治以益气活血，温阳利水。

真武汤合调气活血抑邪汤加减：制附片20g（先煎），生姜20g，白芍20g，白术15g，茯苓30g，泽泻30g，人参20g，黄芪60g，丹参30g，葶苈子30g，大枣10g，生半夏15g，全瓜蒌20g，干姜10g，五味子10g，细辛10g，甘草10g。3剂，水煎500mL，分早、中、晚3次温服，日1剂。

患者上方服3剂后，尿量显著增加，每日达1500mL，胸闷气喘好转，已能平卧，纳食改善，无心悸、汗出，下肢水肿好转。脉稍转有力。原方继进3剂，煎服法同前。服第6剂后浮肿消失，心率减慢，能下床轻微活动，X线DR片示：双胸腔积液约400mL。考虑还有胸闷、咳痰、气短等症，上方加入厚朴6g、陈皮6g，以宽胸理气、燥湿化痰，入苏子9g以降气止咳。再服5剂后咳止，活动量大后可见胸闷气喘症状，余症皆好转。舌淡及苔均有好转，脉较前有力。X线DR片示：双胸腔积液完全吸收。方改为制附片（先煎）10g，生姜10g，白芍20g，白术15g，茯苓15g，泽泻15g，人参20g，黄芪60g，丹参30g，麦冬10g，五味子10g，菟丝子10g，仙茅10g，补骨脂10g。服药1周，诸症悉除，心率85次/分，食纳正常，二便自调。

按语：慢性心衰属于中医学心悸、喘证、痰饮、水肿等疾病范畴。该病病因较复杂，但其病机主要责之于气虚血瘀、阳虚水泛及痰阻等。气虚、阳虚为本，血瘀、水泛、痰阻为标。依据患者胸闷气喘、难以平卧、动则尤甚、汗出、下肢浮肿、面色白、口唇发绀、舌淡胖而黯、苔水滑、脉沉无力，可诊为喘证之阳虚水泛、气虚血瘀证。心主君火，肾主命火，君火、命火互根互用。心力衰竭的本源是阳气不足，君命火衰，阳不化阴则水肿，气不行血必血瘀。心衰无力推动血行，血瘀则水停，故而水肿明显；水饮凌心射肺，故可见胸闷气喘、心悸；气虚固摄无力，故见汗出。因此心衰的治疗大法为温阳利水，行气化瘀。真武汤之附子温补命火以壮君火；白术、茯苓、泽泻补益中州、利水消肿；生姜温散水气；人参、黄芪、丹参益气活血、行气化瘀通血脉；葶苈子、大枣利水泻肺强心；生半夏、全瓜蒌宽胸理气化痰；干姜、五味子、细辛温肺化饮敛气；白芍利水活血兼敛阴和阳；甘草调和诸药。全方温阳利水强心，益气活血，化瘀祛痰，颇合病机，故收良效。

刘辉．运用国医大师孙光荣调气活血抑邪汤治疗疑难杂证的点滴体会

[J]. 光明中医，2015，30（4）：694－696.

二、风心病

刘某，女，56岁。因“胸闷喘憋反复发作20余年，加重伴双下肢水肿1月余”于2012年11月16日来诊。

患者20年前于感冒后出现胸闷、咳嗽、喘憋，伴有心悸、气短等，但无下肢水肿。在当地医院就诊，查ASO、RF及心电图、胸部X线等，诊断为“风湿性心瓣膜病，二尖瓣狭窄”。予西药治疗，病情基本控制。后每于感冒后发作。近1个月来胸闷、喘憋，并出现双下肢水肿。到北京某医院就诊，查超声心动图等，诊断为“风湿性心脏病，风湿性心瓣膜病，二、三尖瓣狭窄伴反流，二尖瓣瓣口面积1cm^2”，建议行二、三尖瓣修补、置换术，患者不愿接受。刻下：胸憋气短，动则尤甚，夜间难以平卧，纳食不振。查体：血压120/80mmHg，二尖瓣面容，口唇紫暗，颈静脉怒张，全心扩大，心率90次/分，心音强弱不等，律绝对不齐，心尖可闻全期杂音。双下肢中度凹陷性水肿。舌绛，苔少，脉细缓无力，叁伍不调。西医诊断：风湿性心脏病，风湿性心瓣膜病，二、三尖瓣狭窄伴反流，二尖瓣瓣口面积1cm^2。中医诊断：心痹。辨证：心气虚，血瘀络阻，水湿内停。治法：益气活血，利水渗湿，温阳通络，佐以散结。

处方：西洋参12g，生北芪10g，紫丹参10g，麦冬12g，五味子3g，灵磁石5g，连翘壳6g，云茯神12g，炒枣仁12g，路路通10g，生薏苡仁15g，芡实仁15g，菝葜根10g，珍珠母15g，生甘草5g，净水蛭3g，川桂枝5g。7剂。

2012年11月23日二诊：患者已可平卧，二尖瓣面容由紫色变为淡红色，唇色紫暗减轻，水肿消失，舌暗淡，苔少、有津，脉细涩。诸症缓解，继治同前。上方增灯心草3g。患者守方继服1个月，症状明显缓解，病情稳定。

按语：孙光荣教授认为，本病乃风湿热痹的后期阶段，病性乃本虚标实。本虚重在心阳、心气亏虚，标实主要是痰瘀互结、水停，兼有风湿热邪未尽。故治本重在益心气、振心阳、安心神，治标重在化瘀血、利水湿、散风通络。此外，孙光荣教授还结合病理解剖，对于硬化、钙化的心内结缔组织，在化瘀的同时配合软坚散结药以增强疗效。成败在于细节，治病亦然。孙光荣教授用药方面也是精雕细琢，方中一些药物的使用也是匠心独具。如连翘壳、灯心草清心经之热，并有引经之用；生薏苡仁利水渗湿，并有祛风通络之效；川桂枝小量应用可以温通心阳，振奋阳气。

王兴. 孙光荣教授治疗风湿性心脏病的临床经验 [J]. 中国中医药现代

远程教育，2015，13（21）：16－18.

三、高血压

案1 王某，男，62岁。2010年4月23日初诊。

讯诊：高血压病史12年，现头如裹，眩晕，右肋下疼痛，胃脘不适，尿黄。舌红，苔花剥白，脉弦紧且数。

处方：生晒参10g，生北芪7g，紫丹参12g，石决明20g，川杜仲15g，川牛膝10g，西藁本10g，制何首乌15g，明天麻12g，钩藤12g，乌贼骨10g，川郁金10g，路路通10g，海金沙10g，大腹皮10g，云茯神15g，炒酸枣仁15g，生甘草5g。7剂，水煎内服，每日1剂。

2010年5月7日二诊：服药后头如裹及胃脘不适均减轻，效不更方。舌红、苔花剥已基本消失，脉弦紧。

处方：生晒参10g，生北芪7g，紫丹参12g，石决明20g，川杜仲12g，川牛膝12g，老钩藤12g，全蝎3g，乌贼骨10g，西砂仁4g，海金沙12g，大腹皮10g，云茯神15g，炒酸枣仁15g，甘草5g。7剂，水煎内服，每日1剂。

按语：本病属中医学头痛、眩晕范畴，病位在肝、胃二经。肝在五行属风木，相火寄于内，易致肝阴亏虚，肝阳无以潜藏，出现肝阳、内风、相火上窜的局面。治疗宜滋补其阴之不足，平息其阳之有余。如中土脾胃虚惫，肝木失养，可造成土衰木旺，肝邪乘脾；又可造成脾为湿困，湿痰夹肝风上干清阳的局面。有鉴于此，在平肝潜阳、息风通络的基础上加用调和脾胃之品，以稳固中州。中州健运正常，则痰可消、风可息、眩晕可缓。“胃气一败，百药难施。”暮年之辈，大多脾胃虚弱，不耐大寒大热，亦难任猛攻峻补，特别是大量滋阴之药有碍脾胃运化，因此，在攻补之时一定要注重调养脾胃，顾护脾胃之气应贯穿于老年病治疗的始终。对于老年病治疗，选方宜平和稳妥，用药要慎，时时顾护胃气，抓住主要矛盾，中病既止。

张跃双，李明玉．中医大师孙光荣教授中和医派诊疗老年病学术经验点滴［J］．光明中医，2014，29（3）：461－464.

案2 欧某，男，55岁。2009年12月25日初诊。

患者有高血压病史。形体肥胖，有脂肪肝，自感剧烈运动之后气喘，下肢有瘀斑，甘油三酯高，尿黄。舌红苔少，脉洪大。辨证：心肝阴虚火旺，痰瘀内阻。治法：养心阴，清肝火，化痰瘀。

处方：潞党参10g，生北芪10g，紫丹参12g，石决明20g，川杜仲12g，川牛膝10g，生山楂10g，炙冬花10g，炙紫菀10g，钩藤10g，红紫草10g，芡实仁 20g，薏苡仁 20g，生地黄 10g，生甘草 5g。7 剂，水煎内服，每日 1剂。

2010 年 1 月 15 日二诊：服前方后血压稳定，略气喘，又诉双足皮肤紫癜沉着 10 余年，略痒。余无不适。舌淡苔少，脉弦缓无力。

处方：生晒参 12g，生北芪 10g，紫丹参 10g，石决明 15g，川杜仲 12g，川牛膝 12g，补骨脂 10g，生山楂 10g，广郁金 10g，炙冬花 12g，炙紫菀 10g，红紫草 7g，五味子 3g，阿胶珠 10g，真降香 10g，生甘草 5g。7 剂，水煎内服，每日 1 剂。

白鲜皮 12g，蛇蜕皮 10g，蝉蜕衣 10g，香白芷 10g，紫丹参 10g，山慈菇 12g，当归片 12g，云苓皮 12g。7 剂，水煎外洗腿部，每日 1 剂。

2010 年 1 月 22 日三诊：略瘵差，气喘，咳嗽，余无特殊。舌红，苔微黄，脉弦稍洪。

处方：生晒参 10g，生北芪 10g，紫丹参 10g，法半夏 7g，广陈皮 7g，炙冬花 10g，炙紫菀 10g，金银花 15g，蒲公英 12g，广郁金 10g，石决明 20g，川杜仲 12g，川牛膝 10g，制首乌 15g，明天麻 10g，炒枣仁 12g，生甘草 5g，云茯神 12g。7 剂，水煎内服，每日 1 剂。

按语：从高血压的临床表现看，病位主要在肝。《临证指南医案·肝风》提出："肝为风木之脏，因有相火内寄，体阴用阳。其性刚，主动主升，全赖肾水以涵之，血液以濡之，肺金清肃下降之令以平之，中宫敦阜之土气以培之，则刚劲之质，得柔和之体，遂其条达畅茂之性，何病之有？"肝阳过亢进一步发展，一者可以化风、化火，一者可以伤阴，二者可以互相影响，使阴阳失衡更重。本例即是如此。孙光荣教授依据其脉洪大、体肥、血脂高、有瘀斑等，断为心肝阴虚火旺、痰瘀内阻，治以清火养阴、化痰祛瘀，终使阴充阳降、痰化瘀通。

杨建宇，李彦知，孙文政，等．孙光荣教授调气活血抑邪汤临证验案 3 则［J］．中国中医药现代远程教育，2011，9（4）：13－14.

四、脑梗死

任某，男，73 岁。2010 年 7 月 16 日初诊。

讯诊：偏瘫，神昏不识人，二便尚可控制。既往有高血压病史。辨证：心肝阳亢，风痰阻络。治法：平肝潜阳安神，息风化痰通络。

处方：西洋参 10g，生北芪 10g，紫丹参 10g，石决明 20g，川杜仲 10g，川牛膝 10g，水蛭 6g，路路通 10g，粉葛根 10g，火麻仁 10g，制何首乌 15g，明天麻10g，甘草5g，云茯神15g，炒酸枣仁15g。14剂，水煎服，每日1剂。

2010年8月20日二诊：服前方后病情改善，已经能够识人，肢体活动改善，行走较前平稳，大便略干。效不更方，上方去路路通、粉葛根，增制远志、石菖蒲以化痰开窍，麦冬以润肠通便。

处方：西洋参10g，生北芪10g，紫丹参10g，石决明20g，川杜仲10g，川牛膝10g，水蛭6g，制远志10g，石菖蒲10g，麦冬15g，火麻仁10g，制何首乌15g，明天麻10g，生甘草5g，灯心草3g，云茯神15g，炒酸枣仁15g。14剂，水煎服，每日1剂。

按语： 脑梗死属于中医学中风、卒中范畴，多由忧思恼怒、饮食不节、恣酒纵欲等，导致五脏阴阳气血失调，气血错乱，内风夹痰闭窍阻络而发病。叶天士综合诸家学说，提出了本病的病理机转是“精血衰耗，水不涵木，木少滋荣，故肝阳偏亢”，即“阳化内风”。孙光荣教授则认为，本病亦为本虚标实，是上实而下虚，治重补虚而泻实。至于本案，孙光荣教授根据其临床表现，断为心肝气血逆乱，内风夹痰蒙闭心窍，治以调气血、息风清心、化痰通络开窍，以达到气血平、阴阳合、痰浊去、经脉通的目的。人入老年，五脏日衰，外易感邪气，内易生积滞。孙光荣教授认为老年病病理复杂，一方面阴阳气血耗损，另一方面寒湿火瘀内结，构成正气虚与邪气实的虚实相间的病理特点。加之老年患者往往同时患多种疾病，病理上相互交织、影响，病情又易传变，导致证候变化错杂难辨。因此，在治疗上应根据老年病的病理特点，辨证论治，随机灵活，注意补虚泻实及气血同治的和谐统一。不可拘泥于年高体虚而一味进补，呆补易滞，当补中寓消，补中寓通，补中寓运，以免邪恋于内，遗患无穷。在临床用药方面应注意用药宜慎，药性平和，剂量宜小，灵活掌握，以防变证。

张跃双，李明玉．中医大师孙光荣教授中和医派诊疗老年病学术经验点滴[J]．光明中医，2014，29（3）：461－464.

五、咳嗽

案1 刘某，男，8岁。2011年12月10日初诊。

患者一年多来经常咳嗽，咯痰，痰黏稠，厌食，神疲乏力。脉濡细，舌红，苔黄腻。中、西医多次以支气管炎治之罔效。孙光荣教授认为，此乃脾胃湿热所致之咳者，法当以清热祛湿为先，以自拟“孙氏清热祛湿三叶汤”治之。

处方：太子参6g，生北黄芪5g，紫丹参3g，藿香叶10g，佩兰叶10g，冬桑叶10g，法半夏6g，广陈皮6g，连翘壳6g，鸡内金6g，生薏苡仁10g，云茯苓10g，嘱自制竹沥为引。7剂，每日1剂，水煎分2次分服。

按语：此为孙光荣教授亲治病案。患者咳嗽咯痰、痰稠、厌食、神疲力乏、脉濡细而苔黄腻，此形、证、脉、气皆直指脾胃湿热为此病之所本也，非风寒之咳也，亦非唯肺家之咳也。故以健脾益气活络之太子参、生北芪、紫丹参为君；以和胃化湿、开胃散热、清肺利气之藿香叶、佩兰叶、冬桑叶为臣；以燥湿化痰、理气和中之法半夏、广陈皮，利水渗湿健脾宁心之生薏苡仁、茯苓，清热解毒、消湿健胃之竹沥为使。全方共奏清热祛湿、化痰止咳、健胃和中之效。此为审因论治、标本兼顾之意也。随访附记：上方服1剂，即诸症缓解；继服6剂，咳止胃开，生活、学习正常矣。

案2　田某，女，85岁。以“咳嗽5周”于2012年6月20日初诊。

患者自述5周前无明显原因出现咳嗽，经羧甲司坦口服液、强力枇杷露等多种中、西药物治疗不效。现症见咳声重浊，咳嗽剧烈，夜间更为剧烈，痰多白黏，易咳出，口苦口黏，身倦纳呆，大便黏，小便调。舌暗红，苔黄厚黏腻，脉弦滑。既往高血压病史7年余，平素血压控制在（130～140）/（70～80）mmHg。此为湿热咳嗽，病在肺、脾，以祛湿清热、宣肺止咳为治法，宗“孙氏清热祛湿三叶汤”加减。

处方：桑叶12g，枇杷叶12g，紫苏叶10g，藿香12g，佩兰12g，紫菀12g，款冬花12g，杏仁12g，清半夏9g，橘红10g，茯苓15g，黄连4g，桔梗10g，枳壳10g，车前子10g。5剂。水煎服，每日1剂。

按语：患者咳声重浊，咳嗽剧烈，夜间更为剧烈，痰多白黏，易咳出，口苦口黏，身倦纳呆，大便黏，小便调。舌暗红，苔黄厚黏腻，脉弦滑。此为湿热咳嗽，病在肺、脾，以祛湿清热、宣肺止咳为法，宗“孙氏清热祛湿三叶汤”加减。服前方3剂后咳嗽消失，痰黏明显减轻，口淡，纳食不馨，二便调。舌暗红，苔薄黄稍腻，脉弦滑。继以健脾化湿，佐以清热为法调理善后。

薛武更，王兴，杨建宇，等．治咳莫忘祛湿热［J］．中国中医药现代远程教育，2013，11（14）：144－145.

案3　高某，男，5岁。1993年农历二月十八日就诊。

患者5天前晨起发热，浑身出汗，鼻塞流涕，咳嗽吐痰。经当地医院抗炎、抗感染（药名不详）治疗，效果不明显。今见发热（肛温39.3℃），面赤，唇红，出汗，咽肿，阵咳，咳声高亢，黄痰黏稠，尿黄。脉浮数，舌红，苔黄。此乃春暖之时感受风热，风热之邪袭肺而咳嗽。法当疏风清热、宣肺化痰。方拟桑菊饮加减。

处方：西党参3g，生北芪3g，紫丹参3g，冬桑叶9g，甘白菊9g，芦根9g，连翘壳6g，苦桔梗6g，南杏仁6g，漂射干5g，蝉蜕衣5g，牛蒡子5g。

上方服第1剂即热退（肛温37.8℃），咳嗽减轻。

服上方3剂毕，体温正常，咽喉红肿消失，黄苔亦退，但尿稍黄，咳痰不爽。前方去芦竹根、蝉蜕衣、漂射干，加瓜蒌皮5g，化橘红5g。再进4剂，诸症平。

按语：此案的思辨要点有以下3个方面。①时令：小儿咳喘一年四季皆可发生，但与时令有关，春暖之时（春分前后）每多风热犯肺，主要是感受风热之邪所致的咳嗽。本例发病正值此时令。②寒热：发热、面赤、唇红、出汗、咽肿、痰稠、尿黄，风热证候明显。③主从：咳嗽为主，咽肿为从。明乎此，则知方证相符，故能1剂解，3剂平。

刘应科，孙光荣．小儿咳喘病证辨治心悟［J］．湖南中医药大学学报，2015，35（11）：1－5.

案4 李某，女，38岁。2014年2月22日初诊。

患者于2个月前感冒后，咳嗽迁延不愈，就诊前曾自服清热解毒口服液、止咳敏、罗红霉素等药治疗，又经他医诊治服苦寒清肺之中药汤剂，效果均不明显。现症见：阵发性呛咳，咯痰色白、质稀、量不多，咳甚汗出，夜间加剧，胸部隐痛不适，咽喉痒而不适，夜寐欠安，短气乏力，精神疲倦，舌淡暗、苔薄白，寸口脉浮而细数。查体：咽部充血，扁桃体不肿大，双肺未闻及干湿啰音，血常规和胸部X线摄片检查正常。证属寒饮内伏，气血失和。治以散寒化饮、调气活血。

处方：麻黄10g，桂枝15g，生半夏15g，白芍15g，干姜6g，细辛5g，五味子10g，杏仁10g，桔梗6g，党参10g，黄芪30g，丹参10g，款冬花15g，生姜10g，大枣10枚。每日1剂，水煎服。

2月27日二诊：5剂后患者咳嗽次数减少，胸痛、咽痒好转，夜能安寐，短气乏力、精神疲倦均改善。上方加白术10g，茯苓10g，合桂枝则温化寒饮，合党参则补土生金以绝痰源而善后。续服5剂，患者诸症悉除。

按语：由于抗生素的滥用及医药知识的普及，患者动辄在药店自己购买清热解毒口服液、板蓝根冲剂、止咳镇咳等药口服，所以外感后的咳嗽往往久治不愈、缠绵多日。苦寒之品过服伤胃，易致脾胃气虚，运化失职，水湿内生，感受风寒，外寒内饮，互相搏击，壅塞于肺，肺失宣肃则发为咳嗽。肺失宣肃而致气机升降失常，气血失和，故缠绵难愈。取小青龙汤外解风寒，内散水饮；调气活血抑邪汤调和气血；杏仁和桔梗为肺经之气分药，杏仁下气止咳，桔梗宣肺利咽，一降一宣，调畅气机，平升降；款冬花为辛散苦降之品，温润不燥，既入肺经气分，又入血分，能疏利肺经气血，为润肺降逆、止咳化痰的要药，助调气活血抑邪汤调和气血。如《医林改错·气血合脉说》中指出："治病之要诀，在明白气血，无论外感内伤，要知初病伤人何物……所伤者无非气血。"诸药合用，既补又散，既宣又降，使气血和、升降平、出入衡，肺之宣发肃降功能恢复正常而咳嗽得愈。

刘辉. 运用国医大师孙光荣调气活血抑邪汤治疗疑难杂证的点滴体会[J]. 光明中医，2015，30（4）：694－696.

案5 张某，女，66岁，退休教师。2014年4月8日初诊。

患者主诉反复咳嗽10余年，加重半年。患者有慢性阻塞性肺气肿病史10余年，每因天气变化后感冒诱发。半年前感冒后咳嗽，曾先后3次住院治疗，静脉滴注抗生素，症状时好时坏，咳嗽不止。2014年4月8日出院后到门诊寻求中医治疗。胸片：肺纹理增粗。血分析白细胞正常。症见：咳嗽，夜间咳甚，痰鸣如蛙，痰白带泡沫，胸膈满闷如窒，面色晦暗无光泽，渴喜热饮，舌质淡暗，苔白滑，脉沉迟。诊为咳嗽，证属寒痰伏肺、脾胃虚弱。

处方：生晒参7g，生北芪7g，紫丹参7g，炙麻黄5g，北细辛3g，射干10g，清紫菀10g，款冬花10g，法半夏10g，五味子5g，大枣10g。3剂，嘱患者煎煮时加入生姜2片。日1剂，复煎，分2次温服。

2014年4月15日二诊：患者精神较前好，诉夜间咳嗽减少，喉中痰鸣消失，起床后仍有少许咳嗽，痰较前减少，纳增，二便调。嘱继续服用7剂。

按语：患者有久咳病史，寒痰伏肺，遇感容易触发痰饮，痰升气阻，痰气相击，故夜间咳嗽，痰鸣如蛙，痰白带泡沫。肺气郁闭，肺气不利，故胸膈满闷如窒。因阴盛于内，阳气不能宣达，故面色晦滞，渴喜热饮。舌质淡暗、苔白滑、脉沉迟皆为寒痰伏肺、脾胃虚弱之象。此乃脾胃虚弱，寒痰伏肺之咳嗽。对于痰鸣久咳患者，孙光荣教授善用射干麻黄汤。方中干姜、细辛、法半夏温肺散寒而化水饮；麻黄宣肺平喘，射干、紫菀、冬花化痰利咽；五味子敛肺止咳，收敛耗散之肺气；患者年长久咳，以生晒参、生北芪、丹参益气活血、扶正抑邪。

陈瑞芳. 孙光荣教授调气活血抑邪汤临证验案3则[J]. 中国中医药现代远程教育，2015，13（16）：33－35.

六、哮喘

案1 胡某，男，9岁。1995年"初伏"就诊。

患者3日来发热无汗，咳嗽气喘，呕吐泄泻，困倦昏迷，至当地医院抢救，已连续输液两天，罔效。现症见：发热（腋温39.5℃），面黧，唇绀，无汗，身如燔炭，咳嗽气喘，痰液稀白，流清涕，泄泻稀便，尿不黄。脉濡数，舌红，苔白腻。此乃夏季暑湿之邪犯肺所致。法当清暑化湿、宣肺平喘。方拟藿香正气散加减。

处方：藿香叶10g，紫苏叶10g，冬桑叶10g，法半夏9g，广陈皮9g，香白芷9g，制川朴9g，苦桔梗9g，大腹皮9g，北柴胡6g，蝉蜕衣6g，辛夷花6g。

上方服第1剂即热退（腋温38℃）、泄泻减，2剂后体温正常、泄泻止、清涕减，但仍咳喘不已。前方去藿香叶、北柴胡、蝉蜕衣，加款冬花6g，清紫菀6g。再进5剂，悉愈。

按语：此案的思辨要点主要有以下两方面。①时令：春夏之交、夏季、秋夏之交（特别是夏至前后），小儿易困于暑湿。初起，暑湿犯表，发热不扬，身重易困，进而暑湿缠夹，暑湿之气上逆则犯肺，导致咳喘、呕吐，暑湿之气下行则腹胀、泄泻。②标本：暑湿是因、是本，其余诸多症状皆是果、是标。故需明因果而治标本，则能应手而瘥。

案2 韩某，女，10岁。1997年中秋节前就诊。

患者近1个月在感冒之后经常咳嗽气喘，累经中、西医治疗而效果不显。现见鼻干、唇绀且开裂，面部及周身皮肤干燥，咽喉干痒，痒则咳喘，痰少且黏稠，咳声如犬吠，尿微黄。脉细稍数，舌暗红，少津，苔薄白。此乃秋季风燥之邪犯肺所致。法当清燥润肺、止咳平喘。自拟地茶止咳饮治之。

处方：南沙参9g，生北芪3g，紫丹参3g，矮地茶9g，冬桑叶9g，南杏仁9g，麦冬9g，炙冬花9g，炙紫菀9g，金银花9g，木蝴蝶6g，生甘草3g。上方服7剂，诸症皆消。

另嘱：侧柏叶10g，豆腐2块，冰糖适量，蒸食，日1次，持续7日，以巩固疗效。

按语：此案的思辨要点主要有以下3个方面。①时令：秋季，小儿易感秋燥之邪，初秋多为温燥，深秋多为凉燥。秋燥犯肺则易咽痒、干咳、少痰、气喘。②主从：干咳是主，气喘是从。③标本：秋燥伤肺是本，肤干咽痒伤津是标。故主以方药祛邪定喘，辅以食疗润燥生津，遂可收桴鼓之效。此方中有一特殊用药，名矮地茶，别名矮脚罗伞、雪下红、珊瑚珠、毛茎紫金牛、猴接骨，为紫金牛科植物卷毛紫金牛的根或全草。性温，味微苦、辛，无毒，入肺、肝二经。功能止咳平喘、祛风除湿、活血止痛，用于咳嗽气喘、咳血吐衄、寒凝腹痛、跌打肿痛、风湿诸证。孙光荣教授治疗咳喘，不论小儿与成年人，皆多用之，疗效确切。

案3 廖某，男，14岁。1995年小寒后就诊。

患者4岁时因冬季外感风寒而发咳喘，10年来每于冬季反复发作。虽多方求治，亦仅可缓解于一时。现症见：面色萎黄，身形消瘦，精神不振，咳喘连连，气不上续，咳声闷浊，喘声如锯木。脉浮稍数，舌绛，苔白。此乃风寒之邪束肺也，进而久咳致虚，虚延久咳。法当先予疏散风寒、宣肺化痰，然后补肾纳气、止咳平喘。以杏苏散为基本方治之。

处方：西党参10g，生北芪5g，紫丹参5g，紫苏叶10g，南杏仁10g，苦桔梗10g，炒前胡9g，炒枳壳9g，云茯苓9g，法半夏9g，广陈皮9g，生甘草5g，生姜3片，大枣7个。

上方服7剂，咳嗽减轻，气喘如故。前方去紫苏叶、苦桔梗，加矮地茶10g，炙冬花7g，炙紫菀7g。

服7剂后，咳喘悉平，此方继进14剂。另嘱炖食久咳久喘食疗方：新鲜紫河车1具（挑破紫筋，挤尽瘀血，洗净，切片），白果3个，五味子3g，百部根10g，黑豆30g。上药一起炖食，每月1次，连服3个月。嗣后，追访至2000年，未复发。

按语：此案的思辨要点主要有以下三方面。①时令：冬季，小儿易感风寒之邪，风寒袭肺则易咳，风寒束肺则易喘。久咳伤肺→久咳致虚→虚延久咳→久咳伤肺，反复发作。②虚实：面色、身形、咳声皆呈金水两虚之象。③标本：风寒束肺是标，肾不纳气是本。故先治其标，后治其本，多年咳喘方得以悉平而疗效巩固。

案4 苏某，女，13岁。1987年春就诊。

患者自5岁起咳嗽气喘，8年来反复发作，无有休时，多方医治，时愈时发。脉细无力，舌暗淡，苔白滑。现症见：面色苍白，心悸自汗，精神萎靡，软弱乏力，咳喘不已，气息微弱，少气懒言，思睡少纳。询其今年正月初潮，白带淡而多，无异味。此乃禀赋不足、脾肾两虚之喘也，法当健脾化痰、温肾纳气。以金匮肾气丸为基本方治之。

处方：生晒参12g，生北芪12g，紫丹参5g，熟地黄10g，云茯苓10g，炒泽泻10g，熟附片5g，上肉桂5g，怀山药10g，牡丹皮9g，山茱萸9g，海蛤粉9g，紫河车9g，炙冬花9g，炙紫菀9g，鸡内金5g，生甘草5g。7剂。

坐浴方（自拟“清带汤”）：蛇床子15g，百部根12g，白花蛇舌草15g，白鲜皮10g，地肤子10g，蒲公英10g，煅龙骨15g，煅牡蛎15g，金银花10g，川萆薢10g，生薏苡仁10g，芡实仁10g，生甘草5g。7剂。早、晚各坐浴1次，每次5～10分钟。

经以上方法治疗后，咳喘明显缓解，白带明显减少，精神转佳，食欲增进。效不更方，继进28剂。另嘱炖食久咳久喘食疗方：新鲜紫河车1具（挑破紫筋，挤尽瘀血，洗净，切片），白果3个，五味子3g，百部根10g，黑豆30g。上药一起炖食，每月1次，连服3个月。嗣后，追访10年，未复发。

按语：此案的思辨要点主要有以下3个方面。①形神：少神脱形，必虚无疑。②虚实：咳喘是实象，白带是虚象。③标本：咳喘反复发作是标，脾肾两虚是本。综合以上3个要点，所以确立“健脾化痰、温肾纳气”为治法，用金匮肾气丸内服，用自拟“清带汤”外治，再辅以久咳久喘食疗方治之。

案5 唐某，男，6岁。2012年5月16日就诊。

患者3岁时患哮喘，久治无效，某西医院以激素、抗生素、氨茶碱等药物治疗维持至今。脉细数，舌暗红，苔白、少津。现症见：面黄唇干，口干引饮，微咳微喘，痰少且稠，神疲气弱。询其低热、盗汗、烦躁、易怒。此乃气阴两虚所致之咳喘也。法当先予益气养阴、化痰平喘。以人参五味子汤为基本方治之。

处方：西洋参9g，生北芪5g，紫丹参3g，五味子2g，麦冬10g，炒白术6g，制鳖甲10g，银柴胡9g，地骨皮9g，浮小麦10g，炙冬花6g，炙紫菀6g，法半夏5g，化橘红5g，全瓜蒌5g，矮地茶10g，生甘草3g，生姜3片，大枣1个。7剂。

上方服3剂，咳喘渐平。7剂后，咳喘悉平，西药停服。另嘱炖食久咳久喘食疗方：新鲜紫河车1具（挑破紫筋，挤尽瘀血，洗净，切片），白果3个，五味子3g，百部根10g，黑豆30g。炖食，每月1次，连服3个月。

按语：此案的思辨要点主要有以下两方面。①虚实：脉象、舌象、症状均呈气阴两虚之象。②标本：咳喘是标，气阴两虚是本。治在组方药简量轻、药食同用，一击而中。

案6 曹某，女，5岁。2013年端午节就诊。

患者1岁时患哮喘，曾以输液、敷贴、埋线等法治疗，但累愈累发。现症见：气弱声低，倦怠少言，微有咳喘，痰液稀少，纳少便溏，尿多尿清。脉细缓，舌淡红，苔白，多涎。此乃脾肺两虚所致之咳喘也。法当先予健脾益气、清肺平喘。以六君子汤为基本方治之。

处方：太子参9g，生北芪3g，紫丹参2g，云茯苓9g，炒白术6g，法半夏6g，广陈皮6g，炙紫菀6g，炙冬花9g，矮地茶9g，生甘草3g。7剂。

上方服用7剂后，咳喘平，食欲增。前方再进14剂。另嘱炖食久咳久喘食疗方：新鲜紫河车1具（挑破紫筋，挤尽瘀血，洗净，切片），白果3个，五味子3g，百部根10g，黑豆30g。上药一起炖食，每月1次，连服3个月。

按语：此案的思辨要点有以下两方面。①虚实：脉象、舌象、症状均呈脾肺两虚之象。②标本：咳喘是标，脾肺两虚是本。治疗之法，方药与前例不同，而食疗方与前例相同，均获良效，故治小儿之疾，食疗之用不可轻忽。

刘应科，孙光荣．小儿咳喘病证辨治心悟［J］．湖南中医药大学学报，2015，35（11）：1－5.

七、梅核气

王某，女，52岁。2009年9月4日初诊。

患者因感冒引起咽喉不适2年。刻下症见：咽部不适，如鲠在喉，自感乏力，嗜睡。舌绛，苔少，脉细涩。西医诊断：慢性咽炎。中医诊断：梅核气。治法：化痰、解郁、利咽。

处方：生晒参12g，生北芪10g，紫丹参10g，川郁金10g，木蝴蝶6g，法半夏7g，广陈皮7g，金银花15g，路路通10g，降香10g，化橘红6g，生甘草5g，冬桑叶6g，野菊花6g。7剂，日1剂，水煎服。

二诊：服上方后，梅核气症状减轻，已咳吐出胶结之顽痰。舌淡，苔少，脉细缓。上方加阿胶珠10g，以助滋阴补血之功。另嘱患者调节情绪，保持心情舒畅。忌食辛辣刺激性食物，预防感冒。

服上方后，患者已痊愈。

按语：梅核气，汉代张仲景《金匮要略》曰："妇人咽中如有炙脔，半夏厚朴汤主之。"唐代孙思邈《千金要方》亦曰："胸满心下坚，咽中贴贴如有炙肉，吐之不出，吞之不下。"至明代孙一奎《赤水玄珠全集》首次提出"梅核气"之病名。历代名家对"梅核气"的描述非常形象，切中肯綮。如《古今医鉴》曰："梅核气者，窒碍于咽喉之间，咯之不出，咽之不下，核之状者是也。"中医责之于脾虚肝郁，痰凝气滞，故治以健脾疏肝。孙光荣教授以化痰、解郁、利咽之药组方，仅7剂获效。因本例患者病久痰瘀互结，化火伤阴，在气顺、痰消、火退之后，以阿胶珠养肝脾之阴以善其后。梅核气起之于郁，治疗之时，当嘱患者保持心情舒畅。

李彦知，杨建宇，张文娟，等．孙光荣教授临证验案举隅［J］．中国中医药现代远程教育，2009，7（12）：16－17.

八、顽固性头痛

张某，男，59 岁。2009 年 5 月 29 日初诊。

患者血糖高已有 2 年，有糖尿病、高血压、抑郁症等病史。头痛，眼眶痛，去痛片依赖 3 年，不服药时血压高（160/100mmHg）。刻下症见：头痛，眼眶痛，去痛片依赖，最大量 24 片/日，血压高，口干，多尿，口渴，失眠，烦躁。舌淡，苔焦黑，脉弦紧。西医诊断：神经血管性头痛。中医诊断：肝风头痛。治法：平肝潜阳，息风止痛。

处方：白参片 15g，生北芪 10g，紫丹参 12g，石决明 20g，川杜仲 15g，川牛膝 15g，川郁金 12g，制首乌 15g，明天麻 10g，云茯神 15g，炒枣仁 15g，薏苡仁 20g，谷精草 10g，木贼草 10g，蒲公英 15g，生龙齿 15g（先煎），延胡索 10g。7 剂，日 1 剂，分 2 次服。

二诊：服上方后明显好转，仍右眼痛，不寐，尿多。舌淡，苔黄腻，脉弦紧。上方加佩兰叶 6g，女贞子 10g，桑椹子 10g。14 剂。佩兰叶为芳香健胃、发汗、利尿药，可用于感冒寒性头痛和神经性头痛；女贞子、桑椹子滋补肝肾之阴。

三诊：服上方后头痛、眼珠疼痛好转，口干，尿多，烦躁不安。舌红，苔腻，脉弦紧。上方改生晒参为西洋参，去女贞子、川郁金、桑椹子、蒲公英、生龙齿，加蔓荆子 12g，西藁本 10g，延胡索 10g，密蒙花 10g，青葙子 10g。14 剂，日 1 剂，分 3 次服。

服上方后，诸症好转，病情稳定。

按语：中医学对头痛冠之以不同的名称，如偏头痛、头风、脑风、首风、真头痛、雷头风、颠顶痛等，与西医学的偏头痛、血管神经性头痛类同。《诸病源候论·头面风候》记载，“头风指头痛经久不愈，时作时止者”，“头面风者是体虚，诸阳经脉为风所乘也”。本病患者为顽固性头痛，属中医学肝风头痛。此类患者大多数情志不遂，表现出一系列肝阳上亢、肝风内动之象，当用平肝潜阳法。头痛如劈如钻，时发时止，多位于面部、眼眶或前额，剧痛时多伴呕吐。病程久，喜冷畏热，脉弦。肝风害目则自觉头痛彻目、目痛彻头，或目痛轻而颠顶痛甚，或颠顶痛轻而目痛甚，互相消长，日久不愈。孙光荣教授治以平肝潜阳、息风止痛，获良效。

李彦知，杨建宇，张文娟，等．孙光荣教授临证验案举隅［J］．中国中医药现代远程教育，2009，7（12）：193－194.

九、失眠

案1 赵某，男，26岁。2010年9月10日初诊。

患者失眠，多梦，胃脘不适，双目酸痛，舌淡苔少，脉细缓。辨证：胃腑失和，心神受扰。治法：理胃降逆，养心安神。

处方：生晒参12g，生北芪12g，紫丹参10g，云茯神15g，炒枣仁15g，生龙齿15g，夜交藤15g，西砂仁4g，乌贼骨10g，荜澄茄4g，生甘草5g。14剂，水煎内服，每日1剂。

2010年10月8日二诊：失眠、多梦服前方后已改善。双目酸痛，舌淡苔少，脉弦细。

处方：生晒参12g，生北芪10g，紫丹参10g，云茯神15g，炒枣仁15g，生龙齿15g，夜交藤15g，制首乌15g，明天麻10g，西砂仁4g，乌贼骨10g，车前子10g，荜澄茄4g。14剂，水煎内服，每日1剂。

按语：《素问·逆调论》有“胃不和则卧不安”之言，乃胃气上逆，心神受扰。孙光荣教授则认为，此仅为其一。结合其舌脉，心肝阴血亏虚、阳旺之象尚明显，故治疗上二者兼顾，扶正和祛邪并举，二诊在此基础上增加养血平肝明目药物。

王兴，杨建宇，李彦知，等．孙光荣教授调气活血抑邪汤临证验案2则[J]．中国中医药现代远程教育，2011，9（4）：16－17.

案2 唐某，女，51岁，干部。2014年6月13日初诊。

患者失眠，伴潮热、汗出半年。平素工作压力较大，半年前开始出现失眠，呈进行性加重。初起入睡容易，但每晚至凌晨4点醒来，不能再入睡。曾在当地以中医药治疗，病情时好时坏，最近半年来入睡困难，需要借助舒乐安定才能入眠，易于惊醒，有时夜间惊醒五六次，每次醒来潮热（空调下），头部出汗，而腰以下畏寒，白天精神疲惫，气短懒言。现症见：精神恍惚，心神不宁，时时欠伸，悲伤欲哭。舌质淡暗、苔薄白，脉弦细。诊断：不寐，辨证：肝郁气滞，心虚胆怯。

处方：生晒参10g，生黄芪10g，紫丹参10g，云茯神10g，炒枣仁10g，浮小麦15g，大枣10g，柴胡10g，郁金10g，川牛膝10g，杜仲10g，生甘草6g。7剂，每日1剂，复煎，分2次温服。

2014年6月20日二诊：睡眠改善明显，但多梦，夜间醒2~3次，醒后仍见潮热、汗出，患者心情抑郁，懒言，舌质淡红，舌苔薄白，脉沉弦细。孙光荣教授认为，患者有抑郁症倾向，加开窍豁痰、醒神益智之石菖蒲、远志、灵磁石。

处方：生晒参 10g，生黄芪 10g，紫丹参 10g，云茯神 10g，炒枣仁 10g，浮小麦 15g，大枣 10g，柴胡 10g，郁金 10g，灵磁石 5g，石菖蒲 10g，远志 10g，生甘草 6g。7 剂，每日 1 剂，复煎，分 2 次温服。

2014 年 6 月 28 日三诊：睡眠继续改善，患者此次就诊脸上多了一些笑容，精神尚好，月经淋沥不尽，末次月经 6 月 10 日，现仍有少量、色黑，舌质淡红，舌苔白，脉弦细。孙光荣教授认为，患者痰浊已去，瘀血仍存。上方去石菖蒲、远志，加水蛭 6g，益母草 10g，延胡索 12g。7 剂，每日 1 剂，分 2 次温服。

2014 年 7 月 4 日四诊：患者神清气爽，脸色红润有光泽，诉月经已干净，夜眠安，汗出减少。

处方：生晒参 10g，生黄芪 10g，紫丹参 7g，云茯神 10g，炒枣仁 10g，浮小麦 15g，大枣 10g，柴胡 10g，郁金 10g，当归 10g，灯心草 3 扎。14 剂。

按语：孙光荣教授认为，患者平素工作压力大，忧郁不解，心气耗伤，营血暗亏，不能奉养心神，故见失眠、精神恍惚、心神不宁、时时欠伸、悲伤欲哭，此则《金匮要略·妇人杂病脉证并治》所谓“脏躁”证，多发生于更年期女性。心气虚则气短神疲、懒言，方中生晒参、北黄芪、紫丹参益气活血为君药；胆气虚则判断无权，故多梦易醒、忧郁寡言，故于二诊加灵磁石、石菖蒲、远志；情志所伤，肝失条达，予柴胡、郁金、茯神、炒枣仁安神解郁。夜间腰以下畏寒，孙光荣教授认为，患者为阳虚之体，深夜阴盛血凝，予川牛膝、杜仲补肾活血化瘀，引药下行；夜间醒来潮热、汗出，为心火上扰心神，予灯心草清心火；方中甘草甘润缓急，辅浮小麦补心气、安心神，佐大枣补中益气。

陈瑞芳．孙光荣教授调气活血抑邪汤临证验案 3 则［J］．中国中医药现代远程教育，2015，13（16）：33－35.

案 3 王某，女，29 岁。2009 年 10 月 23 日初诊。

患者血压低，头晕难寐，气短无力。舌淡苔少，脉弦无力。辨证：气血两亏，心肝失养。治法：养血以柔肝，补气以升清。拟调气活血抑邪汤加减。

处方：生晒参 15g，生北芪 15g，紫丹参 10g，制何首乌 15g，明天麻 10g，北枸杞 15g，云茯神 15g，炒枣仁 15g，合欢皮 10g，阿胶珠 10g，灵芝 10g，生甘草 5g。14 剂，水煎服，每日 1 剂。

2009 年 11 月 6 日二诊：服前方难寐、头晕、气短无力均有好转，但有神疲乏力之感，夜尿稍频。

处方：生晒参15g，生北芪15g，紫丹参10g，制何首乌15g，明天麻12g，云茯神15g，炒枣仁15g，合欢皮10g，生龙齿15g，金樱子10g，覆盆子6g，车前子10g，益智仁10g，生甘草5g。7剂，水煎内服，每日1剂。

服上方后随访半年，患者睡眠安好。

按语：本病辨证首分虚实。虚证多属阴血不足，心失所养；实证为邪热扰心。《景岳全书》中将不寐病机概括为有邪、无邪两种类型。《景岳全书·不寐》曰："如痰如火，如寒气水气，如饮食忿怒之不寐者，此皆内邪滞逆之扰也……思虑劳倦，惊恐忧疑，及别无所累而常多不寐者，总属真阴精血之不足，阴阳不交，而神有不安其室耳。"该篇又引徐东皋曰："痰火扰乱，心神不宁，思虑过伤，火炽痰郁而致不眠者多矣。有因肾水不足，真阴不升，而心阳独亢者，亦不得眠……有体素弱，或因过劳，或因病后，此为不足，宜用养血安神之类。凡病后及妇人产后不得眠者，此皆气虚而心脾二脏不足，虽有痰火，亦不宜过于攻，治仍当以补养为君，或佐以清痰降火之药。"患者血压低，头晕难寐，气短无力，舌淡，苔少，脉弦无力。辨证属气血两亏，心肝失养。治以养血柔肝，补气升清。方中生晒参、北黄芪、紫丹参益气活血为君；北枸杞、阿胶、制何首乌、灵芝益气养血安神为臣；云茯神、炒枣仁养心安神，明天麻入肝经善治头晕，合欢皮解郁安神，俱为佐药；甘草调和诸药为使。二诊难寐、头晕、气短无力均有好转，但有神疲乏力之感，夜尿稍频，故方中去掉阿胶、枸杞子、灵芝，加入金樱子、覆盆子、车前子、益智仁以固精缩尿，生龙齿入肝经以重镇安神，方证对应，其效显著。

杨建宇，李杨，王兴，等. 孙光荣教授运用中和理论治疗不寐的学术经验点滴［J］. 光明中医，2011，26（6）：25－26.

案4 孟某，女，35岁。2009年10月16日初诊。

患者反复幻听7个月，心悸，有恐慌感，焦虑，寐不宁，纳可，烦躁，易激动，身倦神疲。双乳溢液，有增生。经前困乏，经后少腹痛，黄带较多。舌淡紫，苔少，脉弦涩。西医诊断：病毒性脑炎。

处方：生晒参15g，生北芪15g，紫丹参10g，炙远志7g，石菖蒲7g，灵磁石10g（先煎），苍耳子10g，川郁金10g，云茯神15g，炒枣仁15g，合欢皮10g，灯心草3g，浮麦芽12g，生甘草5g。7剂，日1剂，水煎服。

二诊：服上方后，自感轻松，心宁，安寐，幻听减轻，黄带减少，但仍有溢乳及盆腔炎。舌边有齿痕，舌淡，苔少，脉弦小。

处方：生晒参15g，生北芪15g，紫丹参10g，炙远志7g，石菖蒲7g，灵磁石10g（先煎），苍耳子10g，川郁金10g，炒枣仁15g，合欢皮10g，灯心草3g，浮麦芽12g，蒲公英12g，川萆薢10g，生甘草5g。14剂，日1剂，水煎服。

服上方后诸症好转，病情稳定。

按语：中医文献虽没有幻听病名，但早在《灵枢·癫狂》中即有“耳妄闻”的记载，《灵枢·经脉》更有“心惕惕如人将捕之”的形象描述。虽然“肾开窍于耳”，但耳和心的关系也很密切。《素问·金匮真言论》说：“南方赤色，入通于心，开窍于耳。”《素问·缪刺论》说：“手少阴之脉络耳中。”《医贯》卷五也说：“心为耳窍之客。”这些都说明除肾之外，心与听觉有密切关系。因此，治疗本病，重在安心神、镇浮阳、通耳窍。

李彦知，杨建宇，张文娟，等. 孙光荣教授临证验案举隅［J］. 中国中医药现代远程教育，2010，8（5）：12－13.

十、精神分裂症

朱某，女，25岁。2009年4月17日初诊。

患者2004年患精神分裂症，服用维思通（利培酮片）6mg/d获愈。刻下症见：头晕、昏沉，幻听，幻觉，多梦，乏力，纳呆，寐差，大便欠畅，白带，月经不定期。舌质淡，苔白，脉沉弦。西医诊断：精神分裂症。中医诊断：癫证。辨证：心脾两虚，痰气郁结。治法：补气健脾，养心安神，化痰解郁。

处方：生晒参12g，生北芪10g，紫丹参10g，广陈皮7g，川郁金10g，云茯神15g，制首乌15g，明天麻15g，法半夏7g，炒枣仁15g，生龙齿15g（先煎），川萆薢10g，薏苡仁12g，煅龙骨、煅牡蛎各15g（先煎），生甘草5g。7剂，日1剂，水煎服。

二诊：服上方7剂后诸症减轻，纳、眠可，昏沉感、幻听、郁结未解。舌红，苔少，脉细弱。

处方：生晒参12g，生北芪10g，紫丹参10g，川郁金12g，合欢皮12g，云茯神15g，炒枣仁15g，制首乌15g，明天麻15g，法半夏7g，广陈皮7g，生龙齿15g（先煎），川萆薢10g，薏苡仁12g，降香10g，煅牡蛎12g（先煎），西藁本10g，生甘草5g。7剂，日1剂，水煎分2次服。

三诊：服前方后，诸症明显缓解，现仍有头晕，眠差、易醒，幻觉已减。舌红，苔少，边尖稍有齿痕，脉平缓、稍细。

处方：白晒参15g，生北芪12g，紫丹参12g，川郁金12g，合欢皮15g，云茯神15g，炒枣仁15g，制首乌15g，明天麻12g，法半夏7g，广陈皮7g，生龙齿15g（先煎），薏苡仁12g，炙远志7g，石菖蒲7g，西藁本10g，生甘草5g。14剂，日2剂，水煎服。

四诊：服上方后明显好转，仍有轻微幻听，舌红，苔少，脉弦。

处方：白参片10g，生北芪10g，紫丹参10g，川郁金10g，合欢皮12g，云茯神15g，炒枣仁15g，制首乌15g，明天麻10g，灵磁石10g（先煎），生龙齿15g（先煎），炙远志6g，石菖蒲6g，连翘壳6g，灯心草3g，金银花15g，车前子10g（包煎），生甘草5g。7剂，日1剂，水煎，分2次服。

五诊：服前方后，病情好转，能思考，写散文诗。舌干、灰黑，苔少，脉弦滑数。

处方：生晒参10g，生北芪10g，紫丹参10g，川郁金10g，合欢皮10g，云茯神15g，炒枣仁15g，石菖蒲7g，灵磁石7g（先煎），炙远志7g，生龙齿15g（先煎），灯心草3g，制首乌15g，核桃仁10g，天花粉10g，枸杞15g，生甘草5g。11剂，日1剂，水煎服。

六诊：服上方后，继续好转，仍偶有虚幻之想，脉舌同前。

处方：生晒参12g，生北芪12g，紫丹参10g，川郁金10g，合欢皮12g，云茯神15g，炒枣仁15g，石菖蒲7g，灵磁石7g（先煎），灯心草3g，麦冬12g，辛夷花6g，天冬10g，天花粉10g，制首乌15g，明天麻10g。7剂，日1剂，水煎服。

七诊：服前方后诸症已好转，幻想已除。舌红，苔少，脉小但有力。

处方：生晒参12g，生北芪12g，紫丹参10g，川郁金10g，合欢皮12g，云茯神15g，炒枣仁15g，石菖蒲7g，灵磁石7g（先煎），灯心草3g，麦冬12g，辛夷花6g，制首乌15g，阿胶珠10g，天花粉10g，明天麻10g。7剂，日1剂，水煎服。

八诊：服前方病情稳定，自觉诸症好转。另外，用卫生护垫后外阴痒。舌淡，苔少，脉弦小。

处方：生晒参12g，生北芪12g，紫丹参10g，川郁金10g，合欢皮12g，云茯神15g，炒枣仁15g，炙远志6g，石菖蒲6g，灵磁石7g（先煎），辛夷花6g，制首乌15g，阿胶珠10g，明天麻10g，灯心草3g，蒲公英10g，生甘草5g。7剂，日1剂，水煎服。

外洗方：白鲜皮12g，蝉蜕6g，蒲公英15g，川楝子10g，皂角刺10g，金银花15g，地肤子12g，生甘草5g。7剂，煎剂外洗，每日2次。

九诊：服前方后病情好转，稳定。舌红，苔少，脉弦小。

处方：生晒参12g，生北芪12g，紫丹参10g，川郁金10g，合欢皮12g，云茯神 15g，炒枣仁 15g，炙远志 6g，石菖蒲 6g，灵磁石 7g（先煎），制首乌 15g，阿胶珠 10g，明天麻 10g，灯心草 3g，辛夷花 6g，粉葛根 10g，生甘草 5g。7 剂，日 1 剂，水煎服。

十诊：服上方后症状已基本消除，但服西药后闭经 3 个月，心烦。

处方：生晒参 10g，生北芪 10g，紫丹参 10g，益母草 15g，阿胶珠 12g，当归片 10g，制香附 10g，炙远志 6g，石菖蒲 6g，辛夷花 6g，制首乌 15g，粉葛根 10g，云茯神 15g，炒枣仁 15g，合欢皮 10g，郁金 10g，生甘草 5g。14 剂，日 1 剂，水煎服。

十一诊：康复期，用丸剂缓图。

处方：生晒参 15g，生北芪 15g，紫丹参 10g，阿胶珠 12g，云茯神 15g，炒枣仁 15g，制香附 10g，川郁金 10g，炙远志 10g，石菖蒲 10g，合欢皮 15g，益母草 15g，当归片 12g，灵磁石 10g（先煎），生甘草 5g。10 剂，炼蜜为丸。

按语：精神分裂症属中医学癫狂范畴。其临床病机变化多端、证候多样、证型分类复杂。中医学认为，癫狂发病与七情内伤密切相关，主要病位在脑，涉及心、肝、脾、肾诸脏。《临证指南医案·龚商年按》曰：“狂由大惊大恐，病在肝胆胃经，三阳并而上升，故火炽而痰涌，心窍为之闭塞。癫由积忧积郁，病在心脾包络，三阴闭而不宣，故气郁则痰迷，神志为之混淆。”《证治要诀·癫狂》曰：“癫狂由七情所郁，遂生痰涎，迷塞心窍。”本例患者属“癫狂”证中的“癫证”。证属心脾两虚，痰气郁结，虚实夹杂。心脾两虚，气血内耗，神不守舍，故见神思恍惚、魂梦颠倒、幻听、幻觉、寐差、多梦；脾虚失于健运，故见体困肢乏、纳呆、大便欠畅、白带、舌质淡、苔白；气郁痰迷，蒙闭清窍，故头晕、昏沉。孙光荣教授选用益气健脾、养心安神、化痰解郁之药组方，并随症加减。待病情好转，康复阶段改用水蜜丸，丸药缓图，以巩固疗效。

李彦知，杨建宇，张文娟，等．孙光荣教授临证验案举隅［J］．中国中医药现代远程教育，2010，8（5）：12－13.

十一、抑郁症

案 1 张某，女，54 岁。2009 年 10 月 16 日初诊。

患者 2009 年 6 月 16 日行卵巢癌切除术，化疗 2 个疗程，糖尿病 12 年。刻下症见：口干，乏力，寐差，多梦，烦躁，恐惧，想自杀，易悲伤。舌淡白，苔少，脉弦细。辨证：心神失养。治法：养心除烦，安神定志。

处方：西洋参 10g，生北芪 10g，紫丹参 10g，云茯神 15g，炒枣仁 15g，合欢皮12g，阿胶珠12g，郁金10g，石菖蒲7g，炙远志7g，灵磁石10g（先煎），天花粉10g。30剂，日1剂，水煎服。

服上方后诸症好转，病情平稳。

按语：抑郁症是一种以显著而持久的情绪（心境）低落、兴趣减退为核心症状的情感性精神障碍疾病，属中医学郁证、癫证、脏躁、百合病等范畴。本病与心有着密不可分的联系。中医学历来有“心藏神，主神明”“心主血脉”之说，认为抑郁应责之于心。患者常伴有心烦、寐差、多梦等症状，治宜养心除烦、安神定志。

李彦知，杨建宇，张文娟，等．孙光荣教授临证验案举隅［J］．中国中医药现代远程教育，2010，8（5）：12－13.

案2　易某，女，15岁。2010年7月16日初诊。

患者有抑郁症，两年来以西药镇静无改善，反复发作。嬉笑无常，时有幻听，自语不休，需其母护理。询其月经量大色黑，且多次停经。脉弦涩，舌绛，苔微黄。此乃痰热互结、上蒙清窍之证，法当化瘀清热、解郁通窍，以自拟“解郁开窍汤”治之。

处方：生晒参10g，生北芪10g，紫丹参10g，益母草12g，法半夏7g，广陈皮7g，川郁金12g，炙远志10g，石菖蒲10g，云茯神15g，炒枣仁15g，生甘草5g。北京同仁堂安宫牛黄丸1丸。21剂，每日1剂，水煎分2次服，每次兑服安宫牛黄丸半丸。

按语：郁者，瘀也。情志抑郁而致气机不顺，气滞则血不利，瘀则忧郁也。张景岳谓：“至若情志之郁，则总由乎心，此因郁而病也。”气郁必致血瘀，则心神失养；气郁与痰热互结，则可上蒙清窍。故《证治汇补》云：“郁病虽多，皆因气不周流，法当顺气为先，开提次之，至于降火、化痰、消积，犹当分多少治之。”本方首用参、芪、丹参益气活血以顺气；次用益母草祛瘀调经，川郁金清心除烦，炙远志、石菖蒲宁心开窍，云茯神定悸安神，炒枣仁养心除烦；再用少量安宫牛黄丸助其清热豁痰开窍之功。先“顺气”，然后“开提”，而郁、火、痰、瘀则统筹治之。

随访附记：加减服48剂，幻听消失，嬉笑自语减少，生活基本自理。

李彦知．中和医派孙光荣教授典型验案赏析［J］．中国中医药现代远程教育，2012，10（10）：99－100.

十二、胃脘痛

刘某，女，38岁。2010年7月9日初诊。

患者患浅表性胃炎，怕冷，胃脘胀痛一年半，水泻，反复发作。舌淡，苔少，脉细。辨证：脾胃阳虚，升降失常。治法：温阳健脾，理气和胃止痛。

处方：生晒参15g，生北芪10g，炒白术10g，炒六曲15g，乌贼骨12g，西砂仁4g，藿香叶10g，老苏梗6g，怀山药10g，延胡索10g，葫芦壳6g，高良姜6g，广橘络6g，鸡内金6g。7剂，水煎内服，每日2次。

2010年8月20日二诊：服前方后胃痛已止。大便略稀，头晕，憋闷，舌淡，苔少，脉细。

处方：西洋参10g，生北芪10g，紫丹参5g，乌贼骨12g，西砂仁4g，荜澄茄4g，炒六曲15g，广藿香6g，老苏梗6g，川郁金10g，制首乌15g，明天麻10g，鸡内金6g，浮小麦15g，高良姜6g。7剂，水煎内服，每日2次。

2010年8月27日三诊：胃痛、腹泻已止，舌淡，苔少，脉细。

处方：西洋参15g，生北芪10g，紫丹参7g，炒白术10g，炒六曲15g，乌贼骨12g，西砂仁4g，高良姜6g，大腹皮10g，车前子10g，怀山药10g，煨诃子10g，葫芦壳5g。7剂，水煎内服，每日2次。

按语：胃脘痛是临床的常见疾病，也是疑难病。在辨证上，首先要分清缓急、虚实、寒热，以及在气、在血。若合并吐血、便血等急性并发症，则为本病较严重的转归；若反复发作，甚至大量吐血或便血，病情更为严重，临床应该积极抢救，根据不同的原因，及时止血以断其流；若气随血脱，当务之急在于益气摄血而固脱。胃痛患者，除药物治疗外，饮食宜忌、精神调摄也很重要。本例患者以胃冷痛为特征，伴有腹泻，病程长且反复，脾胃阳虚、升降失常之象显。孙光荣教授温阳健脾、和胃降逆并举，以恢复脾胃的升降、纳化功能。

杨建宇，李彦知，张文娟，等．中医大师孙光荣教授中和医派诊疗胃肠病学术经验点滴［J］．中国中医药现代远程教育，2011，9（14）：129－133.

十三、腰痛

张某，女，57岁，私企高管。2013年10月20日初诊。

主诉：腰腹部畏风寒1年，深夜及冬季加重。患者于2012年出差到哈尔滨受寒后，感觉腰骶部紧冷痛重着，继而恶寒，腹部冷感，自觉寒从内发，曾在针灸科进行温针治疗，症状时好时坏，深夜及冬季加重，喜热饮，夜眠欠佳，无腹痛、腹泻，饮食正常，二便调，舌淡胖有齿印、质暗红如猪肝色，苔薄白，脉沉细。诊断为腰痛。辨证：脾肾阳虚，气虚血瘀。

处方：生晒参10g，生黄芪10g，紫丹参10g，云茯神10g，炒枣仁10g，益母草 10g，川杜仲 15g，川牛膝 10g，络石藤 15g，山萸肉 10g，肉桂 1g，净水蛭 6g，车前子 10g，阿胶珠 10g，生甘草 5g。14 剂，日 1 剂，复煎，日温服 2 次。

2013 年 11 月 5 日二诊：服上方后患者自觉睡眠得以改善，夜间畏寒有所减轻，精力较前好转，白天静坐时腰骶部仍感恶寒。舌淡暗、苔薄白，脉沉细。孙光荣教授认为，此寒非温阳能解决，重在阳虚血瘀，原方去络石藤，加路路通，与参、芪、阿胶珠同用，重在补气血通络祛寒。

处方：生晒参 10g，生黄芪 10g，紫丹参 10g，云茯神 10g，炒枣仁 10g，益母草 10g，川杜仲 15g，川牛膝 10g，路路通 15g，山萸肉 10g，肉桂 1g，净水蛭 6g，车前子 10g，阿胶珠 10g，生甘草 5g。14 剂，日 1 剂，复煎，日温服 2 次。

2013 年 11 月 19 日三诊：腰骶部恶寒基本消失，脸色红润有光泽，睡眠好，二便调。舌淡暗，苔薄白，脉细。孙光荣教授认为，瘀血有所改善，去破瘀之水蛭、益母草。

处方：生晒参 10g，生黄芪 10g，紫丹参 10g，川杜仲 15g，川牛膝 10g，云茯神 10g，炒枣仁 10g，山茱萸 10g，车前子 10g，生甘草 5g。

嘱避风寒，忌冰冷食物，加强运动。后随访一年，患者病无复发。

按语：患者素体阳虚，脾肾不足，冬日他乡遇寒侵袭，腰为肾之府，故首见腰骶部冷痛。孙光荣教授认为，该患者为脾肾阳虚之体，寒为阴邪，其性下行，收引凝滞，首犯足太阳膀胱经。由于患者阳气不足以抵御寒邪，寒邪进一步内传足太阴脾经，因而不仅表现为腰部寒冷，同时腹部亦恶风寒，喜热饮，舌质淡胖有齿印、质暗红如猪肝色，为寒湿凝滞血脉，脉络不通，故深夜及冬季加重。孙光荣教授认为，此病不但要补肝肾，更需要补气调血、活血化瘀。故以生晒参、生黄芪补气健脾，阿胶珠补阴血，山萸肉、杜仲补肾强腰，肉桂补元阳、暖脾胃，丹参、益母草、川牛膝、净水蛭活血化瘀，车前子通阳祛湿。全方体现了孙光荣教授调气活血抑邪的治疗原则，处方用药上也体现了其注重精气神的调治。因而患者不但症状得以改善，更是从精神、体力等全方位得到调理。

陈瑞芳．孙光荣教授调气活血抑邪汤临证验案 3 则［J］．中国中医药现代远程教育，2015，13（16）：33－35.

十四、泄泻

刘某，女，18 岁。2010 年 3 月 5 日初诊。

患者饮冷之后觉胃脘胀，矢气频频，腹胀腹泻，便后一两个小时不适再起，月经紊乱，白带多，已近一年，起因于食冰冻食物，施药未见效果。舌淡有灰黑圈带，脉濡细。辨证：寒凝食滞，脾胃失和。治法：调和脾胃，温胃化滞。

处方：生晒参12g，生北芪10g，紫丹参10g，炒白术10g，生山楂10g，焦山楂10g，诃子肉6g，炒枳壳6g，大腹皮10g，制川朴6g，鸡内金6g，乌贼骨10g，西砂仁4g，炒六曲15g。7剂，水煎内服，每日1剂。

2010年4月2日二诊：服前方后矢气减少，餐后即便，月经紊乱、量少、期长。舌边尖有齿痕，原有灰滞圈已淡化，脉细虚。

处方：生晒参10g，生北芪10g，紫丹参7g，炒白术10g，生山楂10g，焦山楂10g，煨诃子6g，炒枳壳6g，大腹皮10g，制川朴6g，葫芦壳6g，西砂仁4g，炒六曲15g，车前子10g。7剂，水煎内服，每日1剂。

2010年4月9日三诊：服前方后偶有恶心，不食水果则少恶心，便稀转便结有未尽之感，腹胀。舌红苔少，脉弦小。

处方：潞党参15g，生北芪10g，紫丹参10g，生山楂10g，炒山楂10g，炒六曲15g，姜半夏7g，广陈皮7g，大腹皮10g，莱菔子10g，炒枳壳6g，火麻仁7g，鸡内金6g，车前子10g，炒谷芽15g，炒麦芽15g。14剂，水煎内服，每日1剂。

2010年5月7日四诊：大便次数多、矢气、腹胀等已经明显好转。舌边尖有齿痕，色淡苔少，脉濡细。

处方：太子参15g，生北芪10g，紫丹参10g，炒六曲15g，大腹皮10g，炒青皮10g，莱菔子10g，炒枳壳6g，火麻仁10g，麦芽15g，车前子10g，葫芦壳6g，生甘草5g。14剂，水煎内服，每日1剂。

按语：泄泻的病因中最重要的便是湿。如《杂病源流犀烛·泄泻源流》即明确指出："是泄虽有风、寒、热、虚之不同，要未有不源于湿者也。"但湿为阴邪，随兼夹邪气的不同而有差异，湿与热结则为湿热，湿与寒合则为寒湿，而用药有别。关于其治法，明代李士材在《医宗必读·泄泻》中提出了著名的治泻九法，即淡渗、升提、清凉、疏利、甘缓、酸收、燥脾、温肾、固涩，使泄泻的治疗方法趋于完备。对于久患泄泻，清代叶天士在《临证指南医案·泄泻》还提出以甘养胃、以酸制肝、创泄木安土之法。本例患者突出的表现除症状严重、顽固外，尚有舌淡有灰黑色圈带。孙光荣教授认为此是寒湿内阻、积食停滞的典型指征，验之临床，该患者确有吃冰冻食品的情况，据此以调和脾胃、温胃化滞为法，一诊即得以取效。

杨建宇，李彦知，张文娟，等．中医大师孙光荣教授中和医派诊疗胃肠病学术经验点滴［J］．中国中医药现代远程教育，2011，9（14）：129－133.

十五、肝硬化失代偿期

杨某，男，59岁。2009年8月14日初诊。

患者1986年患慢性乙型肝炎，之后出现上消化道出血，肝硬化失代偿期。刻下症见：腹胀，尿黄，乏力，纳眠可，偶有口渴，牙龈出血，下肢静脉略有曲张。血压110/70mmHg。舌红，苔少，脉弦小无力。诊断：肝硬化，腹胀，牙龈出血，下肢静脉曲张。辨证：肝郁脾虚，肾虚水停。治法：温补脾肾，行气利水。

处方：生晒参12g，生北芪15g，蒲黄炭15g，北柴胡10g，川郁金12g，大腹皮12g，炒枳壳6g，制川朴6g，乌贼骨15g，西砂仁4g（后下），车前子10g（包煎），金银花15g，制鳖甲20g，鸡内金6g，白茅根10g，仙鹤草10g，鸡骨草15g，生甘草5g，田基黄15g。7剂，日1剂，水煎服。

二诊：服上方后，精神好转，胃脘及腹胀减轻，二便正常，但牙龈仍有出血。舌红，苔少，脉弦有力。

处方：生晒参15g，生北芪15g，蒲黄炭15g，淡紫草10g，蒲公英12g，北柴胡10g，川郁金10g，大腹皮12g，炒枳壳6g，制川朴6g，制鳖甲20g，西砂仁4g（后下），鸡骨草15g，田基黄15g，车前子10g（包煎），生甘草5g，制香附10g，生地炭10g。14剂，日1剂，水煎服。

三诊：服上方后，仍牙龈出血，腹泻。

处方：生晒参12g，生北芪15g，淡紫草10g，北柴胡10g，川郁金10g，大腹皮10g，制鳖甲15g，西砂仁4g，车前子10g（包煎），鸡骨草10g，生甘草5g，生地炭10g。白花蛇舌草15g，乌贼骨10g，薏苡仁15g，炒六曲15g，白茅根10g，半枝莲15g。30剂，日1剂，水煎服。

服上方后，诸症好转，病情稳定。

按语：肝炎肝硬化失代偿期是一个逐渐发展的过程，由实致虚，基本病机为肝、脾、肾三脏同病，气、血、水互结。肝气郁遏日久，势必木郁克土，即所谓“见肝之病，知肝传脾”，久病及肾。本病虽为本虚标实之证，但在补虚的同时又不能忽视祛邪。然亦不能单纯利水，还要注意调整气机，必须配伍行气药，如大腹皮、厚朴、枳壳、枳实、香附之类，可随症选用。本例患者有出血，因此加用蒲黄炭等凉血止血。

李彦知，杨建宇，张文娟，等．孙光荣教授临证验案举隅［J］．中国中医药现代远程教育，2012，8（4）：9.

十六、尿毒症透析失衡综合征

王某，男，38岁。2009年4月10日初诊。

患者患尿毒症，从2009年2月开始行血液透析，每周2次。刻下症见：尿少，头痛，恶心，面浮，肤黑，乏力，舌淡，苔白腻，脉虚细。肌酐高，血压160/110mmHg。中医辨证为下窍不通，浊阴不泄，逆而清浊相干，水气上泛。治法：理气活血降逆，利水。

处方：白参片10g，生北芪12g，紫丹参12g，川杜仲15g，北枸杞15g，山萸肉6g，姜半夏7g，广陈皮7g，云苓皮12g，玉米须6g，车前子10g（包煎），白蔻仁6g（后下），薏苡仁30g，芡实仁15g，蒲公英10g。7剂，日1剂，分2次服。

二诊：服上方后，稍感有力，面浮稍减，尿黄，尿少。舌暗，苔厚腻。上方去姜半夏、广陈皮、白蔻仁，加冬瓜皮12g，佩兰叶10g，乌贼骨15g，14剂，日1剂。另用伏龙肝30g，分3次在呃逆时煮鸡蛋喝汤。

三诊：尿黄，尿少，浮肿，胃胀，头痛。加重理气和胃、祛风止痛、利水之品的用量，以增强和胃除秽、止头痛、消浮肿的作用。

处方：石决明20g，川杜仲15g，川牛膝15g，粉葛根10g，正川芎10g，西藁本10g，蔓荆子12g，姜半夏7g，法半夏7g，广陈皮7g，云苓皮12g，冬瓜皮12g，海金沙10g，车前子10g（包煎），蒲公英15g，白花蛇舌草10g，制川朴6g，大腹皮10g，佩兰叶10g。7剂，日1剂，分2次服。

四诊：服上方后，诸症缓解，头偶痛，纳差，尿仍少。舌淡，苔黄腻，脉弦稍数。上方去姜半夏、法半夏、广陈皮、蒲公英，加土茯苓50g，白茅根20g，生薏苡仁5g，以增强祛湿利水健脾之功。7剂，日1剂，分2次服。

继服上方加减月余，诸症好转，病情稳定。

按语：中医学认为，本病病机主要是肾元衰竭，湿毒稽留（包括水湿、湿热、湿浊、瘀血等），病理性质属因虚致实的本虚标实证，正虚为本，邪实为标，其中医治疗主要遵循固护肾气、涤毒利水的原则，扶正和祛邪兼顾，标本同治，具体方法为健脾益肾、补气活血、滋肝养阴、温阳利水、平肝潜阳等。本例患者证属下窍不通，浊阴不泄，逆而清浊相干，水气上泛之重症，故知常达变而治之。

李彦知，杨建宇，张文娟，等．孙光荣教授临证验案举隅［J］．中国中医药现代远程教育，2009，7（12）：16－17.

十七、皮肤瘙痒症

周某，男，25 岁。2009 年 9 月 11 日初诊。

患者背部蚁行感 5 年。刻下症见：背部瘙痒蚁行感，多梦，易紧张，尿频，口干。舌淡，苔白，脉濡细。西医诊断：皮肤瘙痒症。中医诊断：风瘙痒。辨证：血虚风燥。治法：活血祛风止痒，养心安神。

处方：生晒参 12g，生北芪 10g，紫丹参 12g，川郁金 10g，降香 10g，生龙齿 15g（先煎），云茯神 15g，炒枣仁 15g，炙远志 6g，石菖蒲 6g，白鲜皮 10g，蝉蜕 6g，芡实仁 20g，薏苡仁 20g，生甘草 5g。14 剂，日 1 剂，水煎内服。

白鲜皮 20g，蝉蜕 10g，川楝子 12g，蒲公英 15g，薏苡仁 20g，芡实仁 20g，金银花 15g，野菊花 10g，明矾 10g，生甘草 10g。7 剂，煎汤外洗，每日 1 次。

二诊：服上方后，诸症减轻，但仍多梦、尿频。舌红，苔白，脉弦小。上方去降香、白鲜皮、芡实仁、薏苡仁，加合欢皮 10g，制首乌 15g，灯心草 3g，益智仁 10g。14 剂。

三诊：服上方后，蚁行感减轻，面红减轻，但仍尿频、多梦，心神不宁。舌红，苔稍黄腻，脉弦。上方去川郁金，加金樱子 10g，车前子 10g（包煎）。5 剂。

四诊：服上方后，病情继续好转，但仍有心神不宁。舌红，苔黄厚，脉弦有力。上方去蝉蜕，加川郁金 10g。7 剂。

五诊：服上方后仍有心神不宁，多梦。舌体稍胖大，苔质淡红，苔少，脉弦。上方去金樱子、灯心草、川郁金，加明天麻 10g，石决明 2g。7 剂。

服上方后病情好转，临床症状消失，精神好。

按语：皮肤瘙痒可归属于中医学风瘙痒、血风疮、爪风、痒风等范畴。清代《外科证治全书·痒风》记载："痒风，遍身瘙痒，并无疮疥，搔之不止。"中医学认为痒症成因不一，但总之不离乎风，皮肤气血不和是病理基础。《外科证治全书》论痒中有"痒虽属风，亦各有因"的记载。《诸病源候论·风瘙痒候》曰："风瘙痒者，是体虚受风，风入腠理，与血气相搏，而俱往来于皮肤之间。邪气微，不能冲击为痛，故但瘙痒也。"风性又善行，一旦袭于体表，或往来穿行于脉络之间，或蠢蠢欲动于皮肤腠理，则会有蚁行感。另外，瘙痒性皮肤病因瘙痒剧烈常常影响睡眠，而睡眠不佳又可加重瘙痒。心不能藏神，肝不能藏魂。治疗上用重镇安神之药灵磁石、龙骨、牡蛎等以潜阳安神，神得安则痒自止。金樱子、车前子二者一缩一利，共同调理小便，改善尿频症状，水液输布正常，则可以间接改善血虚风燥之象。处方用活血祛风止痒、养心安神之品，并采用内外合治法，以内治治其本，外治治其标。

李彦知，杨建宇，张文娟，等. 孙光荣教授临证验案举隅 [J]. 中国中医药现代远程教育，2009，7（12）：193－194.

十八、特发性血小板减少性紫癜

案1 孙某，男，53岁。2013年1月22日初诊。

患者于2009年7月体检时发现血小板减少（PLT $34 \times 10^9/L$），未予重视。8月底发现前胸点状瘀斑，就诊于某医院。查血常规提示PLT $24 \times 10^9/L$。骨穿提示：骨髓增生明显活跃，M∶E＝1.31∶1，红系增生明显，粒系增生，偶见产板巨，幼巨增多，产板不良，血小板减少。考虑特发性血小板减少性紫癜，予环孢素、醋酸泼尼松、丙种球蛋白等药物治疗。2009年11月复查血小板低至$19 \times 10^9/L$，就诊于解放军某医院，行骨穿结果提示骨髓增生活跃，粒系占69.2%，红系占13.2%，巨核细胞增生显示成熟障碍。此后一直服用激素、环孢素及中药汤剂，血小板计数偶可恢复正常，但难以维持。刻诊：PLT $63 \times 10^9/L$。症见：神疲乏力，双前臂有轻微暗红色出血点，身痛，面色虚浮，偶有咳嗽，脉弦小稍涩，舌体胖大、色紫暗，苔白。辨证为脾虚失蕴、气血失调。

处方：西党参15g，生黄芪30g，紫丹参5g，紫草10g，生薏苡仁30g，芡实30g，阿胶珠10g，赤芍10g，生地炭10g，当归10g，制何首乌15g，三七6g，桑白皮10g，生甘草5g，大枣10g。患者坚持服用上方，期间春节停药1周。

2月26日二诊：诉神疲乏力等症状较前好转，已无咳嗽。前方去桑白皮，余药不变。

4月16日三诊：患者诉服药期间监测血常规，PLT（130～150）$\times 10^9/L$，且自觉服用上方后诸症均有好转，故一直服用。望其精神气色较前明显好转，切其脉弦有力，舌淡苔薄白。之后患者又坚持服药1个月，PLT维持正常，后停药。随访半年，疾病未复发。

按语：孙光荣教授处方习惯以三味药为一个药组。方中党参、生黄芪、丹参三药合用以益气调血，前两药主要有益气补血之效，少量丹参有活血之效，使瘀血得去、新血得生。紫草归心、肝经，心主生血行血，而肝主藏血，紫草性寒，味甘，有凉血活血之效，生薏苡仁味甘、淡，入脾、肺、肾经，

《本草纲目》记载：薏苡仁有“健脾益胃，补肺清热，祛风胜湿，养颜驻容，轻身延年”之效，芡实归脾、肾经，味甘、涩。《本草新编》记载：芡实，佐使者也，其功全在补肾祛湿。芡实补中祛湿，性又不燥，故能祛邪水而补真水。此二味药是为脾虚湿蕴而设。第三组药物中阿胶有补血之效，赤芍清热活血，生地炭则有收敛止血之效，此组药物主要为化生新血防治出血而设。当归有补血之功，使血液化生有源。其余药物是针对兼症而设。整个组方有补血活血、补脾祛湿之效，使湿去而新血得生。

李娜，孙光荣，刘东，等．孙光荣治疗特发性血小板减少性紫癜［J］．长春中医药大学学报，2014，30（6）：1039－1041.

案2 王某，女，28岁。2009年2月28日初诊。

患者患血小板减少性紫癜8年。近一个月加重，面色萎黄，上龈溢血，口中异味，下肢多处紫癜，尿黄便结。症见：脉弦无力，舌淡红，苔薄白微腻。辨证：气血两虚，湿热伤络。治法：益气养阴，凉血止血。以自拟清癜饮治之。

处方：生北芪30g，当归身30g，芡实仁30g，紫浮萍20g，西茜草20g，旱莲草20g，生地炭15g，侧柏炭15g，小蓟草15g，生甘草5g，水牛角磨汁引。7剂，每日1剂，水煎，分2次服。忌辛辣。

按语：脉弦无力、舌淡苔白、面色萎黄，乃气血两虚之脉症，遂君以生北芪、当归身益气补血；上龈溢血、口中异味、下肢紫癜、尿黄便结，是湿热伤络之症，则臣以紫浮萍、西茜草清热解毒、透瘀消斑，佐以旱莲草、小蓟草、生地炭、侧柏炭、芡实炭凉血止血、渗水利湿；再使以水牛角磨汁为引，则可增强清热凉血之效，故谓之“清癜饮”也。

随访附记：上方服1剂，即上龈溢血立止而紫癜稍退；继服2剂，口中异味减轻，尿清便畅；再服4剂，紫癜全退，面色红润。嗣后，每年自服此方21剂，未见复发。

李彦知．中和医派孙光荣教授典型验案赏析［J］．中国中医药现代远程教育，2012，10（10）：99－100.

十九、痞格证

赵某，女，41岁。2011年7月29日初诊。

患者患痞格证10年，始于白带，既而寐差，畏冷，抑郁，自汗，自感发热而身冷，左右痞格。刻下：汗出怕冷、怕风，白带多，失眠，呃逆，身体有虫行感。舌绛，苔白腻，脉细且濡。辨证：痰湿内郁，阴阳痞格。治法：

化痰除湿解郁，交通阴阳。

处方：生晒参 12g，生北芪 12g，紫丹参 10g，法半夏 10g，广陈皮 10g，佩兰叶 10g，云茯神 15g，炒枣仁 15g，生龙齿 15g，银柴胡 10g，地骨皮 20g，制鳖甲 20g，浮小麦 15g，车前子 10g，生甘草 5g。7 剂，每日 1 剂，水煎内服，日 2 次。

2011 年 8 月 12 日二诊：服前方后精神好转，但仍上热下寒，呃逆。舌绛，苔少，脉细濡。药已见效，上方去浮小麦、车前子，加淡竹茹 4g，降香 10g，石决明 20g，川杜仲 12g，川牛膝 15g。

处方：生晒参 12g，生北芪 12g，紫丹参 10g，法半夏 10g，广陈皮 10g，淡竹茹 4g，佩兰叶 10g，降香 10g，云茯神 15g，炒枣仁 15g，石决明 20g，银柴胡 10g，地骨皮 20g，制鳖甲 20g，川杜仲 12g，川牛膝 15g，生甘草 5g。14 剂，每日 1 剂，水煎内服，日 2 次。

2011 年 8 月 26 日三诊：服前方后精神转佳，子午潮热、畏寒交替等明显减轻，仍有汗出。舌暗红，苔花剥，脉濡细。上方去佩兰叶、川杜仲、川牛膝，生北芪增为 15g，加川郁金 10g，白蔻仁 6g，炮干姜 7g，浮小麦 15g，麻黄根 10g，煅龙骨、煅牡蛎各 15g。7 剂，每日 1 剂，水煎内服，日 2 次。

按语：痞格一证，首见于华佗《中藏经》。《中藏经·阴阳痞格论》曰："阳气上而不下曰痞，阴气下而不上亦曰痞。阳气下而不上曰格，阴气上而不下亦曰格。痞格者谓阴阳不相从也。阳奔于上则燔，阴走于下则冰。肾肝生其厥也，其色青黑，皆发于阴极也，厥为寒厥也，由阴阳痞格不通而生焉。阳燔则治以水，阴厥则助以火，乃阴阳相济之道耳。"阴阳虽本质不同，但又相互依赖，互济互根，阴中有阳，阳中有阴。在一定条件下阴阳能互相转换，即所谓重阴必阳、重阳必阴。孙光荣教授察色按脉，认为本案从症状来看，以自汗为主要表现，但据脉测证，追问病史，患者白带量多已历 10 余年，故阴阳痞格的根本原因是下焦痰湿内郁化热，致使阳气下行及阴气上行之道闭塞，阻隔了阴阳二气的升降。故治疗当谨守病机，以化痰除湿解郁、交通阴阳为法。方中生晒参、生北芪、紫丹参调理气血为君；臣以法半夏、广陈皮、佩兰叶化痰除湿，云茯神、炒枣仁、生龙齿安神定志潜阳，银柴胡、地骨皮、制鳖甲清热养阴；佐以浮小麦止汗，车前子利湿以通下窍，给痰湿以出路，寓意"通阳不在温，在于利小便耳"。二诊、三诊均在此基础上调整了升降阴阳的药物，终使多年顽疾得以释然。

王兴．孙光荣教授治疗痞格证的经验［J］．中国中医药现代远程教育，2011，9（24）：12.

二十、肾囊风

幺某，男，60 岁。2009 年 10 月 9 日初诊。

患者小腹坠胀感 9 年。刻下症见：小腹坠胀，阴囊潮湿且痒，阴囊肿胀热敷后可消失，大便溏稀，尿黄，寐可。舌紫，苔黄腻，脉弦细且滑。辨证：肾虚风乘。治法：温补肾阳，除湿祛风。

处方：生晒参 15g，生北芪 15g，紫丹参 10g，升麻 6g，制香附 10g，大腹皮 15g，薏苡仁 30g，芡实仁 30g，小茴香 10g，制川朴 6g，佩兰叶 10g，金樱子 10g，金银花 15g，生甘草 5g，阿胶珠 10g。7 剂，日 1 剂，水煎内服。

煅龙骨 30g，煅牡蛎 30g，白鲜皮 15g，地肤子 15g，川楝子 15g，皂角刺 15g，蝉蜕 10g，薏苡仁 30g，芡实仁 30g，紫苏叶 6g。7 剂，日 1 剂，水煎外洗。

二诊：服上方后，症状好转，但仍有少腹坠胀，肠鸣，自感尿后阴囊肿胀，旁侧潮湿。舌淡，苔白腻，脉弦小。所有实验室检查结果正常。

处方：生晒参 12g，生北芪 12g，紫丹参 10g，升麻 6g，川杜仲 12g，大腹皮 10g，小茴香 10g，荔枝核 10g，佩兰叶 6g，菟丝子 10g，金樱子 10g，生甘草 5g，阿胶珠 10g，山萸肉 10g，正锁阳 10g，路路通 10g。7 剂，日 1 剂，水煎内服。

煅龙骨 30g，煅牡蛎 30g，滑石粉 100g。1 剂，上药共研末，以纱布袋储之，扑患处。

服上方后，各项检查指标正常，疾病痊愈。

按语：此证属中医学肾囊风范畴，亦称阴囊风、绣球风、肾风、肾囊风疮，出自明代陈实功《外科正宗》。本病是因肾气亏虚，风邪外袭，或肝经湿热下注而致，以男子阴囊干燥作痒、起疙瘩形如赤粟、搔破后浸淫流水为特征的一种疾病。明代以前有文献称为阴湿疮、湿疮、阴下湿痒、阴囊湿痒、阴疮等名。《杂病源流犀烛·前阴病》曰："阴囊湿痒者，由于精血不足，内为色欲所耗。外为风冷所乘，风湿毒气乘虚而入，囊下湿痒，甚则皮脱。"因于肾虚风乘所致者，症见阴囊潮湿发凉、汗出瘙痒、畏寒喜暖、腰酸膝软、舌质胖淡、脉沉细，治宜温补肾阳、除湿祛风。外用方祛湿止痒治其标。内外合治，标本同调。

李彦知，杨建宇，张文娟，等．孙光荣教授临证验案举隅［J］．中国中医药现代远程教育，2010，8（2）：8－9.

二十一、带下

案1 孙某，女，23岁。2011年8月5日初诊。

患者患带下病。近半年来，胃脘不适，食欲减退，腰酸，白带增多、黄稠，阴痒。既往有宫颈炎及盆腔积液病史。舌淡，苔少，脉细涩。辨证：脾肾亏虚，湿热下注。治法：健脾固肾，清热祛湿。

处方：西洋参10g，生北黄芪10g，紫丹参10g，乌贼骨10g，西砂仁4g，荜澄茄4g，制川厚朴6g，川杜仲10g，阿胶珠10g，川萆薢10g，生薏苡仁15g，芡实仁15g，蒲公英15g，白鲜皮10g，生甘草5g。7剂，每日1剂，水煎内服，每日2次。

另方：蛇床子15g，百部根15g，白鲜皮15g，蝉蜕6g，皂角刺10g，地肤子15g，鱼腥草12g，蒲公英15g，金银花15g，煅龙骨10g，煅牡蛎10g，生薏苡仁15g，生甘草5g。7剂，每日1剂，水煎外洗阴部，每日2次。

2011年8月26日二诊：内服前方后白带减少，但腹泻；外用前方后，阴痒减轻。舌红，苔少，脉细涩。针对腹泻，更方如下。

生晒参10g，生北黄芪10g，紫丹参10g，乌贼骨10g，西砂仁4g，川萆薢10g，焦三仙各15g，藿香叶6g，延胡索10g，大腹皮10g，蒲公英12g，车前子10g，生甘草5g。7剂，服法同前，腹泻止后，服用初诊方药。

外洗方同上，续用。

内服外治，双管齐下，调理月余，白带减少，阴痒消失，病情稳定。

按语：本病属中医学“带下病”“阴痒”范畴，“治外必本诸内”，应采用内服与外治、整体与局部相结合辨证施治。带下量多、黄稠，伴阴痒，多为肝经湿热下注，带下浸渍阴部，或湿热生虫，虫蚀阴中以致阴痒。而湿邪为患，带下为病，脾肾功能失常又是发病的内在条件。因此，本病为本虚标实之证，治疗上应着重调理肝、脾、肾三脏，扶正祛邪，标本兼治。本案孙光荣教授即在益气升阳、温中健脾、补益肝肾的基础上配用西砂仁、生薏苡仁、芡实仁之类健脾固肾、理气祛湿、涩精止带，川萆薢、车前子之属利尿，使邪有出路；同时另方用蛇床子、百部根燥湿、杀虫，白鲜皮、蝉蜕、皂角刺、地肤子止痒，鱼腥草、蒲公英、金银花清热解毒，煅龙骨、煅牡蛎收敛固涩以止带，生薏苡仁健脾利湿，水煎外洗。诸药合用，内外同治，使脾气健、清阳升、湿邪除，任带二脉得固而收全功。

翁俊雄，杨建宇，李彦知，等. 孙光荣教授运用中和理论诊疗妇科病学术经验点滴［J］. 中国中医药现代远程教育，2011，9（21）：8－14.

案2 李某，女，32岁。2011年7月15日初诊。

患者患带下病。心烦，易怒，月经提前，色黑有块，腰痛，眼花，多梦，便黏，多发口腔溃疡。舌红，苔少，脉弦小。辨证：阴虚阳亢，湿热瘀结。治法：滋阴潜阳，清热利湿，活血解毒。

处方：西洋参12g，生北黄芪12g，紫丹参10g，云茯神15g，炒枣仁15g，合欢皮10g，制何首乌15g，明天麻10g，蒲公英12g，川杜仲15g，川萆薢10g，山慈菇10g，焦三仙各15g，大枣10g，生甘草3g。7剂，每日1剂，水煎内服，每日2次。

2011年7月29日二诊：服前方后腰痛、多梦、月经不调等症状好转，但盆腔炎症状存在，白带偶有血丝。舌淡，苔少，脉细。上方紫丹参减量为7g，蒲公英增量为15g，加金毛狗脊10g，地榆炭10g。7剂，服法同前。

2011年9月2日三诊：服前方后精神明显好转，诸症减轻，但仍有白带夹血丝。舌淡，边尖有齿痕，苔少，脉弦缓。

处方：西洋参12g，生黄芪12g，紫丹参5g，云茯神15g，炒酸枣仁15g，合欢皮10g，山慈菇10g，桑螵蛸10g，川萆薢10g，地榆炭10g，生地黄炭10g，阿胶珠10g，大枣10g，车前子10g，生甘草5g。7剂，每日1剂，水煎内服，每日2次。

另方：蒲公英12g，蛇床子10g，白鲜皮10g，白花蛇舌草15g，半枝莲15g，鱼腥草15g，紫苏叶15g，煅龙骨15g，煅牡蛎15g，蒲黄炭15g，白茅根15g，生甘草5g。7剂，每日1剂，水煎外洗阴部，每日2次。

内服外治，双管齐下，调理月余，赤白带止，诸症好转，病情稳定。

按语：《傅青主女科》说："夫带下俱是湿症。"正常带下的产生与肾气盛衰、天癸至竭、冲任督带功能正常与否有重要而直接的关系。若肾气旺盛，所藏五脏六腑之精在天癸作用下，通过任脉到达胞中，在督脉的温化和带脉的约束下生成生理性带下。若内外湿邪为患，侵袭胞宫，以致任脉损伤，带脉失约，则发为带下病。临证应根据带下的量、色、质、气味，结合伴随症状及舌脉、病史综合分析，辨清寒热虚实。孙光荣教授认为，白带味腥臭、质黏稠是湿热下注的表现，白带清亮、稀薄则提示肾元亏损，红白夹杂则癌变可能性大。本案患者出现赤白带，从其全身症状、舌脉来看，当为阴虚夹湿，阴不敛阳，湿浊从阳化热，湿热蕴毒，下注任带所致。而水湿内停，气机阻滞，瘀久化热，血不循经，则月事提前，白带夹红。遂以益气养阴之法扶正，清热利湿，活血解毒，凉血止血之法祛邪，标本兼顾，内服外治，双管齐下，奇效可待！孙光荣教授还强调带下病缠绵难愈，善后调补脾肾以固本，方可巩固疗效，减少复发。

翁俊雄，杨建宇，李彦知，等．孙光荣教授运用中和理论诊疗妇科病学术经验点滴［J］．中国中医药现代远程教育，2011，9（21）：8－14.

案3 某女，13岁。1987年春节初诊。

患者自5岁起咳嗽气喘，8年来反复发作，无有休时，多方医治，时愈时发。现见面色苍白，心悸自汗，精神萎靡，软弱乏力，咳喘不已，气息微弱，少气懒言，思睡少纳。脉细无力，舌暗淡，苔白滑。询其今年正月初潮，白带淡而多，无异味。此乃禀赋不足、脾肾两虚之喘，法当健脾化痰、温肾纳气，内服方以金匮肾气丸为基本方治疗。脾肾本已不足，白带增多使虚上加虚，应急则治标，以“孙氏清带汤”坐浴治之。

处方：蛇床子15g，百部12g，白花蛇舌草15g，白鲜皮10g，地肤子10g，蒲公英10g，煅龙骨15g，煅牡蛎15g，金银花10g，川萆薢10g，生薏苡仁10g，芡实10g，生甘草5g。7剂，水煎，早晚各坐浴1次，每次5～10分钟。

上方内服、外用各7剂后，咳喘明显缓解，白带已不明显，精神转佳，食欲增进。由于白带基本消失，嘱停用坐浴药，以内服药专治哮喘。

按语：此案的思辨要点主要有以下三方面。①形神：少神脱形，必虚无疑。②虚实：咳喘是实象，白带是虚象。③标本：咳喘反复发作是标，脾肾两虚是本。综合以上3个要点，所以确立“健脾化痰、温肾纳气”为治则治法，用金匮肾气丸内服，用自拟“清带汤”外治。本案患者出现白带增多，从其全身症状、舌脉来看，此乃脾虚湿困，治疗上注重“夫带下俱是湿症”“诸湿肿满皆属于脾”的思想，充分体现“治带必先祛湿，祛湿必先理脾，佐以温肾固涩”之法。

薛武更，杨建宇，李彦知，等．孙光荣教授带下病外治法的学术经验［J］．中国中医药现代远程教育，2014，12（7）：17－18.

案4 某女，41岁。2012年7月初诊。

2011年初，患者因反复发作性泌尿系感染，在多家医院经多种抗生素间断治疗1年余。2012年2月初出现阴道瘙痒，并逐渐加重，豆腐渣样白带逐渐增多。某医院诊断为阴道炎，继续给以抗生素治疗，但未见好转。期间，患者因瘙痒难耐，自行以清水冲洗阴道，无效。患者痛苦不堪，改求中医治疗。症见神疲力乏，口苦咽干，大便稍干，小便灼热。自诉白带呈豆腐渣样，有腥臭味，阴道灼热瘙痒。舌尖红，苔黄厚腻，脉沉数。既往高血压病史，血压控制良好。此为湿热下注。停用抗生素，内服以清热利湿之方。

处方：山药30g，芡实30g，车前子10g（包），白果10g，黄柏6g，猪苓

10g，茯苓 15g，泽泻 15g，茵陈 10g，赤芍 10g，丹皮 10g，栀子 10g，牛膝 15g。7 剂，日 1 剂，水煎内服。

外用以孙氏清带汤坐浴：蛇床子 15g，百部 12g，白花蛇舌草 15g，白鲜皮 12g，地肤子 12g，蒲公英 15g，煅龙骨 12g，煅牡蛎 12g，金银花 12g，川萆薢 12g，生薏苡仁 15g，芡实 12g，紫苏叶 10g，苦参 12g，川黄柏 12g。7 剂，水煎，早晚各坐浴 1 次，每次 5～10 分钟。

治疗 7 天后，白带量明显减少，阴道灼热感消失，但仍轻微瘙痒。效不更方，外用药同前。再用 7 剂后，白带消失，阴道瘙痒消失。经随访半年，未再发作。

按语：患者自诉神疲力乏，口苦咽干，大便稍干，小便灼热。白带呈豆腐渣样，有腥臭味，阴道灼热瘙痒。舌尖红，苔黄厚腻，脉沉数。此为湿热下注之带下病。内服用止带方（《世补斋不谢方》）合易黄汤（《傅青主女科》）加减以清热利湿，外用孙氏清带汤坐浴以清热解毒、杀虫止痒、利湿止带。标本兼顾，内服外治，双管齐下，疗效甚佳。

薛武更，杨建宇，李彦知，等．孙光荣教授带下病外治法的学术经验[J]．中国中医药现代远程教育，2014，12（7）：17－18.

二十二、月经不调

案 1　童某，女，28 岁。2010 年 1 月 15 日初诊。

患者月经愆期 2 周，色深有块，多思，神难守一，尤厌冷食。舌淡红，苔少，脉细稍数。辨证：心脾两虚，痰瘀内阻。治法：益气健脾，养血安神，佐以活血通经。

处方：生晒参 12g，生北黄芪 12g，紫丹参 10g，益母草 10g，法半夏 7g，广陈皮 7g，西砂仁 5g，荜澄茄 4g，佩兰叶 6g，川杜仲 12g，炙远志 6g，石菖蒲 6g，云茯神 15g，炒酸枣仁 15g，灵磁石 10g，生甘草 5g。7 剂，每日 1 剂，水煎内服，每日 2 次。

2010 年 3 月 19 日二诊：服上方后已见效，月经正常，但春节后他症反复，现不寐，胃不舒，经期提前，舌淡苔少，脉细稍数。上方去荜澄茄、佩兰叶、川杜仲，加乌贼骨 10g，鸡内金 6g，夜交藤 10g。服法同前。

2010 年 4 月 2 日三诊：服前方病情稳定，现多梦，夜咳，舌淡紫，苔薄白，脉弦细。前方去益母草、乌贼骨、西砂仁、鸡内金、灵磁石，加桑白皮 10g，麦冬 12g，宣百合 10g，炙百部 10g，白蔻仁 6g。服法同上。

按语：对于本病，朱丹溪提出“过期而来，乃是血虚，宜补血，用四物加黄芪、陈皮、升麻”，此乃常理。孙光荣教授则根据患者多思厌食与眠艰多梦互见的特点，认为导致月经愆期的根本是忧思伤脾，心神失养，虽“病在下”，但宜“取之上”，治疗重在健脾和胃以增纳化，养心安神以通经脉。正所谓不治而治，使脏腑功能正常，冲任气血调和，血海蓄溢有常，胞宫藏泻有时，月经行止有期。

翁俊雄，杨建宇，李彦知，等．孙光荣教授运用中和理论诊疗妇科病学术经验点滴［J］．中国中医药现代远程教育，2011，9（21）：8－14.

案2 高某，女，20岁，大连某大学日语专业学生。

患者自12岁月经开始，月经从来没有正常过。近10年来痛苦异常。周期紊乱，量多量少不定，血色鲜暗无常，瘀块夹杂，痛经绵绵，腰酸神疲，面色晦暗无华，舌淡红，苔薄白，脉沉。现来经已20余天仍未干净，处益气摄血、养血固精之剂，以求速效。

处方：潞党参15g，生北芪15g，紫丹参15g，益母草10g，蒲黄炭15g（包煎），地榆炭10g，生地炭10g，延胡索10g，川杜仲15g，阿胶珠12g，薏苡仁15g，川郁金10g，北枸杞15g，生甘草5g。水煎服，日1剂。配服紫河车粉3g，日3次，温水送服。

7剂后复诊，患者经血已止，气血红润，笑逐颜开。上方去炭剂，守方继服，巩固疗效，获安。

按语：《校注妇人良方》云：“妇人月水不断，淋沥腹痛，或因劳损气血而伤冲任，或因经行而合阴阳，以致外邪客于胞内，滞于血海故也。但调养元气，而病邪自愈。若攻其邪则元气反伤矣。”《沈氏女科辑要笺正》亦云：“经事延长，淋沥不断，下元无固摄之权，虚象显然。”本案患者来经已20余天仍未干净，周期紊乱，量多量少不定，血色鲜暗无常，瘀块夹杂，痛经绵绵，腰酸神疲，面色晦暗无华，舌淡红，苔薄白，脉沉。辨证当属脾肾亏虚，气虚血瘀。治宜益气摄血，养血固精。方中潞党参、生北芪、紫丹参益气活血为君。延胡索、川郁金活血化瘀，川杜仲、北枸杞补肾填精，此四味药共为臣药。蒲黄炭、地榆炭、生地炭止血以治标，薏苡仁健脾，紫河车补肾益精、益气养血，阿胶珠补血止血，益母草活血调经，以上俱为臣药。生甘草调和诸药为使。诸药合用共凑益气摄血、养血固精之功。二诊患者经血已止，气血红润，笑逐颜开。上方去炭剂，守方继服，巩固疗效，获安。这充分体现了孙光荣教授临证处方用药灵活、自出机杼，处方用药讲究“清、平、轻、灵”，立方遣药，不固守成方，不墨守成规，追求“心中有大法，笔下无死方”，由于针对病机用药，故疗效显著。

高尚社．中医孙光荣教授畅通气血攻克杂症验案3则［A］//中华中医药学会．第四届中医药继续教育高峰论坛暨中华中医药学会继续教育分会换届选举会议论文集［C］．中华中医药学会，2011：2.

二十三、崩漏

案1　辛某，女，36岁。2009年4月10日初诊。

患者3月4日经来后至今未净，白带增多。经期紊乱，经血色黑有块，淋沥不断。舌淡红，苔少，脉弦数。患者10年前人工流产后至今未孕。专科检查：前位子宫，宫体大小为6.2cm×5.3cm×5.4cm，形态稍饱满，肌层回声稍欠均匀，后壁探及一不均质回声区，范围3.2cm×2.5cm，边界欠清晰，内膜线略向前偏移，厚0.9cm。西医诊断：子宫肌腺症。中医诊断：崩漏。辨证：肝肾阴虚，热扰冲任。治法：滋肾敛肝，益气止血。

处方：白晒参片15g，生北黄芪15g，紫丹参15g，云茯神15g，炒白术10g，当归片12g，炙远志10g，炒酸枣仁15g，龙眼肉10g，蒲黄炭15g，地榆炭15g，阿胶珠15g，山慈菇10g，蒲公英15g，生甘草5g，大枣5枚，生姜3片。7剂，每日1剂，水煎分2次服。

二诊：血压高（舒张压高），头胀，晨起脐周疼痛，腰酸。舌红，苔少，脉稍数。

处方：石决明20g，川牛膝15g，法半夏10g，广陈皮10g，生北黄芪10g，益母草10g，当归片10g，炒白术10g，云茯神15g，炙远志6g，炒枣仁12g，龙眼肉10g，地榆炭15g，茜草炭15g，延胡索10g，田三七6g，生甘草5g。7剂，每日1剂，水煎，分2次服。紫河车粉99g，每次3g，每日2次，冲服。

三诊：服上方后漏止已5天，晨起头胀，脐周不适，血压偶有升高。舌红，苔少，脉稍数。

处方：石决明20g，川牛膝15g，川杜仲15g，西藁本10g，正川芎6g，益母草10g，当归片10g，炒白术10g，云茯神15g，炙远志6g，炒酸枣仁12g，地榆炭15g，茜草炭15g，田三七6g，龙眼肉10g，广木香6g（后下），大枣7枚，生鲜姜3片，生甘草5g。7剂，每日1剂，水煎，分2次服。

按语：《素问·阴阳别论》认为，“阴虚阳搏谓之崩”，是言崩漏病机，责之于阴虚。本例崩漏患者的病机根本亦是肝肾阴虚，阴不敛阳，导致肝阳妄动，虚火干扰冲任二脉，使冲任失其开阖之常，致经血非时而下。肝肾不足则腰酸；阴不敛阳，肝阳妄动则头胀。另外，本例患者还有痰瘀之象，如白带多、经血色黑有块。因此，在滋肾敛肝，益气止血的基础上外加活血祛瘀之品而收效。

翁俊雄，杨建宇，李彦知，等．孙光荣教授运用中和理论诊疗妇科病学术经验点滴［J］．中国中医药现代远程教育，2011，9（21）：8－14.

案2 吕某，女，24岁。2011年5月13日初诊。

患者患漏证。自2011年2月以来，月经淋沥不断，色红有块，少腹坠胀，经补气、止血治疗，疗效不显。舌淡，苔少，脉弦且涩。辨证：气滞血瘀，热扰冲任。治法：理气活血，凉血止血。

处方：西洋参12g，生北黄芪15g，紫丹参7g，益母草10g，制香附10g，吴茱萸10g，茜草炭10g，蒲黄炭12g，生地黄炭12g，阿胶珠12g，蒲公英12g，延胡索10g，黄芩炭10g，川郁金10g，生甘草5g。7剂，每日1剂，水煎内服，每日2次。

2011年5月20日二诊：服前方后，月经淋沥不断明显好转，现仍有少量咖啡色分泌物，少腹已不胀。舌红，苔少，脉细濡。上方去生地黄炭、延胡索、川郁金，加川萆薢12g，薏苡仁12g，玉米须6g，杭白芍15g，制川朴5g。服法同前。

2011年7月1日三诊：前方加减服用1月余，月经淋沥已止，现感心悸，腹胀。舌红，苔少，脉弦小。

处方：生晒参12g，生北黄芪10g，紫丹参7g，益母草10g，阿胶珠10g，蒲公英15g，蒲黄炭15g，生地黄炭12g，地榆炭12g，杭白芍12g，云茯神15g，炒酸枣仁15g，龙眼肉10g，炙远志6g，大枣10g，灵磁石10g，大腹皮10g，生甘草5g。7剂，每日1剂，水煎内服，每日2次。

2011年7月22日四诊：服前方后，症状缓解，腹胀不显，月经至，持续5日，色质正常。舌红，苔少，脉细缓。上方去杭白芍、大腹皮，加金银花15g，服法同前。

2011年7月29日五诊：服前方后，月经淋沥反复，减少但未尽。舌红，苔少，脉细。

处方：生晒参10g，生北黄芪10g，紫丹参5g，当归身10g，云茯神15g，炒枣仁15g，炙远志6g，龙眼肉10g，大枣10g，牡丹皮10g，川郁金10g，生地黄炭10g，地榆炭10g，蒲黄炭15g，生甘草5g，生鲜姜3片。7剂，每日1剂，水煎内服，每日2次。

服上方后月经淋沥已止，病情稳定。

按语：本例患者经血非时而下，量少势缓，当属中医学崩漏之漏证。其经血淋沥不断，色红有块，少腹坠胀，脉弦且涩，乃因瘀滞冲任，血不循经，运行不畅，治宜活血祛瘀，固冲止血，此为“通因通用”“反治”之法。而《丹溪心法》指出：“夫妇人崩中者，由脏腑损伤冲任二脉，血气俱虚故也。”故孙光荣教授方以参、芪、丹参为君，益气理血，提气摄血，其中丹参一味抵四物，乃活补同用之妙品；再选用阿胶珠补血止血，益母草活血调经，炭类药凉血止血；配合制香附、川郁金、延胡索等理气解郁，调经止痛，蒲公英、金银花、牡丹皮等清热凉血；并根据脾虚湿停而白带量多之标证，加用川萆薢、薏苡仁、玉米须等分清泌浊，效著。后患者月经淋沥反复，时感心悸，腹胀，舌淡，苔少，心脾两虚证候明显。又据《丹溪心法》“治宜当大补气血之药，举养脾胃，微加镇坠心火之药，治其心，补阴泻阳，经自止矣”，把握病证关键，改用归脾汤加减，调理月余，终使经漏顽疾得以平复。

翁俊雄，杨建宇，李彦知，等．孙光荣教授运用中和理论诊疗妇科病学术经验点滴［J］．中国中医药现代远程教育，2011，9（21）：8－14．

二十四、闭经

案1 文某，女，35岁。2011年6月10日初诊。

患者患继发性闭经。自2010年春季以来，月经自行停止。现面色晦暗，消瘦，尿黄，寐差，口干。舌淡紫，苔黄，脉细涩。辨证：阴虚血瘀，冲任失调。治法：滋阴养血，通经活血。

处方：西洋参12g，生北黄芪15g，紫丹参10g，大熟地黄12g，阿胶珠10g，益母草15g，川郁金10g，制香附10g，大生地黄10g，赤芍药12g，金银花12g，制何首乌15g，云茯神15g，炒酸枣仁15g，无柄芝3g，川红花10g，生甘草5g。7剂，每日1剂，水煎内服，每日2次。

2011年6月24日二诊：服前方后，诸症好转，月经未至。舌淡红，苔白，脉沉细。上方去金银花，加北枸杞15g，服法同前。

2011年7月15日三诊：服前方后精神转佳，少腹、下肢疼痛，月经未至。舌淡，苔白，脉细。

处方：生晒参15g，生北黄芪12g，紫丹参10g，益母草15g，制香附10g，川郁金10g，阿胶珠10g，延胡索10g，川牛膝10g，川红花10g，吴茱萸10g，生甘草5g。14剂，每日1剂，水煎内服，每日2次。

服上方后月经至，继续调理两个周期，月经正常。

按语：《景岳全书·妇人规》曰：“凡妇女病损，至旬月半载之后，则未有不闭经者。正因阴竭，所以血枯，枯之为义，无血而然。”闭经的病因主要有饮食不当、情志失调、寒湿内侵、劳伤产后等，而本案患者并无明显上述发病因素，根据其病史、症状，结合舌脉，当属久病脾虚，气血生化乏源，肾阴不得滋养，冲任无血可下，表现为经闭，消瘦，舌淡，脉细。而正气虚极，必血流艰涩，甚至枯涸，而生瘀证，表现为面色晦暗，舌紫，脉涩。阴虚内热，心肾不交，则表现为口干，尿黄，寐差，舌苔黄。因此，本案闭经缘于阴血不足，血海无血，有如水库无水，若直接开闸并无经水满溢外泄。故治疗上，用熟地黄、生地黄、阿胶珠生血补血，制首乌、无柄芝、北枸杞滋肾养阴以储水，并用益母草、川红花、赤芍药等活血通经以开闸，随症加减用药。诚如《景岳全书·妇人规》所言："欲其不枯，无如养营；欲以通之，无如充之。但使雪消则春水自来，血盈则经脉自至，源泉混混，又孰有能阻之者？"足以预见本病远期疗效。

翁俊雄，杨建宇，李彦知，等．孙光荣教授运用中和理论诊疗妇科病学术经验点滴［J］．中国中医药现代远程教育，2011，9（21）：8－14.

案2 贾某，女，25岁。2009年7月9日初诊。

患者产后停经2年，不寐、纳呆1年。刻下症见：寐差，纳不香，恶油，脱发，消瘦，心烦，下肢无力，口干不引饮。舌淡，苔黄腻，脉细涩且沉。诊断：闭经。辨证：肝郁脾虚，心肾不交。治法：疏肝健脾，交通心肾，养血活血通经。

处方：生晒参10g，生北黄芪12g，紫丹参10g，川郁金10g，云茯神15g，炒枣仁15g，制何首乌15g，明天麻10g，益母草10g，法半夏7g，广陈皮7g，佩兰叶6g，阿胶珠12g，北枸杞15g，生龙齿15g（先煎），乌贼骨10g，怀山药12g，生甘草5g。7剂，每日1剂，分2次服。

二诊：服上方后，自感稍好转，但月经仍未至，怕冷，消瘦，无力，仍寐差，纳差。舌淡，苔黄润，脉细涩。

上方改生晒参为西洋参；去法半夏、广陈皮、佩兰叶、北枸杞、怀山药、生甘草，加谷芽、麦芽各15g，西砂仁4g，薏苡仁20g，芡实仁20g。因患者此时脾失健运之证明显，故加上四药以助健脾之功，益后天之本。

三诊：月经未至，仍难寐，多梦，纳差，多汗，消瘦，腹胀，脚肿。舌绛，苔少，脉细涩。因患者脉有涩象，并出现水肿之象，随证调方，治以理气利水，活血调经。

处方：生晒参15g，生北黄芪15g，紫丹参10g，益母草15g，浮小麦15g，当归片10g，阿胶珠10g，川红花10g，乌贼骨10g，生龙齿15g（先煎），大腹皮12g，炒枳壳6g，制川厚朴12g，云苓皮12g，合欢皮10g，川杜仲12g，冬瓜皮10g，车前子10g（包煎），谷芽、麦芽各15g，鸡内金6g，生甘草5g。

7剂，每日1剂，分2次服。

四诊：服上方后纳眠可，脚稍肿，腹仍胀，月经未至。舌绛，苔少，脉细涩。因纳眠已可，仅有肿胀，更方如下。

生晒参15g，生北黄芪12g，紫丹参10g，益母草15g，鸡骨草12g，田基黄15g，薏苡仁15g，川红花6g，云苓皮10g，赤小豆10g，车前子10g（包煎），麻黄根10g，制何首乌15g，阿胶珠10g，浮小麦15g，当归片15g，金樱子10g。7剂，每日1剂，分2次服。

服上方后，月经至，腹胀、脚肿消失，病情平稳。

按语：不寐之因颇多，但缘于阳不入阴，心肾不交而致不寐者较为常见。诚如清代名医林珮琴《类证治裁·不寐论治》中所说："阳气自动而之静则寐，阴气自静而之动则寤，不寐者，病在阳不交阴也。"产后耗血伤阴，阴虚内热，以致产后经闭；肝肾阴亏，心肾不交，血虚受风而脱发；肝郁脾虚，则纳差，恶油，消瘦，下肢无力。孙光荣教授采用水火两济、疏肝健脾法治疗是证，颇多效验。心火下交于肾水，肾水上济于心火，心肾阴阳交通，水火既济，则昼兴夜寐。《傅青主女科》云："肾气本虚，又何能盈满而化经水外泄耶。"此方心、肝、脾、肾四经同治药也，妙在"补以通之，散以开之"而经水自调，正乃不治之治意也。

翁俊雄，杨建宇，李彦知，等．孙光荣教授运用中和理论诊疗妇科病学术经验点滴［J］．中国中医药现代远程教育，2011，9（21）：8－14.

二十五、更年期综合征

张建华，女，59岁，干部。2014年3月1日初诊。

患者头晕、耳鸣、失眠5年，伴周身阵发性烘热、烦躁。患者自述52岁自然经闭，经闭2年后，时时烘热汗出，烦躁，头晕耳鸣，入睡困难，容易醒，每年秋冬加重，春夏减轻或缓解。近日头晕耳鸣加重，失眠，入睡困难，睡后易醒，多梦，时有心悸，迩来寒热交作，时时烘热烦躁汗出，两眼干涩，颠顶有压迫紧束感，双上肢及颈部麻木不适，精神抑郁，萎靡不振，情绪不稳定，纳可，二便正常。舌质稍红，苔薄白，脉细软。妇科诊断为更年期综合征。中医辨证属冲任虚损，阴阳失和。治法：益肾调肝，养心安神，燮理阴阳。

处方：党参10g，黄芪15g，丹参10g，熟地黄30g，当归15g，酸枣仁20g，白芍15g，茯神12g，陈皮10g，远志12g，淫羊藿20g，枸杞子15g，山萸肉10g，夜交藤20g，桂枝15g，鸡血藤30g，炙甘草10g。5剂，水煎服。

二诊（3月6日）：药后头晕耳鸣失眠减轻，寒热得罢，汗出减少，烘热夜减，且短时即退。脉细，舌淡红，苔薄白。原方续服5剂。

三诊（3月11日）：药后精神抑郁好转，情绪稳定，颠顶有压迫紧束感、双上肢及颈部麻木明显改善，已基本不出汗，睡眠欠稳，仍感阵阵发热，但未出汗。脉、舌如前。前方加制香附15g以疏肝理气，加强调肝作用。7剂，水煎服。

四诊（3月18日）：自觉身体状态较前明显好转，眼睛干涩已好，睡眠尚可，心情愉快，为巩固疗效，上方去桂枝、夜交藤、远志加五味子10g增加滋肾固肾的作用，再服10剂而愈。

按语：更年期综合征属于中医绝经前后诸证范畴，中医学历代医学家对该病早有探索和研究，如《素问·上古天真论》云："七七任脉虚，太冲脉衰少，天癸竭，地道不通，故形坏而无子也。"冲任脉虚是更年期妇女的主要病理机制。妇女年近五旬，肾气渐衰，冲任亏虚，精血不足，天癸渐竭，这样使阴阳二气不平衡，脏腑气血不协调，因而出现一系列症状。党参、黄芪、丹参三药合用，气血共调，以补气健脾，养血活血，调补冲任；熟地黄、淫羊藿、枸杞子、山萸肉滋补肝肾益精血；桂枝、白芍燮理阴阳；远志、茯神、酸枣仁、夜交藤养心安神。全方通过调和气血，补益精血而使阴阳复衡，诸症缓解。

刘辉．运用国医大师孙光荣调气活血抑邪汤治疗疑难杂证的点滴体会［J］．光明中医，2015，30（4）：694－696.

二十六、习惯性流产并先兆流产

杨某，女，36岁。2009年2月15日初诊。

患者为习惯性流产并先兆流产者。前已怀孕三次均流产，现妊娠已2个月，消瘦、倦怠、少食，且阴道时有淋沥之血。脉虚细且滑，舌绛，苔少。询其月经原本屡屡提前，色黑，有块。此乃气血两虚兼见血热之证，法当益气补血，凉血安胎，援泰山磐石饮之意治之。

处方：西洋参15g，生北芪20g，紫丹参3g，当归身12g，大熟地20g，续断15g，正川芎3g，酒炒杭白芍15g，於潜术15g，西砂仁2g，淡黄芩5g，鸡内金6g，谷芽、麦芽各15g，炙甘草5g，糯米引。7剂，每日1剂，水煎，分2次服。

上方共服14剂，漏止神清，眠食两安，妊娠足月顺产一子。

按语：患者习惯性流产并有先兆流产，其本为肝脾素亏而致气血两虚。

君以西洋参、生北芪、当归身、大熟地益气补血；臣以淡黄芩、白芍、续断养阴凉血止漏急治其标；佐以于潜术、鸡内金、谷芽、麦芽、西砂仁健脾养肝缓治其本；以少量紫丹参、正川芎理气活血而防瘀阻；使以炙甘草、糯米养胃和中。此为安胎保产求全之治也。

李彦知．中和医派孙光荣教授典型验案赏析［J］．中国中医药现代远程教育，2012，10（10）：99－100.

二十七、子宫肌瘤

施某，女，外企职员。2010年7月23日初诊。

患者子宫肌瘤2年，盆腔积液。患者2010年3月16日在某医院做超声检查：子宫肌瘤，盆腔积液。右侧卵巢长颈3.0cm，左侧卵巢长颈2.8cm，子宫后方可见液性暗区，后径1.8cm。刻下：多梦，消瘦，面色无华，皮肤干涩，月经准期，质稠。舌红，边有齿痕，苔薄，脉细涩。证属阴血亏虚、瘀毒内结，治以健脾养心、解毒散结利湿。

处方：西洋参10g，生北芪10g，紫丹参7g，山慈菇10g，猫爪草12g，生薏苡仁15g，炒芡实15g，草蔚子10g，川杜仲12g，鸡内金6g，云茯神15g，炒酸枣仁15g，阿胶珠12g，大生地10g，杭白芍10g，生甘草5g。7剂，每日1剂，水煎服。

2010年7月30日二诊：服上方后，病情稳定，便稀，带稠，略呈红色，多梦，舌红边有齿痕，苔少，脉细稍涩。上方去川杜仲、鸡内金、阿胶珠、大生地、杭白芍，加炒广曲15g，车前子10g，制首乌15g，生龙齿15g。服法同前。

2010年8月6日三诊：服上方后，病情稳定。舌红边有齿痕，苔花剥，脉细稍涩。求嗣。上方去云茯神、炒酸枣仁、炒广曲、生龙齿，加阿胶珠10g，制鳖甲15g，路路通10g，鸡内金6g。14剂，每日1剂，水煎服。

按语：该案子宫肌瘤属“癥瘕”一病，难求旦夕之效，尤要注意调理心脾，培补阴血，佐以利水渗湿、清热解毒、软坚散结。纵观全部治疗经过，制法精巧，养血理气，健脾养心，两擅其长，用药细腻。其中西洋参、生北芪、紫丹参、生薏苡仁、炒芡实、云茯神、炒酸枣仁等，补气健脾；山慈菇、猫爪草清热解毒；制鳖甲、路路通、鸡内金软坚散结。诸药合用，作用于盆腔，改善了盆腔的血液循环，提高了机体的免疫力，使盆腔内瘀血得以清除，癥瘕得以消散，诸证改善，免除手术之苦，该法不愧为一种调动疗法的特色，值得深究其理，认真总结。

杨建宇，李彦知，张文娟，等．中医大师孙光荣教授中和医派诊疗肿瘤学术经验点滴［J］．中国中医药现代远程教育，2011，9（13）：129－133.

二十八、乳腺增生

案1 何某，女，35岁。2011年5月13日初诊。

患者患乳腺增生，胀痛在经期感觉明显。月经愆期，色黑，有块。舌紫，苔薄白，脉弦小。辨证：气滞血瘀，痰凝乳络。治法：理气止痛，活血化痰，软坚散结。

处方：生晒参12g，生北黄芪10g，紫丹参10g，益母草10g，制香附10g，丝瓜络6g，山慈菇10g，天葵子10g，川郁金10g，法半夏7g，广陈皮7g，延胡索10g，蒲公英15g，制鳖甲15g，生甘草5g。7剂，每日1剂，水煎内服，每日2次。

2011年5月20日二诊：服前方后，病情稳定，右侧乳腺增生已有软化、缩小，手足凉。舌淡紫，苔薄白，脉弦小。前方加珍珠母15g，伸筋草10g，14剂，服法同前。

2011年6月10日三诊：服前方后，右侧乳腺增生缩小，但觉痒，月经有味。舌绛，苔白，脉弦。

处方：西洋参10g，生北黄芪10g，紫丹参10g，北柴胡10g，川郁金10g，广橘核6g，制香附10g，丝瓜络6g，山慈菇10g，珍珠母15g，制鳖甲15g，皂角刺10g，延胡索10g，生甘草5g。7剂，每日1剂，水煎内服，每日2次。

2011年6月17日四诊：服前方后乳腺增生已明显缩小，右侧已基本消散，但偶有腹泻。上方去延胡索，加焦三仙各15g，车前子10g，服法同前。

2011年7月15日五诊：服前方后，乳腺增生缩小，现四肢凉，自汗。舌淡紫，苔薄黄，脉细涩。

处方：生晒参12g，生北黄芪12g，紫丹参10g，川郁金10g，山慈菇10g，丝瓜络10g，制鳖甲15g，珍珠母15g，云茯神15g，炒酸枣仁15g，浮小麦15g，生甘草5g。7剂，服法同前。

2011年8月26日六诊：前方加减服用1个月后，右侧乳腺增生已消散，左侧尚有3粒小结节，偶有自汗。舌绛，苔白滑，脉弦小。

处方：生晒参12g，生北芪12g，紫丹参10g，川郁金10g，山慈菇10g，丝瓜络10g，云茯神15g，炒酸枣仁15g，制鳖甲15g，麻黄根10g，浮小麦15g，阿胶珠10g。14剂，每日1剂，水煎内服，每日2次。

按语：本病属于中医学“乳癖”范畴。孙光荣教授认为，乳癖发病多因情志内伤、忧思恼怒。正如《外科正宗》所云：“忧郁伤肝，思虑伤脾，积想在心，所愿不得志者，致经络痞涩，聚结成核。”足阳明胃经过乳房，足厥阴肝经至乳下，足太阴脾经行乳外。若情志内伤，忧思恼怒则肝脾郁结，气血逆乱，血阻为瘀，津聚成痰；复因肝木克土，致脾不能运湿，胃不能降浊，则痰浊内生；痰浊瘀血阻于乳络则为肿块疼痛。八脉隶于肝肾，冲脉隶于阳明，若肝郁化火，耗损肝肾之阴，则冲任失调，因“冲任二经，上为乳汁，下为月水”（《圣济总录》），故而乳房结块而疼痛，月事愆期而紊乱。验之于临床，乳房结块之大小和疼痛程度每随月经周期而改变，且多伴月经不调。本案即为气滞痰凝血瘀，冲任二经失调的典型病例。孙光荣教授以理气止痛，活血化痰，软坚散结之法治疗是证，并强调要善用丝瓜络等引经药，使药达病所；天葵子、山慈菇、制鳖甲等软坚散结之药应与参、芪等益气扶正之药合用，做到中病即止，避免过用伤正；善后还须补肾固本以减少复发。颇多效验，值得效法。

翁俊雄，杨建宇，李彦知．孙光荣教授运用中和理论诊疗妇科病学术经验点滴［J］．中国中医药现代远程教育，2011，9（21）：8－14.

案2 梁某，女，16岁。2011年5月13日初诊。

患者患乳腺增生，近年月经提前，紊乱，色黑，痛经。现症：面色无华，身形消瘦，多梦，尿黄，阴痒。舌淡、苔少，脉弦稍数。辨证：肝郁脾虚，气滞血瘀，湿热下注。治法：疏肝解郁，健脾活血，兼以清热利湿。

处方：西洋参12g，生北黄芪10g，紫丹参10g，北柴胡10g，川郁金10g，丝瓜络6g，山慈菇10g，天葵子10g，制鳖甲15g，云茯神15g，炒酸枣仁15g，制首乌15g，蒲公英15g，车前子10g，生甘草5g。7剂，每日1剂，水煎内服，每日2次。

另方：蛇床子15g，百部根10g，鱼腥草15g，白鲜皮15g，蝉蜕6g，皂角刺10g，蒲公英15g，金银花15g，野菊花15g，地肤子12g，生甘草5g。7剂，每日1剂，水煎外洗阴部，每日2次。

2011年6月10日二诊：前方加减使用3周后，右侧乳腺增生稍有软化与缩小，月经周期正常，但经来腹痛，白带黏稠，仍有阴痒。舌红，苔少，脉细。

处方：生晒参12g，生北黄芪12g，紫丹参10g，川郁金10g，山慈菇10g，丝瓜络6g，北柴胡10g，制香附12g，吴茱萸10g，延胡索10g，川萆薢10g，蒲公英12g，云茯神15g，炒酸枣仁15g，生甘草5g，服法同前。

另方：蛇床子20g，白鲜皮12g，地肤子15g，皂角刺12g，蝉蜕衣6g，煅龙骨15g，煅牡蛎15g，生薏苡仁15g，芡实仁15g，紫苏叶10g，鱼腥草15g，蒲公英15g，生甘草5g。水煎外洗阴部。

2011年7月15日三诊：前方加减使用1个月后，乳腺增生好转，经来有块，阴痒消失。舌红，苔花剥，脉细。上方去吴茱萸、川萆薢、蒲公英，加益母草10g，制鳖甲15g，珍珠母15g，服法同前。上方加减调理月余，诸症消失，病情稳定。

按语：本病缘于平素情志抑郁，肝气不舒，气血周流失度，循肝经阻滞于乳络；肝气横逆犯胃，则脾失健运，痰湿内生，气滞血瘀夹痰留聚乳中，发为乳癖。而冲任二脉与乳房生理、病理紧密相关，因于冲任，血液上行为乳，下行为经，乳汁的调节、月经的盈缺无不与冲任有关。若肝郁化火，耗损肝肾之阴，冲任失调，气血瘀阻于乳房、胞宫，乳房疼痛而结块，月事紊乱而失调。如果湿毒邪气乘虚内侵胞宫，损伤任带或脾肾亏虚，湿浊内生，下注任带，则引起带下病；湿郁化热，湿热蕴结，注于下焦，日久伤及阴血，血虚生风，可出现外阴瘙痒。本例患者即乳腺增生与月经紊乱同现，白带黏稠与阴部瘙痒并见，孙光荣教授断为肝郁脾虚，气滞血瘀，湿热下注，冲任失固，治以疏肝理气、健脾升阳、固肾养阴与软坚散结、清热利湿、活血止痒同施，内服辅以外洗，使乳癖消、月经调、带下常、阴痒止而收功，值得效法。

陈瑞芳．孙光荣教授调气活血抑邪汤临证验案3则［J］．中国中医药现代远程教育，2015，13（16）：33－35.

二十九、乳腺纤维瘤

黄某，女，22岁。2009年1月9日初诊。

患者乳腺纤维瘤术后复发。刻下症见：舌红，苔薄白，脉细涩。西医诊断：乳腺纤维瘤。中医诊断：乳癖。辨证：肝郁气滞，痰瘀阻络。治法：理气活血通络，软坚散结。

处方：台党参15g，生北芪15g，紫丹参12g，金刚刺12g，川郁金12g，丝瓜络6g，珍珠母15g，云茯神15g，炒酸枣仁15g，北枸杞15g，生牡蛎15g，生甘草15g。7剂，每日1剂，水煎服。

二诊：服上方后，舌尖红，苔薄白，脉同前。

处方：台党参15g，生北芪15g，紫丹参12g，白鲜皮10g，蝉衣6g，珍珠母15g，川郁金12g，丝瓜络6g，生牡蛎15g，北枸杞15g，刺蒺藜10g，生甘草15g，杭白菊10g，七叶一枝花6g（包煎）。14剂，每日1剂，1日2次，水煎服。

三诊：服上方后，无明显变化。舌红，苔少，脉弦涩。

处方：台党参15g，生北芪15g，紫丹参12g，法半夏7g，广橘络7g，路路通10g，珍珠母15g，生牡蛎15g，黄药子6g（包煎），川郁金12g，蒲公英15g，生甘草15g。7剂，每日1剂，水煎服。

四诊：经来腹痛，乳腺纤维瘤，无明显变化。伴有咽部不适。舌红，苔少，脉细。

处方：台党参15g，生北芪15g，紫丹参12g，法半夏7g，广橘络7g，路路通10g，制香附12g，吴茱萸10g，补骨脂10g，蒲公英15g，丝瓜络6g，刺蒺藜10g，延胡索10g，木蝴蝶10g，生甘草5g，当归10g，制香附10g。14剂，每日1剂，1日2次，水煎服。

继服上方20余剂后，瘤体软化，缩小，诸症好转，效果显著。

按语：该案为中医“乳癖”之范畴，乃久病入络，脉证合参，其病机为肝用太过，横逆犯胃，痰瘀互结，治当理气活血通络佐以软坚散结。临证时刻强调理气活血、软坚散结及柔肝等方法的应用。用药细腻，实则苦心斟酌以出之，诚以调理内伤久病之法。该病治疗过程，四面照顾，通盘打算，多复杂碍手之处，用药灵活，而获良效。

杨建宇，李彦知，张文娟，等．中医大师孙光荣教授中和医派诊疗肿瘤学术经验点滴［J］．中国中医药现代远程教育，2011，9（13）：129－133.

三十、肺癌

案1 刘某，女，77岁。2009年9月25日初诊。

患者2009年7月底出现咳嗽，9月份查出左侧肺癌并双肺转移。有高血压史，10年前患萎缩性胃炎。刻下症见（家属转述）：呛咳，前胸痛，痰中带血，咳时小便失禁，纳差，难寐，低热，手足心热，腰背痛，舌红。辨证：气阴不足。治法：益气养阴，清热化痰，解毒散结。

处方：西洋参10g，生北芪10g，紫丹参7g，天葵子12g，山慈菇10g，白花蛇舌草15g，半枝莲15g，桑白皮12g，仙鹤草15g，乌贼骨15g，冬桑叶10g，麦冬15g，芡实仁15g，薏苡仁15g，瓜蒌壳6g，炙款冬花7g，炙紫菀7g，生甘草5g，14剂，每日1剂，水煎服。

二诊：服上方后，腰背痛减轻，食欲增进，睡眠改善，仍咳嗽，痰稠，憋气，头痛，腿疼，血小板下降。

处方：西洋参10g，生北芪10g，紫丹参7g，天葵子12g，山慈菇10g，白花蛇舌草 15g，半枝莲 15g，桑白皮 12g，瓜蒌皮 10g，炙款冬花 10g，炙紫菀 7g，淡紫草 10g，芡实仁 15g，冬桑叶 10g，乌贼骨 10g，金银花 10g，生甘草 5g，谷芽、麦芽各 15g，延胡索 10g，另用水鸭（去心）、冬虫夏草、乌贼合煮汤调服数月。

服上方后，诸症好转，病情稳定。

按语：该患者久患萎缩性胃炎 10 余年，久病伤阴，累及于肺，而致阴虚内热，消灼津液，不能滋润肺脏，宣发肃降失司，见呛咳、前胸痛、痰中带血、咳时小便失禁、纳差、难寐、低热、手足心热等一派阴虚之象。孙光荣教授针对病机采用益气养阴、清补兼施之法，对于肺癌转移证经过多种治疗后，出现肺胃阴亏之候，用西洋参、生北芪、冬桑叶、麦冬、炙冬花、炙紫菀、生甘草等以益气滋阴润燥，清肺化痰。以瓜蒌壳、天葵子、山慈菇、白花蛇舌草、半枝莲清热解毒，散结消肿。用芡实仁、薏苡仁，以健脾益气。纵观全方，以角药统管全局，益气养阴，清热化痰，解毒散结。另用水鸭（去心）、冬虫夏草、乌贼合煮汤调服，重在肺脾，佐以利水。如此用方极为玲珑，才能获此良效。

曾镛霏，杨建宇，李彦知．孙光荣教授中和思想治疗肿瘤之经验［J］．中国中医药现代远程教育，2013，11（5）：122－124.

案 2　刘某，男，31 岁。2009 年 9 月 4 日初诊。

患者 2009 年 8 月肺癌术后，刻下症见：面色苍白，虚汗较多，难寐，多梦，咳嗽，口干，口腔黏膜及唇有脱膜感，晨起尿黄，舌绛、苔薄白，脉细涩。

处方：西洋参 12g，生北芪 15g，紫丹参 10g，半枝莲 15g，桑白皮 12g，天葵子 12g，白花蛇舌草 15g，金银花 10g，蒲公英 10g，炙款冬花 10g，炙紫菀 10g，云茯神 15g，炒酸枣仁 15g，阿胶珠 10g，浮小麦 15g，冬桑叶 10g，生甘草 5g。7 剂，每日 1 剂，水煎服。

二诊：服上方后，诸症好转，上腭仍有脱膜感，多梦，遗精，尿黄，纳不香，舌淡，苔少，脉细涩。

处方：西洋参 10g，生北芪 10g，紫丹参 10g，半枝莲 15g，麦冬 15g，白花蛇舌草 15g，桑白皮 12g，天葵子 12g，金银花 10g，天冬 10g，蒲公英 10g，阿胶珠 10g，浮小麦 15g，云茯神 15g，生甘草 5g，炒枣仁 15g，谷芽、麦芽各 15g。14 剂，每日 1 剂，水煎服。后调理月余，病情平稳。

按语：该案为肺癌术后，症见：面色苍白，虚汗较多，难寐，多梦，咳嗽，口干，口腔黏膜及唇有脱膜感，晨起尿黄，舌绛，苔薄白，脉细涩。从症状、舌象、脉象不难看出该证为肺阴亏虚，而兼有虚热，孙教授洞察秋毫，辨清标本，灵活治疗。西洋参、生北芪、紫丹参、炙冬花、炙紫菀、云茯神、炒枣仁、阿胶珠、浮小麦、冬桑叶、生甘草等益气养阴之品以固其本，半枝莲、天葵子、白花蛇舌草、金银花、蒲公英清热解毒之品以治其标。纵观本案治疗过程，当先益气行滞，清热解毒，渐次滋阴，健脾安神。拟方看似平淡简单，却融肺脾两调、消补兼施于一体，面面俱到，故克复杂之顽症。

曾镛霏，杨建宇，李彦知．孙光荣教授中和思想治疗肿瘤之经验［J］．中国中医药现代远程教育，2013，11（5）：122－124.

案3 刘某，男，84岁。2010年5月4日初诊。

本病案为肺癌患者，2009年5月14日在宁夏诊断为右下鳞癌。现症：咳嗽气喘，咳血瘥差，消瘦。舌红苔少，脉弦涩。辨证：气阴两虚，痰热蕴毒郁肺。治则：益气养阴，清热化痰，解毒散结。

处方：西洋参10g，生北芪10g，紫丹参7g，天葵子12g，猫爪草12g，白花蛇舌草15g，半枝莲15g，麦冬15g，炙款冬花10g，炙紫菀10g，仙鹤草15g，宣百合10g，云茯神15g，炒枣仁15g，生甘草5g，桑白皮12g，金银花10g，阿胶珠10g。14剂，每日1剂，水煎服。

2010年6月25日二诊：服上方后症状缓解，仍气短，咳嗽，吐黄痰。

处方：西洋参10g，生北芪10g，紫丹参7g，宣百合10g，桑白皮12g，麦冬15g，天葵子12g，猫爪草12g，半枝莲15g，白花蛇舌草15g，金银花10g，仙鹤草15g，大枣10g，薏苡仁15g，生甘草5g，14剂，每日1剂，水煎服。

2010年7月23日三诊：咯血，气短。

处方：西洋参10g，生北芪10g，紫丹参7g，宣百合10g，百部根10g，桑白皮12g，麦冬12g，仙鹤草12g，猫爪草12g，半枝莲15g，白花蛇舌草15g，金银花10g，天葵子12g，川牛膝10g，延胡索10g，生甘草5g。14剂，每日1剂，1日2次，水煎服。

2010年8月6日四诊：服上方后，病情稳定，但不思饮食，多食则胃不适（服用鸦胆子乳液期间），余无不适，否认积液。

处方：西洋参10g，生北芪10g，紫丹参7g，天葵子12g，猫爪草12g，白花蛇舌草15g，半枝莲15g，麦冬15g，炙款冬花10g，乌贼骨15g，西砂仁4g，大腹皮10g，云茯神15g，炒酸枣仁15g，制鳖甲15g，桑白皮12g，生甘草5g。14剂，每日1剂，1日两次，水煎服。

2010年8月27日五诊：近来感到身有燥热，气喘，咳嗽，咯血已止，胸部及腿痛。

处方：西洋参10g，生北芪10g，紫丹参7g，天葵子12g，猫爪草12g，白花蛇舌草15g，半枝莲15g，银柴胡12g，制鳖甲15g，珍珠母15g，炙冬花10g，炙紫菀10g，麦冬15g，延胡索10g，生甘草5g。14剂，每日1剂，1日2次，水煎服。

按语：患者乃阴虚之体，虚阳上扰，耗散津液，津伤肺燥，痰热蕴毒郁肺，阴虚肺燥咯血。故治以益气养阴，清热化痰，解毒散结。方中西洋参、生北芪、紫丹参、宣百合、桑白皮、阿胶珠、麦冬、仙鹤草滋阴润燥；炙款冬花、炙紫菀化痰，云茯神、炒枣仁、生甘草益气安神。制鳖甲、天葵子、猫爪草、白花蛇舌草、半枝莲等解毒散结。其治疗过程，发活圆通，井井有条，所以显效。

曾镛霏，杨建宇，李彦知．孙光荣教授中和思想治疗肿瘤之经验［J］．中国中医药现代远程教育，2013，11（5）：122－124.

案4　李某，男，64岁。2009年12月18日初诊。

患者形销骨立，咳嗽咯痰，胸闷气短、微喘、不能平卧，脉弦小，舌红，苔白。经北京某三甲医院诊断为“肺癌伴大量胸腔积液”。此乃气阴两亏、痰热互结、水饮内停之证。治当益气养阴，清热解毒，化痰利水。

处方：生晒参15g，生北芪12g，紫丹参10g，天葵子10g，白花蛇舌草15g，半枝莲15g，瓜蒌皮10g，桑白皮10g，薏苡仁20g，化橘红6g，制鳖甲15g，山慈菇6g，金银花12g，麦冬12g，生甘草5g，佩兰叶6g，炙紫菀7g，炙冬花7g，7剂，水煎内服，每日1剂。

2009年12月25日二诊：服前方后已能平卧，但仍微咳、胸闷，脉弦小，舌红，苔白。

处方：生晒参15g，生北芪12g，紫丹参10g，天葵子10g，白花蛇舌草15g，瓜蒌皮10g，桑白皮10g，炙百部7g，薏苡仁20g，化橘红7g，山慈菇6g，金银花15g，苦桔梗6g，木蝴蝶6g，制鳖甲15g，生甘草5g，7剂，水煎内服，每日1剂。

2010年7月9日三诊：患者自感服上方效果明显，遂自行守方服药至今，经当地医院复查：肿块明显缩小2/3，胸腔积液减少1/3。询其诸证明显改善，仅偶有咳喘，脉弦稍细，舌红，苔薄白。故仍以原方加减治之。

处方：生晒参12g，生北芪12g，紫丹参10g，全瓜蒌15g，生薏苡仁30g，芡实仁30g，白花蛇舌草15g，葶苈子10g，半枝莲15g，猫爪草15g，天葵子10g，山慈菇10g，制鳖甲15g，五味子3g，珍珠母15g，化橘红6g，炙紫菀10g，炙冬花10g，车前子10g，阿胶珠10g，生甘草5g。28剂，水煎内服，每日1剂。

追访：守方60剂后，经当地医院再次复查，未见胸腔积液，自感诸证悉平。

按语：肺癌或称支气管肺癌，为最常见之恶性肿瘤，发病率居全部肿瘤发病总数之第一或第二位，且有逐年增高之趋势，其主要临床表现有咳嗽、咯血、胸痛、发热、气急等。肺癌胸腔积液为肺癌晚期之常见并发症，严重影响患者生活质量与生存期。故肺癌胸腔积液之治疗乃肿瘤综合治疗之重要一环。西医治疗恶性胸腔积液方法甚多，但化疗毒副作用较大，手术治疗等方法又为晚期患者难以耐受，遂此病求治于中医者日益增多。

本案里检查结论为“肺癌伴大量胸腔积液”，而证属气阴两亏、痰热互结、水饮内停，故治以益气养阴、清热解毒、化痰利水。肺癌之辨识，应辨病与辨证相结合，引现代科技成果为我所用，则更易“知犯何逆”，从而增进中医辨证之准确度。肺癌之治，则应分期：①肺癌初期，因癌细胞尚未转移，故少见严重气短等症状，多属于肺气不宣；②肺癌术后，有胸腔积液，多属痰热内阻；③有转移者多属于痰热互结，此时不可用半夏等温燥之品，否则易致咯血。

本案为肺癌晚期，伴有大量右侧胸腔积液，根据其病程、症状、脉象、舌象，断为气阴两虚、痰热互结，治以益气养阴、清热化痰、利水渗湿，毒副作用小而疗效确切，故守法守方。历经近5个月，终使其得以绝处逢春，得以延生。

孙光荣．审辨变和简验便廉中医药治疗慢性病的特点及优势［A］//国家中医药管理局，厦门市人民政府．第九届海峡两岸中医药发展与合作研讨会论文集［C］．中华中医药学会糖尿病分会，2014：11.

案5 孟某，男，61岁。2011年4月22日初诊。

患者患肺癌转移伴胸腔积液（放疗中），主症为面浮、唇绀、咳嗽、咯血、胸闷、腹胀、尿黄、便结。证属气阴两虚，痰热蕴毒，水饮内停。治以益气养阴，清热解毒，化痰利水。2010年7月查出肺癌并转移至淋巴横膈，经过6个疗程的化疗，现行放疗中。既往曾因胆结石行胆囊切除术。刻下症见：面浮，唇绀，咳嗽，腹胀，便结。舌紫，苔微黄，脉沉细且涩。辨证：气阴两虚，痰热蕴毒，水饮内停。治法：益气养阴，清热解毒，化痰利水。

处方：西洋参10g，生黄芪10g，紫丹参7g，桑白皮12g，冬桑叶10g，炙冬花10g，炙紫菀10g，山慈菇10g，天葵子10g，白花蛇舌草15g，半枝莲15g，葶苈子10g，无柄芝5g，云茯神15g，炒酸枣仁15g，全瓜蒌10g，制鳖甲 15g，生甘草 5g。14 剂，每日 1 剂，水煎内服，每日 2 次。

2011 年 5 月 6 日二诊：服前方后，面部浮肿稍减，他症亦减轻，但咯痰不爽，憋气胸闷，腹胀，口干，尿黄。脉沉细涩，舌淡紫，苔黄腻。上方去炙冬花、炙紫菀、全瓜蒌、制鳖甲，加枇杷叶 10g，鱼腥草 10g，生薏苡仁 20g，芡实仁 15g。服法同前。

2011 年 5 月 13 日三诊：服前方后，咳喘不已，右腹肿胀，咽干，黄痰今晨夹血。舌紫，苔少，脉弦紧。

处方：生晒参 12g，生黄芪 12g，紫丹参 7g，白花蛇舌草 15g，半枝莲 15g，山慈菇 10g，麦冬 15g，葶苈子 10g，仙鹤草 15g，天冬 10g，浙贝母 5g，炙冬花 10g，炙紫菀 10g，大腹皮 10g，车前子 10g，鱼腥草 12g，制川厚朴 6g，生甘草 5g。7 剂，每日 1 剂，水煎内服，每日 2 次。

2011 年 5 月 20 日 4 诊：服前方后，咳痰减少，但咯血，腹胀，尿黄，浮肿。舌淡紫，边尖有齿痕，苔薄白，脉弦细。上方加木蝴蝶 10g，制鳖甲 15g，云苓皮 10g，并增加山慈菇、浙贝母用量，减少紫丹参用量，服法同前。

2011 年 9 月 2 日 5 诊：坚持服用上方 3 个月，诸症显著减轻，但咳嗽，痰稠，无咯血及痰中带血，仍有面肿及胸腔积液。舌淡，苔中心黄滑，脉细稍涩。

处方：生晒参 12g，生黄芪 10g，紫丹参 10g，白花蛇舌草 15g，半枝莲 15g，山慈菇 10g，桑白皮 10g，化橘红 7g，冬桑叶 10g，炙冬花 10g，炙紫菀 10g，葶苈子 10g，茯苓皮 10g，大腹皮 10g，炙远志 7g，地肤子 10g，全瓜蒌 7g，生甘草 5g。28 剂，每日 1 剂，水煎内服，每日 2 次。并嘱患者及其家属日常生活应注意“从顺其宜”，患者想做什么就做什么，家属则无条件配合患者意愿，做到“合则安”。

按语：扶正祛邪益中和，存正抑邪助中和，护正防邪固中和，是孙光荣教授的临床学术观点，更是其治疗癌症的基本原则。肺癌属于中医学肺积、痞癖、息贲、肺壅等范畴，总属本虚标实之证，治当以人为本，以正气为先，固护人体气血津液，平衡阴阳，助益中和，在此基础上辅以解毒攻邪、去腐生新。本例患者年过六十，正气亏虚，邪气尚盛，孙光荣教授根据其病程、症状及舌脉，断为气阴两虚，痰热蕴毒，水饮内停之证；治以益气养阴为主，清热解毒、化痰利水为辅，守法守方 4 月余，终使该肺癌中晚期患者绝处逢春，走向康复。调气血、平升降、衡出入、致中和，是孙光荣教授的临证思辨特点。本案患者以咳嗽、胸闷、腹胀、口干、尿黄、便结等为主症，究其病机，乃因痰热瘀毒，留滞郁肺，气机不畅，上下不通，升降失调，清浊不分。故遣方用药，当以西洋参、生黄芪、紫丹参为君，动静结合，气血共调，畅和全身；针对病灶，臣以桑白皮、冬桑叶、枇杷叶、山慈菇、天葵子、无柄芝、白花蛇舌草、半枝莲、鱼腥草等组药，平升降、衡出入，共成升清降浊、吐故纳新、去腐生新之剂。针对胸水，佐以生薏苡仁、芡实仁、葶苈子等健脾利湿，泻肺定喘，下气行水；配上云茯神、炒酸枣仁宁心安神，生甘草调和诸药，此为使。综观全方，君臣佐使井然有序，谨守病机，动静相扣，阴阳互动，同时药精量小，尽显医之王道。孙光荣教授认为，本病化痰，若用西药沐舒坦，虽能稀化稠痰，却可能因邪留病所而"浇"伤正气；若用中药半夏等温燥之品，则可能加重咯血症状。因此，组方时应合理选用鱼腥草、全瓜蒌等清热化痰之药，并根据标证的不同，灵活配用仙鹤草等凉血止血之品防治咯血。

陈瑞芳．孙光荣教授调气活血抑邪汤临证验案3则［J］．中国中医药现代远程教育，2015，13（16）：33－35.

案6　李某，男，34岁。2010年7月9日初诊。

患右肺癌伴胸腔积液，服前方后，肿块明显缩小（由3.5cm×1.8cm缩小至1.5cm×1.5cm）胸腔积液明显减少（由13.5cm降至7.5cm）。脉弦紧，舌绛，苔少微黄。效不更方，循前方以自拟"扶正抑癌汤"治之。

处方：生晒参12g，生黄芪12g，紫丹参10g，全瓜蒌15g，生薏苡仁30g，炒芡实30g，白花蛇舌草15g，半枝莲15g，猫爪草15g，葶苈子10g，制鳖甲（先煎）15g，珍珠母（先煎）15g，炙紫菀10g，化橘红16g，车前子（布包），生甘草5g。28剂，每日1剂，水煎，分2次服，忌辛辣酒烟。

上方服28剂，继之加减再服14剂，胸腔积液基本消失，诸症缓解，生活起居正常。

按语：肺癌且伴有胸水者，气滞，血瘀、痰凝，毒聚而伤肺也。故以生晒参、生黄芪、紫丹参之益气活血为其君，以全瓜蒌之清热涤痰、宽胸散结及白花蛇舌草、半枝莲、猫爪草、炒芡实以清热解毒、散结消痈、利水除湿为其臣；以制鳖甲、珍珠母、葶苈子滋阴潜阳、软坚散结、行水除满为其佐；以炙紫菀、化橘红、生甘草之止咳化痰、健脾和中为其使。诸药合用，扶正固本、祛邪抑癌，以期能力挽狂澜也。

李彦知．中和医派孙光荣教授典型验案赏析［J］．中国中医药现代远程教育，2012，10（10）：99－100.

三十一、食管癌

高某，男，48岁。2010年7月16日初诊。

患者为食道癌术后4年，放疗中，现纳差，胃灼热，尿黄，背痛。舌绛紫，苔滑中央及根黄腻褐，脉细。辨证：气阴两虚，毒热凝痰于胃。治法：益气养阴，健脾和胃，清热解毒，化痰散结。

处方：西洋参12g，生北芪10g，紫丹参10g，乌贼骨15g，西砂仁4g，鸡内金6g，降香10g，广橘络6g，炒六曲15g，延胡索10g，猫爪草10g，山慈菇10g，制鳖甲15g，半枝莲15g，白花蛇舌草15g，生甘草5g。7剂，水煎内服，每日2次。

2010年7月23日二诊：服前方后疼痛明显减轻，但仍有肝区疼痛及胃脘烧灼感。舌红，苔稍黄腻，脉细。

处方：西洋参12g，生北芪10g，紫丹参10g，乌贼骨15g，西砂仁4g，鸡内金6g，延胡索10g，猫爪草10g，山慈菇10g，制鳖甲15g，降香10g，半枝莲15g，蛇舌草15g，川郁金10g，生甘草5g，7剂，水煎内服，每日2次。

按语：食道癌属于中医学噎膈范畴。孙光荣教授认为，本病多由饮食不节、情志不遂、正气亏虚等，造成痰郁化热蕴毒，肝气郁滞，脾胃纳运不健，津液不能输布，气血生化乏源，经络不通等。在治疗上除扶正固本、清热解毒散结外，尚十分重视对胃之通降失常的调治。因胃主受纳和腐熟，以降为顺，而在本病，由于水谷受纳受阻，则气血无以化，正气更虚，糟粕不能下行，毒热没有通出之道。本例患者，孙光荣教授用乌贼骨、西砂仁、鸡内金、降真香等以和胃健脾，恢复脾胃的正常功能，同时也给邪气以外出的通道，一法多用，寓意深远。

杨建宇，李彦知，张文娟，等．中医大师孙光荣教授中和医派诊疗肿瘤学术经验点滴［J］．中国中医药现代远程教育，2011，9（13）：129－133.

三十二、甲状腺癌

张某，女，60岁。2010年4月2日初诊。

患者患甲状腺癌、骨转移，2009年转移至髋骨、颅脑。临床表现：多发骨转移，寐可，咳嗽时头痛甚。舌淡苔少。脉稍涩。辨证：肾虚乏源，痰毒流注。治法：扶正为本，补益肝肾，兼以化痰散结、活血通络。

处方：西洋参10g，生北芪12g，紫丹参10g，制首乌15g，明天麻12g，天葵子10g，半枝莲15g，白花蛇舌草15g，山慈菇10g，延胡索10g，田三七6g，补骨脂10g，骨碎补10g，川牛膝10g，川杜仲12g，正锁阳10g，阿胶珠10g，生甘草5g。7剂，每日1剂，水煎服。

二诊（2010年4月9日）：服前方后，头痛减轻，但易感冒，咳嗽，耻骨癌转移，步行不稳。舌淡红，中有裂纹，苔少，脉细滑缓。上方去天葵子、延胡索、田三七、正锁阳，加淡紫草10g，金毛狗脊10g，猫爪草5g。14剂，服法同前。

按语：孙教授一向强调，从临证出发，以病用药，畅气血，调升降。善用黄芪、西洋参、丹参等温补之药，救患者于危难之际。该案为甲状腺癌骨转移，舌淡、苔少、脉涩，是久病穷必及肾的典型，肾虚乏源，湿毒流注，而致瘀滞其中，阻滞经络，不通则痛，出现头痛、走路腿疼。以西洋参、生北芪扶正为本，延胡索、田三七、补骨脂、骨碎补、川牛膝、川杜仲、正锁阳本、制首乌补益肝肾，兼用明天麻、天葵子、半枝莲、白花蛇舌草、山慈菇兼以化痰散结。紫丹参、延胡索、田三七活血通络。纵观全方，持论明通，立方以扶正为主，再加息风之品明天麻，看似平淡，而能取得良好效果。

曾镛霏，杨建宇，李彦知．孙光荣教授中和思想治疗肿瘤之经验［J］．中国中医药现代远程教育，2013，11（5）：122－124.

附：甲状腺瘤术后

李某，女，58岁。2010年7月9日初诊。

患者为甲状腺瘤术后，上焦热，下焦寒，中焦不适，症见心烦、脐周冷痛。舌红苔少，脉细小。辨证：心脾两虚，毒热未尽，水湿内停。治法：健脾养心，利水渗湿，清热解毒。

处方：生晒参10g，生北黄芪12g，紫丹参10g，五味子3g，麦冬15g，山慈菇10g，猫爪草12g，白花蛇舌草12g，芡实仁15g，生薏苡仁15g，延胡索10g，葫芦壳6g，葶苈子10g，浮小麦15g，生甘草5g。7剂，水煎内服，每日1剂。

2010年7月16日二诊：服前方后腹部凉稍减，咳嗽减轻，但仍有胸腔积液，大便干涩，口干。舌红苔黄，脉弦小无力。

处方：西洋参10g，生北黄芪10g，紫丹参10g，五味子3g，麦冬15g，珍珠母15g，生牡蛎15g，制鳖甲15g，山慈菇10g，猫爪草15g，葶苈子10g，白花蛇舌草15g，半枝莲15g，葫芦壳6g，生甘草5g，车前子10g，瓜蒌皮10g。7剂，水煎内服，每日1剂。

2010年7月23日三诊：服前方后病情稍缓解，现自感心悸，气短，脐部冷。舌淡，苔白稍腻，脉细数。

处方：西洋参12g，生北黄芪15g，紫丹参10g，五味子3g，麦冬12g，阿胶珠10g，上肉桂6g，山慈菇10g，猫爪草10g，天葵子10g，生薏苡仁15g，炒芡实15g，瓜蒌皮10g，车前子10g，生龙齿15g，生甘草5g。7剂，水煎内服，每日1剂。

2010年7月30日四诊：服前方后病情稍缓解，仍有心悸，气短，畏冷，脐周冷，口干，不欲饮。舌红，苔稍黄，脉细数。

处方：高丽参7g，生北黄芪12g，紫丹参10g，云茯神15g，炒酸枣仁15g，炙远志10g，龙眼肉10g，五味子3g，麦门冬12g，天葵子10g，猫爪草10g，上肉桂6g，炮姜7g，延胡索10g，生甘草5g，川牛膝10g，车前子10g。7剂，水煎内服，每日1剂。

2010年8月6日五诊：服前方后心率降至正常，腰周围畏冷感减轻，但咽痒，咳嗽，口干，不思饮。舌红，苔薄白，脉弦小。

处方：高丽参10g，生北芪12g，紫丹参10g，云茯神15g，炒酸枣仁15g，炙远志10g，龙眼肉10g，五味子3g，麦门冬12g，桑白皮10g，木蝴蝶6g，天葵子10g，猫爪草10g，上肉桂5g，炮姜5g，生甘草5g，川牛膝10g。7剂，水煎内服，每日1剂。患者坚持服药，病情稳定。

按语：甲状腺肿瘤属于中医学瘿瘤范畴，其突出表现除了正气的不足外，毒热未尽，毒热伤阴之象显著。同时，由于因病伤正，后天受损，脾胃亏虚，水湿内停，终致阴阳失调、上热下寒之变局。孙光荣教授紧紧把握这一本质，在立法组方选药上，将益气养阴清热解毒、健脾利湿等法融为一体，上下交通，阴阳相济，体现了中医刚柔相济的特色。

三十三、直肠癌

胡某，女，56岁，住长沙市左家塘湘粮机械厂宿舍。1996年9月1日初诊。

患者于1个月前发现大便带血，大便不畅，疑为“痔疮”。1996年8月27日在湖南某医院行病理切片（病理组织检查号：224211），检查报告：直肠乳头状腺瘤，灶性癌变。现诉乏力，头晕。大便次数基本正常，大便带血，色鲜红，偶见色黑，背胀。舌质淡，苔白，脉细涩。辨证：气阴两虚，热毒阻肠。治以益气养阴，清热解毒，凉血化瘀止血。

处方：西洋参10g（蒸兑），生北芪12g，制首乌15g，槐花炭15g，大蓟草10g，仙鹤草12g，蒲黄炭15g，地榆炭12g，金刚蔸15g，白花蛇舌草15g，半枝莲15g，蒲公英15g，嫩龙葵12g，桑寄生12g，怀山药15g，生甘草5g。7剂，每日1剂，水煎两次分服。

外用蛞蝓液保留灌肠，每日1次。

1996年9月8日二诊：头已不晕，大便未带血，稍稀，自觉无特殊不适，舌脉如前。仍以原方去地榆炭，7剂。仍用蛞蝓液保留灌肠，每日1次。

1996年9月29日三诊：于1996年9月26日在湖南省肿瘤医院行肠镜检查，报告：进镜顺利（18cm），结肠直肠黏膜光滑，未见肿块。患者无特殊不适，要求服药巩固疗效。

处方：西洋参10g（蒸兑），生北芪12g，嫩龙葵15g，槐花炭15g，金刚蔸15g，怀山药15g，制鳖甲15g，川杜仲12g，蒲公英12g，谷精珠12g，仙鹤草12g，大蓟草12g，生薏苡仁20g，生甘草5g。又服7剂。不再用灌肠法。

病情稳定后再遵上方略施加减14剂后，患者自觉无不适而自行停药，随访至今未复发。

按语：患者初诊诉乏力，头晕。大便次数基本正常，大便带血，色鲜红，偶见色黑，背胀。舌质淡，苔白，脉细涩。病理切片检查报告为直肠乳头状腺瘤，灶性癌变。辨证为气阴两虚，热毒阻肠。治以益气养阴，清热解毒，凉血化瘀止血。方中西洋参益气养阴，生北芪益气健脾，共为君药。嫩龙葵、白花蛇舌草、半枝莲、蒲公英清热解毒，金刚蔸消肿毒，俱为臣药。槐花炭、大蓟草、仙鹤草、蒲黄炭、地榆炭凉血活血止血，怀山药、制首乌、桑寄生健脾补肾已扶助正气，以上皆为佐药。生甘草清热解毒、调和诸药为使。蛞蝓液功能清热祛风，消肿解毒，破痰通经，《泉州本草》谓："通经破瘀，解毒消肿，利小便。主治月经闭止，癥瘕腹痛，损伤瘀血作痛，痈肿丹毒。"故孙光荣教授外用蛞蝓液保留灌肠以消癥，针对病机用药，内外合治，故疗效确切。

蔡铁如，佘建文．孙光荣研究员内外兼治直肠癌经验简析［J］．湖南中医药导报，2000，6（6）：9－10.

三十四、卵巢癌

马某，女，68岁。2009年9月4日初诊。

患者为卵巢癌化疗中，出现胸水、腹水。症见：腹胀，胃脘胀，气短，口干，尿黄，舌绛苔灰，脉细且涩。辨证：肝肾亏损。治法：健脾益气，利水消胀，调补肝肾，培补真元。

处方：西洋参10g，生北芪12g，紫丹参10g，制鳖甲15g，半枝莲15g，白花蛇舌草15g，芡实仁15g，薏苡仁15g，大腹皮12g，炒枳壳6g，制香附10g，当归片10g，车前子10g，赤小豆10g，生甘草5g。7剂，每日1剂，水煎服。

二诊：服前方后，诸症明显好转，现仍有呃逆、稍胀，舌淡、苔黄。

处方：西洋参10g，生北芪12g，紫丹参10g，制鳖甲15g，半枝莲15g，白花蛇舌草 15g，芡实仁 15g，薏苡仁 15g，大腹皮 12g，炒枳壳 6g，制香附 10g，降香 10g，当归片 10g，车前子 10g，赤小豆 10g，鸡内金 6g，生甘草 5g。7 剂，每日 1 剂，水煎服。

三诊：服前方后，诸症减轻，仅感腹中偶有“窜气”；舌红，苔黄，脉小弦。

处方：西洋参 10g，生北芪 12g，紫丹参 10g，制鳖甲 15g，半枝莲 15g，白花蛇舌草 15g，芡实仁 15g，薏苡仁 15g，大腹皮 12g，炒枳壳 6g，制香附 10g，当归片 10g，鸡内金 6g，阿胶珠 10g，生甘草 5g。14 剂，每日 1 剂，水煎服。

服上方后，诸症减轻，病情稳定。

按语：该案为卵巢癌化疗后，导致肝肾亏损，脾气虚弱，水湿运化失司，出现腹满胀气，湿久化热，流注下焦，影响膀胱气化，而出现尿黄、口干、舌绛、苔灰。尤其值得一提的是“脉细且涩”反映了该病肝肾阴虚是本，脾虚腹胀是标。孙光荣教授巧抓主症，治肺、治脾、治肝各不相同，均随其证而有所变通。以西洋参、生北芪、紫丹参、制鳖甲、大腹皮、炒枳壳、制香附、芡实仁益气养血软坚散结；芡实补益肝肾，以固其本；以薏苡仁、大腹皮、炒枳壳、制香附、当归片、车前子、赤小豆、甘草健脾理气，以绝生水之源。纵观全方治疗思路，于西洋参、生北芪、甘草补气扶正中加大腹皮、炒枳壳、制香附以理气，佐制鳖甲以搜阴，顾邪伏血瘀而加当归片、紫丹参，加车前子、赤小豆、甘草以祛湿达邪，虚实兼到，极为灵巧，方药精当，所获良效，亦在预料之中。

曾镛霏，杨建宇，李彦知．孙光荣教授中和思想治疗肿瘤之经验［J］．中国中医药现代远程教育，2013，11（5）：122－124.